工程测量技术专业及

测量平差 （第二版）

CELIANG PINGCHA

主　编　宋太江

重庆大学出版社

内 容 提 要

本书共分6个学习情境。前面两个学习情境是测量平差的误差理论部分,包括观测误差、偶然误差的特性、衡量精度的指标、平差原则、协方差传播律及其在测量中的应用等;为了遵循由浅入深的学习规律,学习情境3中将平差计算所需的基本内容,如权的概念、定权的常用方法及协因数传播律等与直接平差合并编写,这对高职学院的学生循序渐进地学习平差方法有一定的好处;学习情境4、学习情境5是测量平差方法的主要内容,即条件平差法和间接平差法;学习情境6为误差椭圆的内容。全书各学习情境在编写中均突出了实例计算的内容,以利于学习者对计算方法和步骤的掌握,每一个学习情境内容后均配有知识能力训练的内容,以利于对应学习内容的巩固和检验。

本书为工科高职学院工程测量专业理论实践的一体化教材,也可作为测量及其相关专业工程技术人员的参考书,还较适合初步从事测量工作的人员自学。

图书在版编目(CIP)数据

测量平差 / 宋太江主编.--2版.—重庆:重庆
大学出版社,2019.6(2023.1重印)
工程测量技术专业及专业群教材
ISBN 978-7-5624-5267-6

Ⅰ.①测…　Ⅱ.①宋…　Ⅲ.①测量平差—高等职业教
育—教材 Ⅳ.①P207

中国版本图书馆 CIP 数据核字(2019)第 115087 号

测量平差

(第二版)

主 编 宋太江

责任编辑:曾显跃 李定群　版式设计:曾显跃
责任校对:邬小梅　　　　　责任印制:张 策

*

重庆大学出版社出版发行

出版人:饶帮华

社址:重庆市沙坪坝区大学城西路 21 号

邮编:401331

电话:(023) 88617190　88617185(中小学)

传真:(023) 88617186　88617166

网址:http://www.cqup.com.cn

邮箱:fxk@ cqup.com.cn(营销中心)

全国新华书店经销

POD:重庆新生代彩印技术有限公司

*

开本:787mm×1092mm　1/16　印张:11.75　字数:300 千
2019 年 6 月第 2 版　　2023 年 1 月第 7 次印刷
ISBN 978-7-5624-5267-6　定价:38.00 元

前 言

　　本书是根据重庆工程职业技术学院工程测量专业高职教学计划和工程测量专业《测量平差》高职课程教学大纲编写的。高职教育因其定位不同于专科,更有别于本科,是一种新的教育教学模式,在教学课程设置、教学内容的安排上尚无现成和成熟的经验可循。从2007年开始,教育部在全国一些高职院校推进示范建设,重庆工程职业技术学院有幸成为全国第二批高职示范院校建设单位之一,其工程测量专业被列为示范建设重点专业,教材建设是专业建设的重要内容之一。我校通过对教育部关于高职院校示范建设有关文件和一些职业教育先进材料的学习、认识,并结合学院各专业自身情况以突出其专业办学特点和特色。为此,学院组织力量对重点建设专业的建材进行了编写。可以说,示范院校建设的过程就是探索的过程,其中的教材建设也就是探索路上所走的一步。我校工程测量专业的《测量平差》教材的编写就是在这样的背景下进行的。在本书编写中,进一步体现了高职教材的"神"——理论实践一体化,加强实践性教学内容,即在原有测量平差基本内容的基础上,加强实例和实训内容,使其平差计算操作性更强;为使我校工程测量专业教材风格统一,我们在教材的"形"上也有所改变,如将教材中一个相对独立的内容部分取名为"学习情境",这也是和一般教材有所区别的。

　　本书具有如下特点:

　　①每一个学习情境前给出了教学内容、知识目标和技能目标,有利于老师突出这些目标内容的教学,也有利于学生的学习。

　　②通俗易懂,理论联系实际,在保持基本理论完整的前提下,舍去繁琐的推证,突出实践性和可操作性。

③每一个学习子情境后都附有知识能力训练内容,便于学生根据每节课的教学内容加强知识能力的自我训练。

本书由宋太江主编,参加编写的人员有朱红侠。其中,宋太江编写学习情境1、2、3、5、6,朱红侠编写学习情境4和附录。全书由宋太江统稿。

本书在编写的过程中,得到了学院、资勘系领导以及测量教研室全体教师的大力支持,在此表示衷心感谢。

由于作者水平所限,加之编写时间十分仓促,书中纰漏或欠妥之处在所难免,衷心希望使用本书的读者批评指正。

编　者
2019 年 3 月

目录

绪 论

教学内容

主要介绍观测误差及其产生的原因、误差的分类以及测量平差的任务。

知识目标

能正确陈述观测误差及其产生的原因,能基本正确陈述误差按其影响性质的分类,能正确陈述测量平差的任务。

学习导入

对于测量工作需要建立一个概念,即在测量工作中误差是不可避免的。为什么误差不可避免? 误差来自哪里? 都有些什么误差? 它们的影响是怎样的? 即应该了解,系统误差和偶然误差二者对观测结果的影响是不一样的。根据系统误差的性质,在一定的观测条件下,系统误差可用各种方法加以消除,或削弱其影响;而对于偶然误差只能掌握其规律,削弱其影响。

测量平差要研究什么问题,即对于带有观测误差的观测值,我们要做什么工作? 完成哪些任务? 这些问题应该是在学习本学习情境中要考虑的。

子情境 1 观测误差

一、观测值及观测误差

在测量工作中,用测量仪器、工具等多种测量手段和方法对观测对象进行量测所获得并以数字形式表示的结果,称为观测值。例如,测量中常见的水平角、竖直角、距离、高差等。

当对某量进行重复观测时,就会发现:这些观测值并不一定相等,它们之间往往存在一定的差异。例如,对同一段距离按一定的要求重复丈量若干次,量得的长度通常都不相等;又如,对一个水平角用同一等级的经纬仪对其进行多次观测,其结果也不相等。在测量工作中,经常碰到的另一种情况是:已经知道某几个量之间应该满足某一理论关系,但当对这几个量进行观测后,就会发现实际观测结果往往不能满足这种关系。例如,从平面几何知道,一平面三角形的内角和应该等于180°,但对其3个角度观测以后也会发现,三内角之和往往不等于180°,而存在一定的差值。

在同一量的各观测值之间,或在各观测值与其理论值之间存在差异的现象,在测量中是普遍存在的。为什么会有这种现象发生呢? 这是由于观测值中存在着观测误差的缘故,即观测值与其理论值之间存在的差异,就是观测误差。

二、观测误差产生的原因

观测误差是由观测引起的,为什么观测会引起误差呢? 影响观测的因素很多,归纳起来有以下3个方面:

1. 测量仪器

测量工作是利用仪器进行的,由于每一种仪器仅具有一定的精密度,因而使观测值的精确程度受到一定的限制。例如,用只刻有厘米分划的普通水准尺进行水准测量时,就难以保证在厘米以下单位估读数值的准确性;同时,仪器本身也有一定的误差,如水准仪的视准轴不平行于水准轴、水准尺的分划误差等。因此,使用这样的水准仪和水准尺进行观测,就使得观测的结果产生误差。

2. 观测者

由于观测者的感觉器官的鉴别能力有一定的局限性,在观测过程中不论观测者的操作多么认真仔细,操作技术多么熟练,都会在仪器和目标的安置、照准、读数等方面产生误差。另外,观测者的工作态度和技术水平也是产生误差的一个重要原因。

3. 外界条件

观测时所处的外界条件,如温度、湿度、风力、大气折光等因素都会对观测结果直接产生影响;同时,随着温度的高低、湿度的大小、风力的强弱及大气折光等因素的不断变化,它们对观测结果的影响也随之不同,因而,在这样的客观环境下进行观测,就必然使观测的结果产生误差。

上述3个方面的因素是测量误差的主要来源。通常,我们将此3个方面的因素综合起来称为观测条件。不难理解,观测条件的好坏与观测成果的质量有着密切的联系。很明显,观测条件好一些,观测中所产生的误差则少一些,观测成果的质量就高一些。反之,观测条件差一些,观测成果的质量就低一些。当然,观测条件相同,观测成果的质量也就是相同的。因此,观测成果质量的高低也就客观地反映了观测条件的优劣。但是,不管观测条件如何,由于受到上述因素的影响,观测的结果都会产生这样或那样的误差。从这一意义上来说,在测量中产生误差是不可避免的。当然在客观条件允许的限度内,测量工作者可以而且必须确保观测成果具有较高的质量。

三、观测误差的分类

根据误差对观测结果的影响性质,可将观测误差分为系统误差和偶然误差两类。

1. 系统误差

在相同的观测条件下作一系列的观测,如果误差在大小、符号上表现出系统性,或者在观测过程中按一定的规律变化,或者保持为某一常数,那么,这种误差就称为系统误差。例如,用具有某一尺长误差的钢尺量距,由钢尺误差所引起的距离误差与所测距离的长度成正比的增加,距离越长,所积累的误差也越大;又如,经纬仪因校正或整治不完善而使所测角度产生误差等,这些都是由于仪器不完善或在工作前未经检验校正而产生的系统误差;再如,用钢尺量距时的温度与检定钢尺时的温度不一致,而使所测的距离产生误差;测角时因大气折光影响而产生的角度误差,等等。这些都是由于外界条件所引起的系统误差。此外,某些观测者在照准目标时,总是习惯于把望远镜十字丝对准目标中央的某一侧,也会使观测结果带有系统误差。

2. 偶然误差

在相同的观测条件下作一系列的观测,如果误差在大小和符号上都表现出偶然性,即从单个误差上看,该列误差的大小和符号没有规律性,但就大量误差的总体而言,具有一定的统计规律,这种误差称为偶然误差。例如,用经纬仪测角,测角误差是由照准误差、读数误差、外界条件变化所引起的误差、仪器本身不完善而引起误差的综合影响的结果。而其中每一项误差又是由许多偶然因素所引起的小误差的代数和。又如,照准误差可能是由于脚架、觇标的晃动或扭转,风力风向的变化,目标的背景,大气折光和大气透明度等,这些偶然因素影响所产生的各项误差的总和,而每项微小误差又随着偶然因素影响的不断变化,其数值忽大忽小,其符号或正或负。这样,由它们所构成的总和就其个体而言,无论是数值的大小或符号的正负都不能预知,这种性质的误差称为偶然误差。

测量工作的整个过程中,除了上述两种性质的误差以外,还可能发生错误。错误的发生,大多数是由于工作中的粗心大意所造成的。错误的存在不仅大大影响测量成果的可靠性,而且往往造成返工浪费,给工作带来难以估量的损失。因此,必须采用适当的方法和措施,保证观测结果中不存在错误。在测量工作中,错误也就不能算作观测误差。

系统误差和偶然误差在观测的过程中总是同时产生的。当观测值中有显著的系统误差时,偶然误差就居于次要的地位,观测误差就呈现出系统性,反之,即呈现出偶然的性质。

系统误差对于观测结果的影响一般具有累积的作用,它对成果质量的影响也特别显著。在实际工作中,应该采用各种方法来消除系统误差,或者减小其对观测成果的影响,使其达到实际上可以忽略不计的程度。例如,在进行水准测量时,使前、后视距相等,以消除由于视准轴不平行于水准轴对观测高差所引起的系统误差;预先对量距使用的钢尺进行检定,求出尺长误差的大小,对所量距离进行改正,以消除尺长误差对量距所引起的系统误差;等等。这些都是消除系统误差的方法。

当观测值中已经排除了系统误差的影响,或者与偶然误差相比,系统误差已处于次要地位,则观测值中主要存在着偶然误差。这样的观测值,可看成仅带有偶然误差的观测值。要对这样的观测值进行适当的处理就是测量平差所要研究的内容。

子情境 2　测量平差的任务

一、多余观测的意义

由于观测结果不可避免地存在着偶然误差的影响,而这种影响不可能通过改变测量方法或者加改正数来消除。因此,在实际工作中,为了提高测量成果的质量,同时也为了检查并及时发现观测值中可能存在的错误,通常要使观测值的个数多于未知数的个数。多于未知数个数的观测数称为多余观测个数。例如,对一条导线边,丈量一次就可得出其长度,但实际上总要丈量两次以上;一个平面三角形,只需要观测其中的两个内角,即可确定它的形状,但通常是观测 3 个内角。

在测量工作中,进行多余观测有两个意义:其一,因为多余观测则形成了对观测值的检核条件,从而起到对观测值正、误的判断作用;其二,由于偶然误差的存在,进行多余观测后,必然出现观测结果不相一致的情况,或不符合应有的几何关系而存在不符值。而每一个观测值都是有误差的,要应用什么样的结果才最合理、最可靠? 这就需要对观测值进行合理的处理,使最后利用的结果比观测值本身更可靠。

二、测量平差的任务

测量平差的第一个任务,对带有偶然误差的观测值,采用一定的数学方法进行合理的处理,其目的是消除它们之间的不符值,求得被观测量的最可靠的结果。而对观测值进行数学处理的方法较多,不同的数学处理方法也就对应不同的平差方法。例如,在本书中将讲述两种主要的平差方法,即条件平差和间接平差。但不论采用哪一种数学方法,其平差计算的结果应该是唯一的。

既然观测会产生误差,其误差大小则会因不同的观测而变化,这就引出了大小不同的误差对观测结果的影响程度如何? 测量平差的另一个任务,就是要对带有误差的观测值及据此求出的最可靠结果给出一个质量评判,即要评定观测值及其最可靠值的精度,从而掌握这些误差对观测结果的影响程度,判断测量成果的质量是否能够满足相应工程的要求。

概括以上,测量平差的任务如下:

①对一系列带有偶然误差的观测值,采用合理的方法消除它们之间的不符值,求出未知量的最可靠值。

②运用合理的方法来评定观测值及形成成果的精度。

知识能力训练

1-1　什么是观测误差?

1-2　观测误差产生的原因是什么?

1-3　什么是观测条件? 观测条件的好坏与观测成果的质量有什么关系?

1-4 什么是偶然误差？什么是系统误差？

1-5 在角度测量中用正、倒镜观测,是为了消除什么误差的影响？

1-6 在水准测量中使前、后视距相等是为了消除什么误差的影响？

1-7 瞄准误差、竖盘指标差各属哪类误差？能否消除？用什么方法消除？

1-8 在水准测量中,下列的几种情况使水准尺的读数带有误差,试判断误差的性质及其符号：

①视准轴不平行于水准轴；

②水准仪下沉；

③估读毫米不准确；

④水准尺下沉。

1-9 多余观测在测量中有什么用处？

1-10 测量平差的任务有哪些？

学习情境 2

误差与精度

教学内容

主要介绍偶然误差的特性、测量工作中衡量精度的标准、测量平差的原则、误差传播的规律及其在测量上的基本应用以及由真误差计算中误差的两个特例。

知识目标

能正确陈述偶然误差的 4 个特性,能正确陈述衡量精度的 3 个常用标准,能基本正确陈述平差的原则和误差传播定律,能正确陈述几种基本测量工作的误差传播的规律,能基本正确陈述由真误差计算中误差的两个特例。

技能目标

能根据等精度的真误差计算中误差,能根据几种基本测量工作的误差传播规律,计算其观测值函数的中误差。

学习导入

本学习情境的内容是十分重要的基础内容。要对带有偶然误差的观测值进行数学处理,而偶然误差又是不可避免的,故要研究和掌握偶然误差的特性;同样,针对带有偶然误差的观测值,要建立精度的概念,对于观测值精度的高低,要给以评判,就需要评定精度的指标,在我国的测量工作中是用什么样的指标,怎么用这些指标对于学习者而言则是十分重要的;平差是对带有观测误差的观测值进行数学处理,在处理观测值时应遵循的平差原则对学习测量平差则应非常清楚。另外,由观测值计算得到的许多成果(如观测值的函数),观测值误差是以什么样的方式传播给函数的? 这就必须要搞清楚误差传播定律。特别是对已学过的测量基本内容,必须正确和熟练地掌握它们的误差传播规律。

子情境 1　偶然误差的特性

任何一个被观测的量,客观上总是存在着一个能代表其真正大小的数值,这一数值被称为该量的真值。

设对某量进行了 n 次观测,其观测值为 $L_1,L_2,\cdots,L_n$,假定观测量的真值为 X,由于观测带有一定的误差,因此,每一个观测值与其真值 X 之间必然存在一差数,即

$$\Delta_i = X - L_i \quad (i = 1,2,\cdots,n) \tag{2-1}$$

式中,Δ 称为真误差,简称为误差。在绪论中已指出:测量平差中研究的观测值应是排除了系统误差影响的观测值,因此,在以后的内容中,Δ 仅指偶然误差。

偶然误差就其误差的大小和符号而言,表面上看是没有规律的,呈现出偶然性。但是,根据无数的测量实践,人们发现在相同观测条件下,大量偶然误差却呈现出一定的规律性,下面通过对偶然误差的描述用实例来说明其规律性。

一、描述偶然误差分布的方法

1. 误差分布表

在某测区,于相同的观测条件下,独立地观测了 358 个三角形中的所有内角,由于观测值带有误差,故同一三角形三内角之和不等于 180°,根据式(2-1),各个三角形内角和的真误差可由下式算出,即

$$\Delta_i = 180° - (L_1 + L_2 + L_3)_i \quad (i = 1,2,\cdots,358)$$

式中,$(L_1 + L_2 + L_3)_i$ 表示各三角形内角和的观测量。现取误差区间的间隔 $\mathrm{d}\Delta$ 为 0.20″,将这一组误差按其正负号与误差绝对值的大小排列,统计出误差出现在各区间内的个数 v_i,以及误差出现在某个区间内的频率 v_i/n(此处 $n=358$),其结果列于表 2-1 中。

表 2-1　误差分布统计表

误差的区间/(″)	Δ 为负值			Δ 为正值			备注
	个数 v_i	频率 v_i/n	$\dfrac{v_i/n}{\mathrm{d}\Delta}$	个数 v_i	频率 v_i/n	$\dfrac{v_i/n}{\mathrm{d}\Delta}$	
0.00~0.20	45	0.126	0.630	46	0.128	0.640	
0.20~0.40	40	0.112	0.560	41	0.115	0.575	
0.40~0.60	33	0.092	0.460	33	0.092	0.460	
0.60~0.80	23	0.064	0.320	21	0.059	0.295	$\mathrm{d}\Delta = 0.20$
0.80~1.00	17	0.047	0.235	16	0.045	0.225	等于区间左
1.00~1.20	13	0.036	0.180	13	0.036	0.180	端值的误差算
1.20~1.40	6	0.017	0.085	5	0.014	0.070	入该区间内
1.40~1.60	4	0.011	0.055	2	0.006	0.030	
1.60 以上	0	0	0	0	0	0	
$\sum$	181	0.505		177	0.495		

从表 2-1 中可知,误差分布情况具有以下性质:

①误差的绝对值有一定的限值。

②绝对值较小的误差比绝对值较大的误差多。

③绝对值相等的正负误差的个数相近。

为了便于以后对误差分布相互比较,下面对另一测区的 421 个三角形内角和的一组误差,按上述方法作出统计,其结果见表 2-2。

表 2-2　误差分布统计表

误差的区间/(")	Δ 为负值			Δ 为正值			备 注
	个数 v_i	频率 v_i/n	$\dfrac{v_i/n}{d\Delta}$	个数 v_i	频率 v_i/n	$\dfrac{v_i/n}{d\Delta}$	
0.00～0.20	40	0.095	0.475	37	0.088	0.440	
0.20～0.40	34	0.081	0.405	36	0.085	0.425	
0.40～0.60	31	0.074	0.370	29	0.069	0.345	
0.60～0.80	25	0.059	0.295	27	0.064	0.320	
0.80～1.00	20	0.048	0.240	18	0.043	0.215	
1.00～1.20	16	0.038	0.190	17	0.040	0.200	
1.20～1.40	14	0.033	0.165	13	0.031	0.155	$d\Delta = 0.20$
1.40～1.60	9	0.021	0.105	10	0.024	0.120	等于区间左
1.60～1.80	7	0.017	0.085	8	0.019	0.095	端值的误差算
1.80～2.00	5	0.012	0.060	7	0.017	0.085	入该区间内
2.00～2.20	6	0.014	0.070	4	0.009	0.045	
2.20～2.40	2	0.005	0.025	3	0.007	0.035	
2.40～2.60	1	0.002	0.010	2	0.005	0.025	
2.60 以上	0	0	0	0	0	0	
∑	210	0.499		211	0.501		

如表 2-2 所示的 421 个真误差,尽管其观测条件不同于表 2-1 中的真误差,但由表 2-2 可知:越接近于零的误差区间,其频率越大;随着离开零误差越来越远,其频率也逐渐递减;且出现在正、负误差区间内的频率基本上相等。因而,表 2-2 的误差分布情况与表 2-1 内误差分布的情况有相同的性质。

2. 直方图

误差分布的情况,除了采用上述误差分布表的形式描述外,还可利用图形来描述。例如,以横坐标表示误差的大小,纵坐标代表各区间内误差出现的频率除以区间的间隔值,即 $(v_i/n)/d\Delta$(此处间隔值均取为 $d\Delta = 0.20''$)。分别根据表 2-1 和表 2-2 中的数据绘制出图 2-1 和图 2-2。可见,此时图中每一个误差区间上的长方条面积就代表误差出现在该区间内的频率。例如,图 2-1 中画有斜线的长方条面积,就是代表误差出现在 $0.00'' \sim +0.20''$ 区间内的频率 0.128。这种图通常称为直方图,它形象地描述了误差的分布情况。

由此可知,在相同观测条件下所得到的一组独立观测的误差,只要观测的总个数 n 足够大,那么,误差出现在各区间内的频率就总是稳定在某一常数附近,而且当观测个数越多时,稳定的程度也就越大。例如,就表 2-1 的一组误差而言,在观测条件不变的情况下,如果再继续观测更多的三角形,则随着观测个数越来越多误差出现在各区间内的频率,其变动的幅度也就越来越小,当 $n→∞$ 时,各频率也就趋于一个完全确定的数值,这就是误差出现在各区间的概率。这就是说,在一定的观测条件下,对应着一种确定的误差分布。

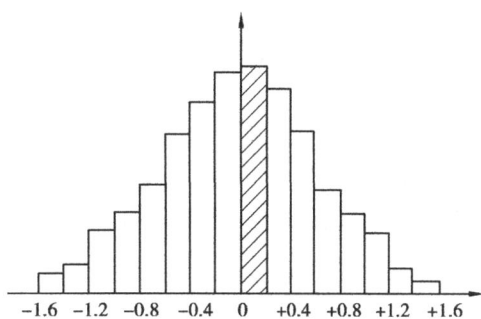

图 2-1

3. 误差分布曲线

在 $n→∞$ 的情况下,由于误差出现的频率

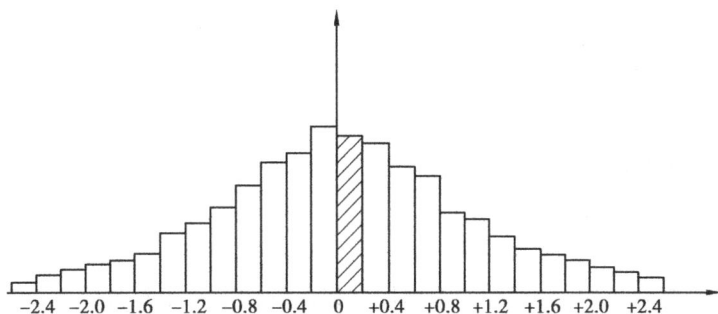

图 2-2

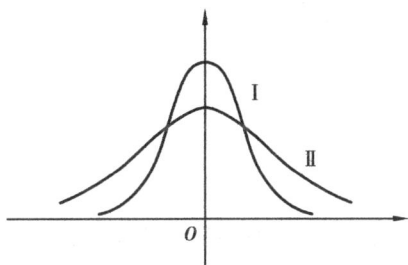

图 2-3

已趋于完全稳定,可以想象,如果将误差区间间隔无限缩小,则图 2-1 及图 2-2 各长方形顶边所形成的折线将分别变成如图 2-3 所示的曲线 Ⅰ 和曲线 Ⅱ,这种曲线就是误差的概率分布曲线,也被称为误差分布曲线。由此可见,偶然误差的概率分布随着 n 的逐渐增大,都是以正态分布为其极限的,通常也就将偶然误差的概率分布看成是正态分布。因此,偶然误差 Δ 是服从正态分布的连续型随机变量。由概率论中可知,正态分布的概率密度函数为

$$f(x) = \frac{1}{\sqrt{2\pi}\sigma} e^{-\frac{(x-\mu)^2}{2\sigma^2}} \qquad (2-2)$$

式中 　x——随机变量 X 的取值;

　　　μ——X 的数学期望;

　　　σ^2——X 的方差。

在概率论中,式(2-2)称为 X 服从正态分布 $N(\mu, \sigma^2)$,其图形如图 2-4 所示。曲线在 $x = \mu \pm \sigma$ 处有拐点。将图 2-4 中曲线与图 2-3 中任一条曲线相比较可知,其形状都呈钟形,所不同的仅在于曲线的平缓、陡峭和在坐标系中的位置。参数 μ 决定曲线在坐标系中的位置,σ^2 决定曲线的平缓、陡峭。

测量观测值的偶然误差是随机变量,它的数学期望应等于其理论平均值。从上面对误差进行的几种描述可知,随着观测次数的增多,它的数学期望是等于零的,即

$$\mu = E(\Delta) = 0 \tag{2-3}$$

因此,偶然误差 Δ 的概率密度函数就变为

$$f(\Delta) = \frac{1}{\sqrt{2\pi}\sigma}e^{-\frac{\Delta^2}{2\sigma^2}} \tag{2-4}$$

因为 Δ 的数学期望等于零,故其曲线也就是以纵坐标轴为对称的图形,如图 2-5 所示。因 $\mu = 0$,故该曲线在 $\Delta = \pm\sigma$ 处有拐点。

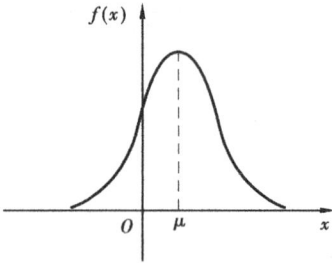

图 2-4

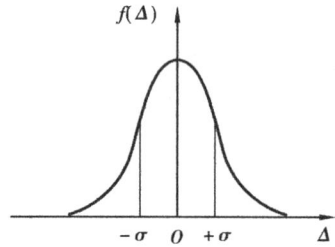

图 2-5

二、偶然误差的特性

通过以上对误差分布的讨论,可归纳出偶然误差的如下 4 个特性:

①在一定的观测条件下,偶然误差的绝对值具有一定的限值,即偶然误差的大小是有一定的范围的。

②绝对值较小的误差比绝对值较大的误差出现的可能性(概率)大。

③绝对值相等的正、负误差出现的可能性(概率)相同。

④当 $n \to \infty$ 时,偶然误差的理论平均值等于零,即

$$\lim_{n \to \infty}\frac{[\Delta]}{n} = 0 \tag{2-5}$$

对于一系列的观测值而言,不论其观测条件是好还是差,也不论是对同一个量还是对不同的量进行观测,只要这些观测是在相同的观测条件下独立进行的,则所产生的一组偶然误差必然都具有上述 4 个特性。

子情境 2 衡量精度的标准

测量平差的主要任务之一,就是评定测量成果的精度。为了衡量观测成果的精度,首先,我们必须清楚什么是精度,以及在测量工作中都有哪些衡量精度的标准。

一、精度的含义

比较前面内容中的表 2-1 和表 2-2 两组误差可知,表 2-1 中的误差较之表 2-2 中的误差,小误差出现的频率更大一些,整个误差分布更集中于零的附近,全部误差分布的区间也要小一些。因此,说明这一组误差分布得较为密集,或者说它的离散度要小些。相对而言,表 2-2 中

的误差则分布得较为离散。另外,从直方图上看,误差分布较为密集的图 2-1 中,其纵轴两旁的长方形较高,由各长方形构成的阶梯较为陡峭,整个图形的分布范围较窄;而在误差分布较为离散的图 2-2 中,其纵轴两旁的长方形较低,由各长方形构成的阶梯较为平缓,整个图形的分布范围较宽。

综上所述,不难理解,在一定的观测条件下进行的一组观测,它对应着一种确定的误差分布。如果误差分布较为密集,即离散度小,则表示该组观测质量较高,也就是说,这一组观测的精度高;反之,如果误差分布较为离散,即离散度较大,则表示该组观测质量较差,也就是说,这一组观测精度较低。

因此,所谓精度,就是指误差分布的密集或离散的程度,即是指离散度的大小。如果两组观测成果的误差分布相同,则说明两组观测成果的精度相同;反之,若误差分布不同,则精度也就不同。

二、衡量精度的标准

由前面的叙述可知,为了衡量观测值的精度高低,可将一组相同条件下观测得到的观测误差,用组成误差分布表、绘制直方图或者画出误差分布曲线的方法来比较。但在实际工作中这样做比较麻烦,有时甚至很困难,而且从使用方便、准确的量化方面来说,以上 3 种方法也是有缺陷的,而对于使用方便、便于准确度量的精度标准人们往往更偏好于数字概念,即用具体的数字来反映误差分布的密集或离散的程度。为此,必须建立衡量精度的数字指标。

衡量精度的标准有很多种,下面将我国常用的 3 种精度指标予以介绍。

1. 方差和中误差

设在相同观测条件下进行了多次独立观测,其观测值为 $L_1, L_2, \cdots, L_n$。每个观测值相应的真误差为 $\Delta_1, \Delta_2, \cdots, \Delta_n$,在观测次数无限增多的情况下,取这一组真误差平方的平均数的极限为该组观测值的方差,即

$$\sigma^2 = \lim_{n \to \infty} \frac{[\Delta\Delta]}{n} \tag{2-6}$$

方差的算术平方根在测量中已是一种广泛应用的衡量精度的标准,称为中误差,用符号 σ 表示(在很多测量规范和专业书仍用符号 m 表示中误差),即

$$\sigma = \lim_{n \to \infty} \sqrt{\frac{[\Delta\Delta]}{n}} \tag{2-7}$$

式中 n——真误差(或观测值)的个数;

$[\Delta\Delta]$——真误差的平方和。

从前可知,$\pm\sigma$ 是误差概率密度函数曲线拐点的横坐标,不同的 σ 将对应不同的误差分布,即误差曲线的平缓、陡峭程度不同。σ 越小,曲线越陡峭,误差越集中,反映出对应的观测值的精度就高;反之,σ 越大,曲线越平缓,误差越分散,反映出对应的观测值的精度就低。由此可见,σ 是通过反映偶然误差密集与离散的程度来体现观测值的精度高低的,是符合精度的定义的,另外从其计算式可以看出,σ 对大误差的反映是很敏感的,故它作为一种精度标准也是比较安全的。

中误差并不等于每个观测值的真误差,它仅是一组真误差的代表,即每一个观测值的中误差都是 σ。

从上面中误差的定义式中可知,中误差的表达式是当观测次数趋于无穷的极限值,故它仅具有理论上的意义。实际工作中,由于观测次数是有限的,由有限个观测值的真误差只能求得中误差的近似值(估值)$\hat{\sigma}$,即

$$\hat{\sigma} = \pm \sqrt{\frac{[\Delta\Delta]}{n}} \tag{2-8}$$

这就是根据一组同精度的真误差计算中误差估值的基本公式。本书在以后的叙述中,在不需要特别强调"估值"的情况下,也将其简称为中误差,并仍用符号 σ 来表示。在实际工作中,通常将中误差写在观测值之后,如 $\beta = 30°20'35'' \pm 10''$,即该角度值为 $30°20'35''$,该角度值的中误差为 $\pm 10''$。

例 2-1 有一列观测值,其相应的真误差为 $0''$、$+1''$、$+7''$、$-2''$、$+1''$、$-3''$、$+1''$、$0''$、$-5''$、$-1''$,求其中误差。

解 根据式(2-7)有

$$\sigma = \pm \sqrt{\frac{0 + 1^2 + 7^2 + (-2)^2 + 1^2 + (-3)^2 + 1^2 + 0 + (-5)^2 + (-1)^2}{10}}$$
$$= \pm 3.0''$$

2. 极限误差

从中误差的定义式可知,中误差不是代表个别具体误差的大小,而是一组同精度观测值的真误差的代表,它是一组同精度观测误差的几何平均值,中误差越小,即表示在该组观测中绝对值较小的误差出现的个数越多。根据误差理论和大量统计资料证明,在大量同精度观测的一组误差中,绝对值大于 2 倍中误差的偶然误差,其出现的可能性为 4.5%;绝对值大于 3 倍中误差的偶然误差,其出现的可能性仅为 0.3%,这种可能性已经接近于零了。换言之,大约在 300 多次观测中,才可能出现一个大于 3 倍中误差的偶然误差。在实际工作中,一次同精度观测值的个数总是不会很多的,故可认为,大于 3 倍中误差的偶然误差实际上是不可能出现的。因此,规定以 3 倍中误差作为偶然误差的极限值 $\Delta_{限}$,其依据就是偶然误差的统计规律结论,并将它称为极限误差,即

$$\Delta_{限} = 3\sigma \tag{2-9}$$

采用 3σ 作为极限误差已是对观测尺度放得非常之宽,随着社会和科学技术的发展,一方面工程质量要求的提高进而对测量精度要求的提高;另一方面随着科学技术的发展,测量技术和水平也有了很大的发展,故采用 2σ 作为极限误差的测量规范已经十分普遍。在测量工作中,如果某观测误差超过了规定的极限误差,则可认为相应的观测值有错,应该将其舍去不用。

例 2-2 在四等三角形网测量中,若三角形内角和的中误差 $\sigma_{\sum} = 4.3''$,则在观测时,其三角形内角闭合差最大不应超过多少?

解 根据中误差和极限误差的关系,若以 3 倍中误差作为极限误差,则

$$\Delta_{\beta限} = 3\sigma_{\sum} = 3 \times 4.3'' = 12.9''$$

若以 2 倍中误差作为极限误差,则

$$\Delta_{\beta限} = 3\sigma_{\sum} = 2 \times 4.3'' = 8.6''$$

《工程测量规范》中相应的规定是:四等三角形网三角形最大闭合差为 $9''$,可见其规定是以 2 倍中误差作为极限误差的。

3. 相对误差

对于某些观测结果,有时仅靠中误差还不能完全反映观测结果精度的高低。例如,分别丈量了 1 000 m 和 80 m 的两段距离,它们的中误差都是 ±2 cm。从中误差的数字大小看,两者的精度是相同的,但是,上述两段距离的误差大小应该是和其长度有关的,故就单位长度而言,两者的精度并不相同。显然,第 1 段距离的丈量精度高于第 2 段距离的丈量精度。为此,通常又采用另一种衡量精度的方法,即采用中误差与观测值的比值作为衡量精度的又一标准,并将其称为相对中误差。如上面两段距离其相对中误差分别为

$$k_1 = \frac{2}{100\ 000} = \frac{1}{50\ 000},\ k_2 = \frac{2}{8\ 000} = \frac{1}{4\ 000}$$

相对中误差是个无名数,在测量工作中通常将分子化为 1,即用 $1/M$ 的形式表示。

对于真误差与极限误差,有时也用相对误差来表示。例如,经纬仪导线测量中,所规定的相对闭合差不能超过 1/2 000,就是相对极限误差,而在实测中所产生的相对闭合差,即相对真误差。

与相对误差相对应,真误差、中误差和极限误差均称为绝对误差。

例 2-3　已知一条观测边长 $D = 500.000\ \text{m} \pm 20\ \text{mm}$,试问:该边的相对中误差是多少？如果规范中规定边长的相对中误差不超过 1/20 000,该边的精度符合要求吗？

解　该边的相对中误差为

$$k = \frac{20}{500\ 000} = \frac{1}{25\ 000}$$

该边的相对中误差为 1/25 000。

可见该边的相对中误差未超过规范中的相应规定,故其精度符合要求。

子情境 3　平差原则

测量平差的一个重要内容是求出被观测量的最可靠结果。什么是最可靠结果？求最可靠结果应该遵循什么样的原则？下面分别予以讨论。

一、观测量的最可靠结果

对某量进行了 n 次同精度观测,得观测值 $L_1, L_2, \cdots, L_n$。由于误差的存在,观测结果总是不相一致的,即在一组观测值之间存在着不符值。设该量的真值为 X,则由式(2-1)有

$$\begin{cases} \Delta_1 = X - L_1 \\ \Delta_2 = X - L_2 \\ \qquad \vdots \\ \Delta_n = X - L_n \end{cases} \qquad (2\text{-}10)$$

当对同一个量进行一组等精度观测时,如何求其最后结果的问题,人们早已习惯于采用取简单平均值的办法,并公认这一平均值,就是根据这些观测值可能求得的该量的最可靠的结果。为了说明取平均值这一做法的合理性,下面对此予以简单分析。为此,将上面各式求和,得

$$[\Delta] = nX - [L]$$

将该式两边同除以 n，得

$$\frac{[\Delta]}{n} = X - \frac{[L]}{n}$$

将上式两端取极限

$$\lim_{n \to \infty} \frac{[\Delta]}{n} = X - \lim_{n \to \infty} \frac{[L]}{n} \tag{2-11}$$

由偶然误差的第 4 个特性可知，当 $n \to \infty$ 时，式（2-11）的左端应该等于零，即

$$\lim_{n \to \infty} \frac{[\Delta]}{n} = 0$$

这样，根据式（2-11）则有如下结果

$$X = \lim_{n \to \infty} \frac{[L]}{n}$$

由此可知，当 n 无限增大时，算术平均值即趋于该量的真值。在实际工作中，不可能对同一量进行无限次观测，因而，在 n 为有限数的情况下，根据已有的观测成果所能求得的算术平均值则可看成是一个相对真值，也可以说，它就是该量的最可靠结果了，称它为该量的最或然值。随着 n 的增大，最或然值也就趋向于真值。

在测量工作中，会有这样的情况，即某些被观测量所构成的函数，其真值是已知的。例如，平面三角形的内角和的真值为 180°，水准环线中各段高差代数和的真值为零，等等。但是在测量工作中，所要测定的并不是这些已知真值的量，如观测三角形的三内角，并不是为了测定其内角和的大小，而是要求得各个内角之大小，从而确定三角形的形状；水准测量并不是测定环线的高差，而是要确定各点之间的高差，等等。如前所述，通常观测次数 n 总是有限的，因此，也只能求得这些量的相对真值，或者说只能求出其最或然值，从这一个意义上来讲，某一量的真值是不确知的。

二、平差原则

通过上面关于算术平均值的叙述，简要地说明了真值、最或然值，或者说是真值与最或然值之间的关系。在测量工作中，经常要解决的实际问题并不局限于这一种最简单的情况。因而，有必要针对最普遍的情况提出如何求最或然值的原则。

测量平差的基本内容之一，是要消除由于观测值的误差所引起的不符值，同时要使得消除不符值以后的结果是被观测量的最或然值。

消除不符值，求最或然值的依据就是最小二乘原理，最小二乘原理是在掌握偶然误差规律性的基础上建立起来的。

现在以一个简单的例子来说明按最小二乘原理求最或然值的过程。

设观测了某三角形的 3 个内角，得观测值为

$$\left. \begin{array}{l} L_1 = 58°30'40'' \\ L_2 = 61°20'10'' \\ L_2 = 60°08'58'' \end{array} \right\}$$

由于观测值带有误差，三内角观测值之和，与其理论值 180° 之间存在着不符值，通常称此

不符值为三角形闭合差,用 w 表示

$$w = L_1 + L_2 + L_3 - 180° = -12''$$

为了消除三角形闭合差,需在各观测值上分别加上一个改正数 $v_i(i=1,2,3)$,使得改正后的 3 个角度之和,与其应有值之间不存在不符值,即

$$(L_1 + v_1) + (L_2 + v_2) + (L_3 + v_3) - 180° = 0$$

为此,表 2-3 中给出了若干组改正数。如果仅仅是为了满足上式,则从表 2-3 所列的各组 v 中,任意取其一组,都能达到这一目的。

表 2-3　观测值改正数取值表

编　号	观测值			$v^{(1)}$	$v^{(2)}$	$\cdots$	$v^{(i)}$	$v^{(n)}$	$\cdots$
1	58°	30′	40″	$+1''$	$+2''$	$\cdots$	$-3''$	$+4''$	$\cdots$
2	60°	21′	10″	$+10''$	$+6''$	$\cdots$	$+12''$	$+4''$	$\cdots$
3	60°	08′	58″	$+1''$	$+4''$	$\cdots$	$+3''$	$+4''$	$\cdots$
$\sum$	179°	59′	48″	$+12''$	$+12''$	$\cdots$	$+12''$	$+12''$	

可以想象,这样的 v 值可有无限多组,这就产生了下列问题:

①观测的目的总是要求得一组确定的成果,而这里因改正数的无限,也就使得其答案的无限,如何解决?

②假若只选用某一组 v 值来消除不符值,那么选用哪一组值最合理?

对于以上两个问题的答案如下:

只能选择一组改正数,用以消除观测值之间的不符,同时求得最或然值;

对于各观测值为同精度的情况,应该选取其中能使改正数平方之和为最小的一组 v 值,即

$$[vv] = v_1^2 + v_2^2 + v_3^2 = 最小$$

当各观测值不同精度时,则应选取其中符合下述要求的一组 v 值,即

$$\left[\frac{vv}{\sigma^2}\right] = \frac{v_1^2}{\sigma_1^2} + \frac{v_2^2}{\sigma_2^2} + \cdots + \frac{v_n^2}{\sigma_n^2} = 最小$$

式中　σ_i——观测值 L_i 的中误差。

这种既能消除不符值又能满足上式要求的一组改正数,称为最或然改正数,简称改正数,观测值加上这种改正数,即

$$L_i + v_i = x_i$$

称为被观测量的最或然值。这样所求得的 x 值,不仅已消除不符值,而且从误差理论的观点可以证明,这些 x 值就比用其他任意一组 v 所求得的结果,其接近于真值的可能性更大,因此,它们就是最可靠的结果。

这里必须指出,如果我们对该三角形的内角进行另一组观测,由于每次误差的出现具有偶然性,由此而求得的三角形闭合差就不一定是 $-12''$,因而改正数和最或然值也就会随之改变,故这里的最或然值是相对的,它是随着具体的观测结果的不同而不同。因此,不能把它们理解为一个唯一的、不变的结果。

综上所述,所谓按最小二乘原理求最或然值,就是按下述两个要求来确定最或然值改正数和最或然值的:

①只用一组改正数 v 消去不符值。

②在同精度观测的条件下,改正数 v 应满足

$$[vv] = v_1^2 + v_2^2 + \cdots + v_n^2 = 最小$$

在不同精度观测的情况下,改正数则应满足

$$\left[\frac{vv}{\sigma^2}\right] = \frac{v_1^2}{\sigma_1^2} + \frac{v_2^2}{\sigma_2^2} + \cdots + \frac{v_n^2}{\sigma_n^2} = 最小$$

通常把这种按最小二乘原理求最或然值所进行的计算工作,称为按最小二乘法进行平差,而把平差应满足的上述两个要求称为平差原则。

子情境4　误差传播定律

在实际工作中,经常会遇到某些量的大小不是直接测定得到的,而是由观测值通过一定的函数关系计算出来的,也就是说,经常遇到的这些量是观测值的函数。这类问题的例子很多,如在一个三角形中,观测了3内角 L_1、L_2、L_3,其闭合差 w 和将闭合差平均分配以后所得的各角度的平差值 $\hat{L}_1$、$\hat{L}_2$、$\hat{L}_3$ 为

$$w = L_1 + L_2 + L_3 - 180°$$

$$\hat{L}_i = L_i - \frac{w}{3} \qquad (i = 1,2,3)$$

式中　$w,\hat{L}_i$——观测值 L_i 的函数。

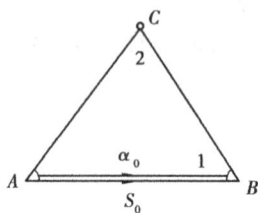

图 2-6

又如,在侧方交会中(图 2-6),已知 A、B 两点的坐标 x_A、y_A 和 x_B、y_B 它们之间的距离为 S_0,坐标方位角为 α_0,由交会的观测角 L_1、L_2 通过以下公式计算交会点的坐标:

$$s_{AC} = s_0 \frac{\sin L_1}{\sin L_2}$$

$$\alpha_{AC} = \alpha_0 - (180° - L_1 - L_2)$$

$$\left.\begin{array}{l} x_C = x_A + S_{AC}\cos \alpha_{AC} \\ y_C = y_A + S_{AC}\sin \alpha_{AC} \end{array}\right\}$$

式中,S_{AC}、α_{AC}、x_C、y_C 都是观测值 L_i 的函数。关于各种观测值与其函数的关系式的例子还可举出很多,在此不一一列举。要思考的问题是:如果知道观测值的中误差,怎样求得其函数的中误差? 观测值与其函数的中误差之间存在着什么样的关系? 因为中误差可以由方差开方得到,故两者的中误差之间的关系可用方差的关系来表述。要解决这个问题必须利用协方差传播律。故将阐述观测值的中误差与其函数的中误差之间的关系的定律,称为协方差传播律。

一、协方差

设有观测值 x 和 y,则它们的协方差定义为

$$\sigma_{xy} = \lim_{n \to \infty} \frac{[\Delta x \Delta y]}{n} = \lim_{n \to \infty} \frac{\Delta x_1 \Delta y_1 + \Delta x_2 \Delta y_2 + \cdots + \Delta x_n \Delta y_n}{n} \qquad (2-12)$$

在实际工作中,n 总是有限值,故也只能求得它的估值,即

$$\hat{\sigma}_{xy} = \frac{[\Delta x \Delta y]}{n} \tag{2-13}$$

可见,协方差是两种真误差 Δx、Δy 所有可能取值的乘积的理论平均值。显然,协方差描述了两个量之间的关系,因为,若 x、y 彼此独立,则它们的真误差的乘积还是偶然误差,其理论平均值应该等于零。若协方差不等于零,则说明 x、y 彼此不独立,是相关的。

在测量工作中,直接观测得到的高差、距离、角度和方向等都是独立观测值。一般来说,独立观测值的各个函数之间是不独立的,即是相关的。

设有 n 个不等精度的相关观测值 $x_i(i=1,2,\cdots,n)$,它们的数学期望和方差为 μ_{x_i}、$\sigma_{x_i}^2$,它们两两之间的协方差为 $\sigma_{x_i x_j}(i \neq j)$,用矩阵将它们表示为

$$X = \begin{pmatrix} x_1 \\ x_2 \\ \vdots \\ x_n \end{pmatrix} \qquad \mu_X = \begin{pmatrix} \mu_{x_1} \\ \mu_{x_2} \\ \vdots \\ \mu_{x_n} \end{pmatrix} = E(X) \tag{2-14}$$

式(2-14)中 $\underset{n,1}{X}$ 为观测值向量,或简称观测值;$\mu_X = E(X)$ 为 X 的数学期望;$\underset{n,1}{X}$ 和 μ_X 都是由 n 个数组成的有序的数组,即

$$D_{XX} = \begin{pmatrix} \sigma_{x_1}^2 & \sigma_{x_1 x_2} & \cdots & \sigma_{x_1 x_n} \\ \sigma_{x_2 x_1} & \sigma_{x_2}^2 & \cdots & \sigma_{x_2 x_n} \\ \vdots & \vdots & & \vdots \\ \sigma_{x_n x_1} & \sigma_{x_n x_2} & \cdots & \sigma_{x_n}^2 \end{pmatrix} = E\left[(X - \mu_X)(X - \mu_X)^{\mathrm{T}} \right] \tag{2-15}$$

称 D_{XX} 为 X 的方差-协方差阵,简称协方差阵。其主对角线上元素就是每个 x 的方差,其余元素为各 x_i 间的协方差。若 x_i 相互间独立,则所有非对角线上的元素均为零,即 $\sigma_{x_i x_j} = 0$,D_{XX} 为对角方阵,即

$$D_{XX} = \begin{pmatrix} \sigma_{x_1}^2 & 0 & \cdots & 0 \\ 0 & \sigma_{x_2}^2 & \cdots & 0 \\ \vdots & \vdots & & \vdots \\ 0 & 0 & \cdots & \sigma_{x_n}^2 \end{pmatrix} \tag{2-16}$$

二、观测值线性函数的方差

设有观测值 $\underset{n,1}{X}$,其数学期望为 μ_X,协方差阵为 D_{XX},即

$$X = \begin{pmatrix} x_1 \\ x_2 \\ \vdots \\ x_n \end{pmatrix} \qquad \mu_X = \begin{pmatrix} \mu_{x_1} \\ \mu_{x_2} \\ \vdots \\ \mu_{x_n} \end{pmatrix} = \begin{pmatrix} E(x_1) \\ E(x_2) \\ \vdots \\ E(x_n) \end{pmatrix} = E(X) \tag{2-17}$$

$$D_{XX} = E[(X - \mu_x)(X - \mu_x)^{\mathrm{T}}] = \begin{pmatrix} \sigma_1^2 & \sigma_{12} & \cdots & \sigma_{1n} \\ \sigma_{21} & \sigma_2^2 & \cdots & \sigma_{2n} \\ \vdots & \vdots & & \vdots \\ \sigma_{n1} & \sigma_{n2} & \cdots & \sigma_n^2 \end{pmatrix} \tag{2-18}$$

其中，σ_i^2 为 x_i 的方差，σ_{ij} 为 x_i 与 x_j 的协方差，又设有 X 的线性函数为

$$\underset{1,1}{Z} = \underset{1,n}{K} \underset{n,1}{X} + k_0 \tag{2-19}$$

式中

$$\underset{1,n}{K} = (k_1 \quad k_2 \quad \cdots \quad k_n)$$

式(2-19)的纯量形式为

$$Z = k_1 x_1 + k_2 x_2 + \cdots + k_n x_n + k_0 \tag{2-20}$$

下面来求 Z 的方差 D_{ZZ}。对式(2-19)取数学期望，有

$$E(Z) = E(KX + K_0) = KE(X) + K_0 = K\mu_X + K_0 \tag{2-21}$$

根据方差的定义可知，Z 的方差为

$$\underset{1,1}{D_{ZZ}} = \sigma_Z^2 = E[(Z - E(Z))(Z - E(Z))^{\mathrm{T}}]$$

将式(2-19)和式(2-21)代入上式，得

$$\underset{1,1}{D_{ZZ}} = \sigma_Z^2 = E[(KX - K\mu_X)(KX - K\mu_X)^{\mathrm{T}}]$$

$$= E[K(X - \mu_X)(X - \mu_X)^{\mathrm{T}} K^{\mathrm{T}}]$$

$$= KE[(X - \mu_X)(X - \mu_X)^{\mathrm{T}}] K^{\mathrm{T}}$$

故

$$\underset{1,1}{D_{ZZ}} = \sigma_Z^2 = K D_{XX} K^{\mathrm{T}} \tag{2-22}$$

将式(2-22)展开成纯量形式，得

$$\underset{1,1}{D_{ZZ}} = \sigma_Z^2 = k_1^2 \sigma_1^2 + k_2^2 \sigma_2^2 + \cdots + k_n^2 \sigma_n^2 + 2k_1 k_2 \sigma_{12} +$$

$$2k_1 k_3 \sigma_{13} + \cdots + 2K_1 K_n \sigma_{1,n} + \cdots + 2k_{n-1} k_n \sigma_{n-1,n} \tag{2-23}$$

当向量中的各分量 $x_i(i = 1, 2, \cdots, n)$ 两两独立时，它们之间的协方差 $\sigma_{ij} = 0$，则式 (2-23) 为

$$\underset{1,1}{D_{ZZ}} = \sigma_Z^2 = k_1^2 \sigma_1^2 + k_2^2 \sigma_2^2 + \cdots + k_n^2 \sigma_n^2 \tag{2-24}$$

通常将式(2-22)、式(2-23)和式(2-24)3 式称为协方差传播律。其中，式(2-24)是式(2-23)的一个特例。

例 2-4 在 $1:500$ 的地形图上，量得某两点间的距离 $d = 23.4$ mm，d 的测量中误差 $\sigma_d = \pm 0.2$ mm，求该两点间实地的水平距离 D 及其中误差 σ_D。

解 $D = 500d = 500 \times 23.4$ mm $= 11\,700$ mm $= 11.7$ m

根据式(2-24)可得

$$\sigma_D = 500 \times (\pm 0.2) \text{mm} = \pm 100 \text{ mm} = \pm 0.1 \text{ m}$$

故

$$D = (11.7 \pm 0.1) \text{m}$$

例 2-5 在如图 2-7 所示的三角形中，测得独立观测值 α 及 β 角，并已知其中误差为 σ_α 和

σ_β，试求 γ 角的中误差 σ_γ。

解　$\gamma = 180° - \alpha - \beta$

由式（2-24）可得

$$\sigma_\gamma^2 = (-1)^2 \sigma_\alpha^2 + (-1)^2 \sigma_\beta^2$$
$$= \sigma_\alpha^2 + \sigma_\beta^2$$

例 2-6　设 x 为独立观测值 L_1、L_2、L_3 的函数

$$X = \frac{1}{7} L_1 + \frac{2}{7} L_2 + \frac{4}{7} L_3$$

已知：L_1、L_2、L_3 的中误差 $\sigma_1 = \pm 3\ \text{mm}$，$\sigma_2 = \pm 2\ \text{mm}$ 及 $\sigma_3 = \pm 1\ \text{mm}$，求函数 X 的中误差 σ_x。

解　因 L_1、L_2、L_3 是独立观测值，故按式（2-24）得

$$\sigma_x^2 = \left(\frac{1}{7}\right)^2 \sigma_1^2 + \left(\frac{2}{7}\right)^2 \sigma_2^2 + \left(\frac{4}{7}\right)^2 \sigma_3^2$$

$$= \frac{1}{49} \times 9 + \frac{4}{49} \times 4 + \frac{16}{49} \times 1 = \frac{41}{49} = 0.84$$

$$\sigma_x = \pm 0.9\ \text{mm}$$

例 2-7　设在一个三角形中，同精度独立观测得到 3 个内角 L_1、L_2、L_3，其中误差为 σ。试求将三角形闭合差平均分配后的各角的方差。

解　三角形闭合差由下式计算

$$W = L_1 + L_2 + L_3 - 180$$

而各角的平差值为

$$\hat{L}_1 = L_1 - \frac{1}{3}W = \frac{2}{3}L_1 - \frac{1}{3}L_2 - \frac{1}{3}L_3 + 60$$

$$\hat{L}_2 = L_2 - \frac{1}{3}W = -\frac{1}{3}L_1 + \frac{2}{3}L_2 - \frac{1}{3}L_3 + 60$$

$$\hat{L}_3 = L_3 - \frac{1}{3}W = -\frac{1}{3}L_1 - \frac{1}{3}L_2 + \frac{2}{3}L_3 + 60$$

用矩阵表达以上各式，则

$$L = \begin{pmatrix} L_1 \\ L_2 \\ L_3 \end{pmatrix}, \hat{L} = \begin{pmatrix} \hat{L}_1 \\ \hat{L}_2 \\ \hat{L}_3 \end{pmatrix} = \begin{pmatrix} \frac{2}{3} & -\frac{1}{3} & -\frac{1}{3} \\ -\frac{1}{3} & \frac{2}{3} & -\frac{1}{3} \\ -\frac{1}{3} & -\frac{1}{3} & \frac{2}{3} \end{pmatrix} \begin{pmatrix} L_1 \\ L_2 \\ L_3 \end{pmatrix} + \begin{pmatrix} 60 \\ 60 \\ 60 \end{pmatrix}$$

记

$$K = \begin{pmatrix} \frac{2}{3} & -\frac{1}{3} & -\frac{1}{3} \\ -\frac{1}{3} & \frac{2}{3} & -\frac{1}{3} \\ -\frac{1}{3} & -\frac{1}{3} & \frac{2}{3} \end{pmatrix}, K_0 = \begin{pmatrix} 60 \\ 60 \\ 60 \end{pmatrix}$$

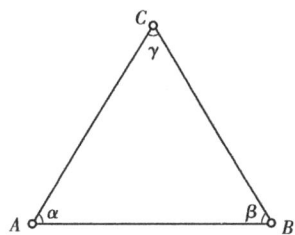

图 2-7

则
$$\hat{L} = KL + K_0$$

根据题意有
$$D_{LL} = \begin{pmatrix} \sigma^2 & 0 & 0 \\ 0 & \sigma^2 & 0 \\ 0 & 0 & \sigma^2 \end{pmatrix}$$

应用式(2-22)得平差值的方差阵为
$$D_{\hat{L}\hat{L}} = KD_{LL}K^{\mathrm{T}}$$

即
$$D_{\hat{L}\hat{L}} = \begin{pmatrix} \dfrac{2}{3} & -\dfrac{1}{3} & -\dfrac{1}{3} \\ -\dfrac{1}{3} & \dfrac{2}{3} & -\dfrac{1}{3} \\ -\dfrac{1}{3} & -\dfrac{1}{3} & \dfrac{2}{3} \end{pmatrix} \begin{pmatrix} \sigma^2 & 0 & 0 \\ 0 & \sigma^2 & 0 \\ 0 & 0 & \sigma^2 \end{pmatrix} \begin{pmatrix} \dfrac{2}{3} & -\dfrac{1}{3} & -\dfrac{1}{3} \\ -\dfrac{1}{3} & \dfrac{2}{3} & -\dfrac{1}{3} \\ -\dfrac{1}{3} & -\dfrac{1}{3} & \dfrac{2}{3} \end{pmatrix}$$

$$= \begin{pmatrix} \dfrac{2}{3}\sigma^2 & -\dfrac{1}{3}\sigma^2 & -\dfrac{1}{3}\sigma^2 \\ -\dfrac{1}{3}\sigma^2 & \dfrac{2}{3}\sigma^2 & -\dfrac{1}{3}\sigma^2 \\ -\dfrac{1}{3}\sigma^2 & -\dfrac{1}{3}\sigma^2 & \dfrac{2}{3}\sigma^2 \end{pmatrix}$$

从上式可知,分配闭合差后各角 $\hat{L}_i$ 的中误差均为 $\sqrt{\dfrac{2}{3}}\sigma$,而它们之间的协方差均为 $-\dfrac{1}{3}\sigma^2$ 。

三、观测值非线性函数的方差

1. 方差计算公式的推导

设有观测值 $\underset{n,1}{X}$ 的非线性函数
$$Z = f(X) \tag{2-25}$$
或写为
$$Z = f(x_1, x_2, \cdots, x_n) \tag{2-26}$$
已知: $\underset{n,1}{X}$ 的协方差阵 D_{XX} ,欲求 Z 的方差 D_{ZZ} 。

假定观测值 X 有近似值 $\underset{n,1}{X^0}$
$$X^0 = (x_1^0, x_2^0, \cdots, x_n^0)^{\mathrm{T}}$$
可将函数式(2-26)按台劳级数展开为
$$Z = f(x_1^0, x_2^0, \cdots, x_n^0) + \left(\frac{\partial f}{\partial x_1}\right)_0 (x_1 - x_1^0) + \left(\frac{\partial f}{\partial x_2}\right)_0 (x_2 - x_2^0) + \cdots +$$
$$\left(\frac{\partial f}{\partial x_n}\right)_0 (x_n - x_n^0) + (二次以上项) \tag{2-27}$$
式中, $\left(\dfrac{\partial f}{\partial x_i}\right)_0$ 是函数对各个变量所取的偏导数,并以 X^0 代入所算得的数值,它们都是常数,当

X^0 与 X 非常接近的时候,式(2-27)中二次以上各项很微小,故可以略去。因此,可将式(2-27)可写为

$$Z = \left(\frac{\partial f}{\partial x_1}\right)_0 x_1 + \left(\frac{\partial f}{\partial x_2}\right)_0 x_2 + \cdots + \left(\frac{\partial f}{\partial x_n}\right)_0 x_n + f(x_1^0, x_2^0, \cdots, x_n^0) -$$

$$\sum_{i=1}^{n} \left(\frac{\partial f}{\partial x_i}\right)_0 x_i^0 \tag{2-28}$$

令

$$k_i = \left(\frac{\partial f}{\partial x_i}\right)_0 \qquad (i = 1, 2, \cdots n)$$

$$K = (k_1 \quad k_2 \quad \cdots \quad k_n)$$

$$K_0 = f(x_1^0, x_2^0, \cdots, x_n^0) - \sum_{i=1}^{n} \left(\frac{\partial f}{\partial x_i}\right)_0 x_i^0$$

则

$$Z = k_1 x_1 + k_2 x_2 + \cdots + k_n x_n + k_0 \tag{2-29}$$

将式(2-29)用矩阵表达为

$$Z = KX + K_0 \tag{2-30}$$

这样,则将非线性函数式(2-26)化成了线性函数式(2-29),它与函数式(2-20)完全相同,故可按式(2-22)来求得 Z 的方差 D_{ZZ} 为

$$D_{ZZ} = K D_{XX} K^{\mathrm{T}} \tag{2-31}$$

若设

$$\Delta x_i = x_i - x_i^0 \qquad (i = 1, 2, \cdots, n)$$

$$\Delta Z = Z - Z^0 = Z - f(x_1^0, x_2^0, \cdots, x_n^0)$$

则对式(2-27)稍作变化,即为

$$\Delta Z = \left(\frac{\partial f}{\partial x_1}\right)_0 \Delta x_1 + \left(\frac{\partial f}{\partial x_2}\right)_0 \Delta x_2 + \cdots + \left(\frac{\partial f}{\partial x_n}\right)_0 \Delta x_n \tag{2-32}$$

即

$$\Delta Z = k_1 \Delta x_1 + k_2 \Delta x_2 + \cdots + k_n \Delta x_n \tag{2-33}$$

可以看出,根据式(2-33)运用协方差传播律得到函数 Z 的方差与式(2-31)完全一样。式(2-33)可通过对式(2-26)求全微分得到。可见,为了将非线性函数线性化,求得计算方差所需要的系数 K,只要对函数求全微分即可。

例 2-8　一条导线边的边长 $D = 150.11 \pm 0.05$ m,其坐标方位角 $\alpha = 119°45'00'' \pm 20.6''$,求横坐标增量 Δy 的中误差 $\sigma_{\Delta y}$。

解　依题意写出函数式为

$$\Delta y = D \times \sin \alpha$$

对该式全微分得

$$\mathrm{d}(\Delta y) = \sin \alpha \mathrm{d}D + D \cos \alpha \, \mathrm{d}\alpha$$

考虑到上式中各量的单位应统一,故上式应为

$$\mathrm{d}(\Delta y) = \sin \alpha \mathrm{d}D + D \cos \alpha \left(\frac{\mathrm{d}\alpha}{\rho}\right)$$

考虑到边长和坐标方位角相互独立,将上式运用误差传播定律,即应用式(2-24),得横坐标增量的方差为

$$D_{\Delta y \Delta y} = (\sin \alpha)^2 \sigma_D^2 + \left(\frac{D}{\rho}\cos \alpha\right)^2 \sigma_\alpha^2$$

代入观测值及相应的中误差后,得

$$D_{\Delta y \Delta y} = (0.868)^2 \times 5^2 + \left(\frac{15\ 011}{206\ 265} \times 0.496\right)^2 \times 20.6^2 = 18.84 + 0.55 = 19.39$$

由此得 Δy 的中误差

$$\sigma_{\Delta y \Delta y} = \pm 4.4 \text{ cm}$$

2. 中误差计算步骤

根据以上对非线性函数的中误差的计算过程,可总结出应用协方差传播定律求函数中误差的计算步骤如下:

①按题意写出函数关系式,如

$$Z = f(x_1, x_2, \cdots, x_n)$$

②对函数式求全微分,得

$$dZ = \left(\frac{\partial f}{\partial x_1}\right)_0 dx_1 + \left(\frac{\partial f}{\partial x_2}\right)_0 dx_2 + \cdots + \left(\frac{\partial f}{\partial x_n}\right)_0 dx_n$$

③将微分关系式写成矩阵形式

$$dZ = KdX$$

$$K = (k_1 \quad k_2 \quad \cdots \quad k_n) = \left[\left(\frac{\partial f}{\partial x_1}\right)_0 \quad \left(\frac{\partial f}{\partial x_2}\right)_0 \quad \cdots \quad \left(\frac{\partial f}{\partial x_n}\right)_0\right]$$

$$dX = (dx_1 \quad dx_2 \quad \cdots \quad dx_n)^T$$

④应用误差传播定律(2-31)求函数的方差,再求函数的中误差。

子情境5 误差传播定律在测量上的应用

一、水准测量的精度

经 n 个测站测定 A、B 两水准点的高差,其中第 i 站的观测高差为 h_i,则 A、B 两水准点间的总高差 h_{AB} 为

$$h_{AB} = h_1 + h_2 + \cdots + h_n \tag{2-34}$$

设各测站观测高差是精度相同的独立观测值,其中误差为 $\sigma_{站}$,则可由误差传播定律(2-24),求得 h_{AB} 的方差为

$$\sigma_{h_{AB}}^2 = \sigma_{站}^2 + \sigma_{站}^2 + \cdots + \sigma_{站}^2$$

由此得 h_{AB} 的中误差 $\sigma_{h_{AB}}$ 为

$$\sigma_{h_{AB}} = \sqrt{n}\sigma_{站} \tag{2-35}$$

若水准路线敷设在平坦地区,前后两测站间的距离 s 大致相等,设 A、B 间的距离为 D,则测站数 $n = D/s$,代入式(2-35)得

$$\sigma_{h_{AB}} = \sqrt{\frac{D}{s}}\sigma_{站} \tag{2-36}$$

如果 $D = 1$ km,s 以 km 为单位,则 1 千米的测站数为

$$n_{千米} = \frac{1}{s}$$

则 1 千米观测高差的中误差即为

$$\sigma_{千米} = \sqrt{\frac{1}{s}}\sigma_{站} \tag{2-37}$$

故距离为 D 千米的 A、B 两点间的观测高差的中误差为

$$\sigma_{h_{AB}} = \sqrt{D}\sigma_{千米} \tag{2-38}$$

式(2-35)和式(2-38)是水准测量中计算高差中误差的基本公式,由式(2-35)可知,当各测站高差的观测精度相同时,水准测量高差的中误差与测站数的平方根成正比;由式(2-38)可知,当各测站的距离大致相等时,水准测量高差的中误差与距离的平方根成正比。

二、距离丈量的精度

用长度为 L 的钢尺丈量距离,共丈量了 n 个尺段,全长为 $s = nL$,设每一尺段的量距中误差为 σ_L,因每一尺段丈量的结果 $L_1, L_2, \cdots, L_n$,是独立观测值,故由误差传播定律来求得全长的中误差为

$$\sigma_s = \sigma_L\sqrt{n}$$

或

$$\sigma_s = \sigma_L\sqrt{\frac{s}{L}} = \frac{\sigma_L}{\sqrt{L}}\sqrt{s} \tag{2-39}$$

丈量距离是采用同一根钢尺,并在相同条件下进行的,故式(2-39)中的 L 和 σ_L 可以认为是个定值,令

$$\sigma = \frac{\sigma_L}{\sqrt{L}} \tag{2-40}$$

当 $L = 1$ 时,$\sigma = \sigma_L$,即 σ 为单位长度的丈量中误差。

将式(2-40)代入式(2-39),得

$$\sigma_s = \sigma\sqrt{s} \tag{2-41}$$

即距离 s 的丈量中误差,等于单位长度的丈量中误差之 $\sqrt{s}$ 倍,或者距离 s 的中误差与距离 s 的平方根成正比。

三、导线边方位角的精度

在如图 2-8 所示的支导线中,用相同精度测得 n 个转折角 $\beta_1, \beta_2, \cdots, \beta_n$,它们的中误差均等于 σ_β,第 n 条导线边的坐标方位角为

$$\alpha_n = \alpha_0 + \beta_1 + \beta_2 + \cdots + \beta_n - n \times 180° \tag{2-42}$$

式中,α_0 是已知坐标方位角,可将其看成没有误差的数值,则第 n 条边的坐标方位角的中误差为

$$\sigma_{\alpha_n} = \sqrt{n}\sigma_{\beta} \qquad (2-43)$$

即支导线中第 n 条边坐标方位角的中误差,等于各转折角中误差的 $\sqrt{n}$ 倍,n 为推算方位角时转折角的个数。

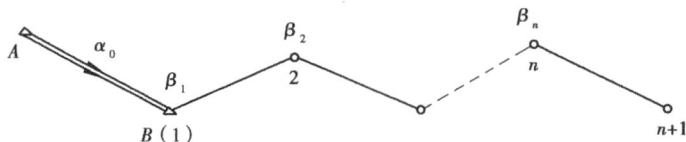

图 2-8

四、等精度观测值的算术平均值的精度

设对某量以等精度独立观测了 N 次,得观测值 $L_1,L_2,\cdots,L_n$,它们的中误差均等于 σ,则 N 个观测值的算术平均值 x 为

$$x = \frac{[L]}{N} = \frac{1}{N}L_1 + \frac{1}{N}L_2 + \cdots + \frac{1}{N}L_n \qquad (2-44)$$

由误差传播定律知,算术平均值 x 的方差为

$$\sigma_x^2 = \frac{1}{N^2}\sigma^2 + \frac{1}{N^2}\sigma^2 + \cdots + \frac{1}{N^2}\sigma^2 = \frac{1}{N}\sigma^2$$

其中误差为

$$\sigma_x = \frac{\sigma}{\sqrt{N}} \qquad (2-45)$$

即 N 个同精度独立观测值的算术平均值的中误差等于各观测值的中误差除以 $\sqrt{N}$。

五、若干个独立误差的联合影响

测量工作中经常会遇到这种情况:一个观测结果同时受到许多独立误差的联合影响。例如,照准误差、读数误差、目标偏心误差和仪器偏心误差对测角的影响。在这种情况下,观测结果的真误差是各个独立误差的代数和,即

$$\Delta_Z = \Delta_1 + \Delta_2 + \cdots + \Delta_n$$

由于这里的真误差是相互独立的,各种误差的出现都是偶然的,因而也可根据误差传播定律得出它们之间的方差关系式

$$\sigma_Z^2 = \sigma_1^2 + \sigma_2^2 + \cdots + \sigma_n^2 \qquad (2-46)$$

即观测结果的方差等于各独立观测误差所对应的方差之和。

子情境6 由真误差计算中误差

如果已知一组同精度独立观测值的真误差 $\Delta_i(i=1,2,\cdots,n)$,则不论这一组真误差是由同一个量多次观测形成的,还是对多个不同量进行观测而形成的,都可根据中误差公式

$$\sigma = \pm \sqrt{\frac{[\Delta\Delta]}{n}}$$

来计算这一组观测值的中误差。但在一般的情况下,由于被观测量的真值是不知道的,因此真误差 Δ_i 也就无法知道,这时就不能直接用上式计算中误差了。然而在某些情况下,由若干个被观测量(如角度、长度、高差等)所构成的函数,其真值有时是已知的,因而,其真误差也是可求得的。例如,一个平面三角形,3 个内角之和的真值为 180° 是已知的,而将其闭合差反号,就是 3 个内角和的真误差,这时就有可能根据闭合差算出实际作业所需要求出的某些观测值的中误差。下面介绍两种常用的根据真误差计算中误差的实用公式。

一、由三角形闭合差计算测角中误差

设一三角形网中,同精度独立观测了各内角,其中误差均为 σ(即测角中误差),由各观测值计算而得到的三角形内角和的真误差分别为 $-w_1, -w_2, \cdots, -w_n$,根据中误差的定义,三角形内角和的中误差为

$$\sigma_{\sum} = \pm \sqrt{\frac{[ww]}{n}}$$

其中,$[ww] = w_1^2 + w_2^2 + \cdots + w_n^2$,$n$ 为三角形个数。

三角形内角的和为

$$\sum = \alpha + \beta + \gamma$$

根据误差传播定律,内角和的中误差为

$$\sigma_{\sum} = \sqrt{3}\sigma$$

因此,测角中误差为

$$\sigma = \frac{\sigma_{\sum}}{\sqrt{3}} \tag{2-47}$$

或

$$\sigma = \pm \sqrt{\frac{[ww]}{3n}} \tag{2-48}$$

式(2-48)称为菲列罗公式,在三角测量中经常用它来初步评定测角的精度。

二、由一系列同精度的双观测值之差计算中误差

在测量工作中,通常对一系列被观测量分别进行成对的观测。例如,在导线测量中,每条导线边各丈量两次,水准测量中对每段路线高差进行往返观测,基线丈量前和丈量后每根基线尺的检定等。这种成对的观测,称为双观测。对同一个量所进行的两次观测称为一个"观测对"。

设对量 $x_1, x_2, \cdots, x_n$ 各测两次,得观测值为

$$L_1', L_2', \cdots, L_n'$$
$$L_1'', L_2'', \cdots, L_n''$$

这里"观测对" L_i' 和 L_i'' 是对 x_i 两次观测的结果。

对于任一个被观测量而言,不论其真值 x 大小如何,由真值所构成的差数必然都等于零,即

$$x_i - x_i = 0 \qquad (i = 1, 2, \cdots, n)$$

因此,这里的"0"则可看成是任一个量本身差的真值。

现对每个量都进行两次观测,由于观测值带有误差,因此,将每个量的两次观测结果相减,其差数就经常不等于零,设

$$L_1' - L_1'' = d_1$$
$$L_2' - L_2'' = d_2$$
$$\vdots$$
$$L_n' - L_n'' = d_n$$

式中,d 是观测值的差数,既然已知各差数的真值为"0",因此,可得各差数的真误差 Δd_i 为

$$\Delta d_1 = 0 - d_1 = -d_1$$
$$\Delta d_2 = 0 - d_2 = -d_2$$
$$\vdots$$
$$\Delta d_n = 0 - d_n = -d_n$$

由此可知,这里的各个 $-d$ 就是真误差。若各"观测对"是同精度独立观测的,则所有 d 也是同精度的。由中误差的定义得这些差数的中误差为

$$\sigma_d = \pm \sqrt{\frac{[dd]}{n}} \tag{2-49}$$

式(2-49)中,n 是 d 的个数,并非是 L' 和 L'' 的个数。

由于 d 是两个观测值的差数,即

$$d_i = L_i' - L_i''$$

设观测值 L_i' 和 L_i'' 的中误差都是 σ,则

$$\sigma_d = \sqrt{2}\sigma$$

由此得

$$\sigma = \frac{\sigma_d}{\sqrt{2}} = \pm \sqrt{\frac{[dd]}{2n}} \tag{2-50}$$

在实际工作中,是取各量的两次观测结果的平均值作为该量的最后结果,即

$$x_i = \frac{L_i' + L_i''}{2}$$

故各被观测量平均值的中误差为

$$\sigma_x = \frac{\sigma}{\sqrt{2}} = \pm \frac{1}{2}\sqrt{\frac{[dd]}{n}} \tag{2-51}$$

例 2-9 精密测定 6 根基线尺的长度各两次,观测结果见表 2-4,取其平均值作为基线尺的最或然长度,试求这些长度的中误差。

解 根据式(2-50)得观测值的中误差为

$$\sigma = \pm \sqrt{\frac{[dd]}{2n}} = \pm \sqrt{\frac{4\ 747}{12}} = \pm 19.9\ \mu m$$

根据公式(2-51),得尺长平均值中误差,即

$$\sigma_x = \frac{\sigma}{\sqrt{2}} = \pm 14.1\ \mu m$$

26

表 2-4　观测值表

尺　号	第 1 次结果	第 2 次结果	差数 $d/\mu m$	d^2
139	24 m − 56 μm	24 m − 57 μm	1	1
143	− 161	− 214	53	2 809
144	+ 430	+ 451	− 21	441
714	+ 860	+ 874	− 14	196
835	+ 489	+ 477	12	144
836	+ 206	+ 240	− 34	1 156
				$[dd] = 4\ 747$

知识能力训练

2-1　描述偶然误差的分布有哪几种方法？

2-2　偶然误差有些什么特性？

2-3　精度的含义是什么？

2-4　为什么不用真误差来衡量观测值的精度而用中误差？

2-5　为什么要研究极限误差，极限误差与真误差有什么关系？

2-6　角度的精度可否用相对误差来衡量？为什么？

2-7　为了比较两种仪器的精度，分别对同一角度各进行了 10 次观测，其观测结果如表 2-5。该角用精密仪器测定，其值为 85°42′05″，由于非常精确，可将其看成真值。试求其两种仪器所得观测值的平均误差和中误差。

表 2-5　角度观测值表

编　号	第 1 台仪器观测值	编　号	第 2 台仪器观测值
1	85°42′10″	1	85°42′04″
2	85°42′02″	2	85°42′10″
3	85°42′06″	3	85°42′03″
4	85°42′04″	4	85°42′09″
5	85°42′07″	5	85°42′11″
6	85°42′03″	6	85°42′02″
7	85°42′05″	7	85°42′04″
8	85°42′08″	8	85°42′03″
9	85°42′01″	9	85°42′10″
10	85°42′04″	10	85°42′01″

2-8　对 30°的一个角观测了 10 次，每次观测的中误差为 ±5″。另外，用同样的仪器、同样的方法、同样的次数对 60°的一个角观测进行观测，每次观测的中误差为 ±5″。试问这两个角

度观测结果精度一样吗?

2-9　某一三角网共有 30 个三角形,在相同条件下进行了观测,由于观测有误差,三角形内角之和就不等于 180°,这样就得到了 30 个三角形的角度闭合差 W(真误差),将其按绝对值的大小排列如下: $+0.5''$, $-0.6''$, $+0.8''$, $-1.0''$, $+1.4''$, $+1.7''$, $-1.8''$, $+2.1''$, $+2.5''$, $-2.7''$, $+2.8''$, $+3.0''$, $+3.2''$, $-3.6''$, $+4.2''$, $-4.8''$, $-5.3''$, $+5.9''$, $-6.1''$, $+6.8''$, $-6.9''$, $+7.5''$, $+8.5''$, $-9.1''$, $-9.8''$, $+11.3''$, $+12.9''$, $-14.6''$, $+18.8''$, $-21''$。

①试根据该组误差分析偶然误差的特性;

②求三角形内角之和的中误差;

③分析最大的偶然误差与中误差的关系。

2-10　为什么说算术平均值是最可靠结果?

2-11　测量平差应该遵循的原则是什么?

2-12　设一个三角形观测了 3 个内角,每一个角的测角中误差 $\sigma_\beta = \pm 8.5''$,试计算三角形内角和的中误差。

2-13　在一个三角形中观测了两个角度,其值分别为 $\alpha = 30°20'22'' \pm 4''$,$\beta = 60°24'18'' \pm 3''$,试求第 3 个角度 γ 的角值及其中误差 σ_γ。

2-14　视距测量中,当视线水平时的水平距离公式为 $s = KL$,而 $L = a - b$(a、b 为仪器望远镜中十字丝上下丝在尺上的读数),设读数中误差 $\sigma_a = \sigma_b = \pm 3$ mm,试求水平距离的中误差 σ_s。

2-15　经纬仪测角时,若每一方向一次观测中误差为 σ,试证一测回的测角中误差 σ_β 仍等于 σ。

2-16　地形测图时,有时采用读半丝的方法来确定水平距离,此时计算公式为 $s = 2k(l - b)$,l 为中丝读数。现设中丝读数中误差 $\sigma_l = \pm 3$ mm,试求水平距离 s 的中误差 σ_s。

2-17　用 J_6 级光学经纬仪测角,其一个方向的测角中误差为 $\pm 6''$,用该仪器观测三角形的 3 内角,求三角形最大的闭合差能达到多少?

2-18　用 J_6 级光学经纬仪作图根三角测量时,要求三角形的最大闭合差不超过 $\pm 60''$,问三角形的各内角需测几个测回才能达到上述要求?

2-19　施测一个角度的中误差为 $\pm 5''$,试求其三角形的最大闭合差为多少?

2-20　用 J_6 级光学经纬仪测一闭合导线,该闭合导线的内角数为 5 个,问该闭合导线的角度闭合差应小于多少?

2-21　为了求两点间的水平距离 D,我们测得倾斜距离 $L = 180$ m ± 20 cm,倾角 $\delta = 30°$,欲使 D 的中误差小于 20 cm,δ 的测角精度应为多少?

2-22　视距测量中视线倾斜时的水平距离公式 $s = kl \cos^2 \alpha$,设尺间隔 $l = 1.250$ m ± 3 mm,倾斜角 $\delta = 5°20' \pm 1'$,$K = 100$,试求水平距离及其中误差。

2-23　三角高程测量计算高差的公式为 $h = s \tan \delta$,现设 $s = 269.32 \pm 0.02$ m,$\delta = 7°20'20'' \pm 20''$,试计算高差 h 及其中误差。

2-24　已知导线某一边长 $s = 150.11 \pm 0.05$ m,方位角 $\alpha = 119°45'00'' \pm 20''$,试求该导线边端点点位中误差。

2-25　A、B、C 为水准点。已知 A 点高程 $H_A = 165.470$ m,从 A 点出发经过 B 点测水准到 C 点。设观测 A、B 间的高差为 $h_1 = 12.326$ m,其中误差为 $\sigma_{h_1} = \pm 4$ mm;设观测 B、C 间的高差

为 $h_2 = -5.386$ m,其中误差为 $\sigma_{h_{12}} = \pm 5$ mm,试求 A、C 点间高差及其中误差。

2-26 在水准测量中,每站观测高差的中误差为 ± 1 cm,若要求从已知点推算待定点的高程中误差不大于 ± 5 cm,问可以设多少站?

2-27 四等水准测量,为什么规定红面读数与黑面读数之差值与尺常数值之差不应超过 ± 3 mm(红、黑面读数之中误差 $\sigma = \pm 1$ mm)。

2-28 若用尺面长度为 L 的钢尺量距,测得某段距离 s 恰为 4 个整尺段长,已知丈量一次的中误差为 σ_L,问全长 s 的中误差等于多少?

2-29 用 J_6 级光学经纬仪测一闭合导线,该闭合导线的内角数为 5 个,问该闭合导线的角度闭合差应少于多少?

2-30 对某一个角度观测了 12 次,得到它们的平均值中误差为 $\pm 0.57''$,若使平均值中误差小于 $\pm 0.30''$,应观测多少次?

2-31 某一水平角施测了 5 个测回,现在已知每一测回的观测中误差 $\sigma = \pm 39''$,试求其 5 个测回平均值的中误差 σ_x。

2-32 在高级水准点(设其无误差)A、B 间布设 P_1、P_2 两个未知水准点,各段路线长分别为 $s_{AP_1} = 2$ km, $s_{P_1P_2} = 6$ km, $s_{P_2B} = 4$ km。设每千米观测高差的中误差 $\sigma_{千米} = \pm 1$ mm,试求:

①将高程闭合差按距离分配后 P_1、P_2 两点间高差的中误差;

②分配高程闭合差后计算得 P_1 点高程的中误差。

2-33 在野外等精度观测了 14 个水平角,各角均独立地观测了两次(重新对中、整平)其数据如表 2-6 所示,求一次观测值中误差及双观测值之算术平均值的中误差。

表 2-6

测站号	角度观测值	测站号	角度观测值
1	62°08′55″ 62°08′30″	8	88°22′30″ 88°22′10″
2	86°25′30″ 86°25′40″	9	91°41′15″ 91°41′30″
3	152°03′55″ 152°04′00″	10	101°19′40″ 101°19′30″
4	162°47′45″ 162°48′10″	11	99°25′10″ 99°25′40″
5	108°37′20″ 108°38′00″	12	82°51′30″ 82°51′20″
6	132°22′50″ 132°22′20″	13	73°25′35″ 73°25′10″
7	120°41′30″ 120°41′10″	14	80°47′20″ 80°47′38″

2-34 将 A、B 两水准点间的路线分为 5 段等长的水准路线,并进行了往、返水准测量。测量结果如表 2-7 所示。

表 2-7　高差观测值表

路线段号	往测高差/m	返测高差/m
1	+ 3.248	− 3.240
2	+ 0.346	− 0.356
3	− 1.444	+ 1.437
4	− 3.360	+ 3.352
5	− 3.699	+ 3.704

试求:①各段路线往、返测高差差数的中误差;
　　　②各段路线往、返测高差平均值的中误差。

学习情境 **3**

直接平差与权

教学内容

主要介绍等精度直接平差的方法、不等精度观测值权的概念及确定权的常用方法、协因数的概念及协因数传播律、不等精度直接平差的方法。

知识目标

能正确陈述等精度直接平差的方法,能正确陈述不等精度观测值的权及其确定方法,能基本正确陈述协因数及其传播律,能正确陈述不等精度直接平差的方法。

技能目标

能对直接平差问题进行正确平差计算,即正确计算未知数的平差值。正确计算观测值及最或然值的中误差。

学习导入

根据测量问题中未知数的多少,有相对简单的测量平差问题和相对复杂的测量平差问题,若测量平差问题中只有一个未知数,将对这种问题的平差称为直接平差。只有一个未知数的平差问题中不会只有一个观测值,因此就需要平差。另外,根据不同的平差问题,有的平差问题中观测值精度相同,还有一些平差问题各观测值彼此的观测精度不一定相同,因此就出现了等精度直接平差和不等精度直接平差。简单来说,测量平差的任务有两个:一个是求未知量的最可靠结果;另一个是评定精度。对于直接平差而言,也要完成这两个任务,即求这一个未知数的最可靠结果(最或然值),评定观测值和未知数最可靠结果的精度。

子情境 1 等精度直接平差及其精度评定

为了确定一个量的大小,只需对它进行一次观测。例如,对某一角度只要观测一次,对某一段距离只需丈量一次,对某一点的高程只需从一个已知水准点出发测出高差,就可分别得到这些量的值(观测值)。但是,为了检查观测值中可能发生的错误,同时为了提高被观测量最后结果的精度,通常是对被观测量进行多于一次的观测,如一个角度多个测回的观测,一条边长的多次丈量,一个未知高程点通过多个已知高程点向其进行水准测量,等等,都是一个未知数进行的多次观测。由此,也就产生了多余观测。以上所说的这些观测就是直接观测值。在实际工作中,观测值可能是等精度的,也可能是不等精度的。直接观测平差法就是针对只有一个未知数的测量问题,根据这些观测值,求得该问题中未知数最或然值的一种方法。

一、等精度直接平差的最或然值

设以相同精度对某量进行了 n 次观测,其观测值为 $L_1, L_2, \cdots, L_n$。由于观测值都带有误差,将各观测值进行比较,可以看出它们之间存在不符值。根据平差的第一原则,需要对每个观测值加上一个改正数 v,以消除它们之间的不符值,即

$$L_1 + v_1 = L_2 + v_2 = \cdots = L_n + v_n = x \tag{3-1}$$

为了满足式(3-1)的要求,只要先对其中任一个改正数 v 给定一个确定的数值,则 x 即随之确定,由此其他 v 值也就确定了。反之,任意给定一个 x 值,就可得出一组相应的 v 值。这样即可得到无穷多组能满足上式要求的 v 值,这也就使得问题的解答是不确定的。但是根据平差的第二原则,在等精度观测的情况下,应该选择这样的一组 v 值,即

$$[vv] = v_1^2 + v_2^2 + \cdots + v_n^2 = 最小$$

经过这一组 v 改正以后的观测值,就是该量的最或然值 x 了。

根据式(3-1)有如下等式,即

$$v_1 = x - L_1$$
$$v_2 = x - L_2$$
$$\vdots$$
$$v_n = x - L_n$$

将上面这组等式平方后两端分别相加得

$$[vv] = (x - L_1)^2 + (x - L_2)^2 + \cdots + (x - L_n)^2$$

可见,$[vv]$ 是 x 的函数。根据数学中求极值的原理,函数若有极值,则其对 x 的一阶数为零,取上式的一阶导数,并令其为零,得

$$\frac{\mathrm{d}[vv]}{\mathrm{d}x} = 2(x - L_1) + 2(x - L_2) + \cdots + 2(x - L_n) = 0$$

经整理后有

$$nx = [L]$$

由此得

$$x = \frac{[L]}{n} \tag{3-2}$$

即对某个未知量进行的一组等精度观测值的算术平均值就是该未知量的最或然值。

需要指出的是,函数$[vv]$对x的二阶导数$2n$大于零,函数有极小值。以后各章中求极小值时,也都可按同法证明二阶导数大于零,故以后只用一阶导数求算,不再做函数的性态分析。

二、精度评定

1. 最或然值中误差

设$L_1,L_2,\cdots,L_n$为一系列等精度观测值,其中误差为σ。由式(3-2)得

$$x = \frac{[L]}{n} = \frac{1}{n}L_1 + \frac{1}{n}L_2 + \cdots + \frac{1}{n}L_n$$

根据误差传播定律,得到x的中误差为

$$\sigma_x^2 = \left(\frac{1}{n}\right)^2\sigma^2 + \left(\frac{1}{n}\right)^2\sigma^2 + \cdots + \left(\frac{1}{n}\right)^2\sigma^2$$

$$\sigma_x^2 = \left(\frac{1}{n}\right)^2 n\sigma^2 = \frac{\sigma^2}{n}$$

即

$$\sigma_x = \frac{\sigma}{\sqrt{n}} \tag{3-3}$$

即等精度观测时,最或然值(算术平均值)的中误差等于观测值中误差的$\frac{1}{\sqrt{n}}$。

在σ不变的情况下,设$\sigma = 1$,由式(3-3)可得σ_x与n之间的关系式见表3-1。

表 3-1   观测次数和算术平均值中误差的关系

n	1	2	3	4	5	6	8	10	20	50	100
σ_x	1.00	0.71	0.58	0.50	0.45	0.41	0.35	0.32	0.22	0.14	0.10

由表3-1可知,当n增大,σ_x减小,算术平均值的精度可以提高。但当观测次数达到一定的数值以后,再增加观测次数,精度提高很少。例如,观测次数从20次增加到100次,即观测次数增加4倍,而精度仅提高大约1倍。因此,要提高最或然值的精度,不能仅从无限地增加观测次数来达到目的,还应提高观测精度,使观测中误差σ减小。

2. 观测值中误差

从前面内容可知,观测值中误差的计算公式为

$$\sigma = \pm\sqrt{\frac{[\Delta\Delta]}{n}}$$

式中

$$\Delta_i = \overline{X} - L_i \tag{3-4}$$

由于未知量的真值往往是不知的,故真误差Δ也是不知的,则不能直接应用式(3-4)算出真误差来计算观测值中误差。但是经过平差,求出未知量的最或然值x以后,则

$$v_i = x - L_i \qquad (i = 1,2,\cdots,n) \tag{3-5}$$

可计算出每一个观测值的改正数。故可设想用改正数来计算中误差。

下面来推导利用改正数v计算中误差的公式。真误差与改正数有下面的关系,即由式(3-4)减去式(3-5),可得

$$\Delta_i - v_i = \overline{X} - x$$

令真值 $\overline{X}$ 与最或然值 x 之差为 Δ_x，则上式可写为

$$\Delta_i - v_i = \Delta_x$$

或

$$\Delta_i = v_i + \Delta_x \tag{3-6}$$

将式(3-6)两端平方

$$\Delta_i^2 = v_i^2 + 2v_i\Delta_x + \Delta_x^2 \qquad (i = 1,2,\cdots,n)$$

将上式两端从 1 到 n 求和后并除以 n，可得

$$\frac{[\Delta\Delta]}{n} = \frac{[vv]}{n} + 2\Delta_x\frac{[v]}{n} + \Delta_x^2 \tag{3-7}$$

将式(3-5)两边从 1 到 n 求和，得

$$[v] = nx - [L]$$

又因

$$x = \frac{[L]}{n}$$

故

$$[v] = 0 \tag{3-8}$$

即同精度直接平差中，各改正数的总和等于零，这是算术平均值的特性，故在式(3-7)中

$$\frac{[\Delta\Delta]}{n} = \frac{[vv]}{n} + \Delta_x^2$$

式中，Δ_x^2 是算术平均值 x 的真误差平方，因为真值 $\overline{X}$ 不知，故 Δ_x^2 也无法求得。这里 Δ_x 虽然是很小的数值，但其不论为正还是负，Δ_x^2 总是一个正值，如果将其从一式中舍去，则等号右端总会偏小。为此，近似地用算术平均值的方差 σ_x^2 来代替它。按中误差的定义可知，σ_x^2 是算术平均值真误差平方的平均数的极限，尽管算术平均值的中误差 σ_x 并不等于其个别真误差 Δ_x 的大小，但是这样代替，总比完全舍去该项而不顾的情况要合理得多。故式(3-7)可写为

$$\frac{[\Delta\Delta]}{n} = \frac{[vv]}{n} + \sigma_x^2$$

将式(3-3)代入上式，并考虑到 $\sigma^2 = \frac{[\Delta\Delta]}{n}$，即得

$$\sigma^2 = \frac{[vv]}{n} + \frac{\sigma^2}{n}$$

将上式整理后得

$$\sigma = \pm\sqrt{\frac{[vv]}{n-1}} \tag{3-9}$$

即为利用改正数计算中误差的公式，被称为白塞尔公式。将此式代入式(3-3)得算术平均值中误差计算公式为

$$\sigma_x = \pm\sqrt{\frac{[vv]}{n(n-1)}} \tag{3-10}$$

例3-1 设对某角观测 6 次，其观测值如下：

$L_1 = 75°32'13''$ $L_2 = 75°32'18''$ $L_3 = 75°32'15''$

$L_4 = 75°32'17''$ $L_5 = 75°32'16''$ $L_6 = 75°32'14''$

试求该角的最或然值、观测值的中误差及最或然值的中误差。

解　计算结果全部列于表 3-2 中。

表 3-2 中的计算所应用的公式说明如下：

1）最或然值的计算及检核

①或然值（算术平均值）

表 3-2　最或然值计算表

序　号	L	δ_L	V	vv	$\delta_L V$
1	75°32′13″	3	2.5″	6.25	7.50
2	75°32′18″	8	−2.5″	6.25	−20.00
3	75°32′15″	5	0.5″	0.25	2.50
4	75°32′17″	7	−1.5″	2.25	−10.50
5	75°32′16″	6	−0.5″	0.25	−3.00
6	75°32′14″	4	1.5″	2.25	6.00
	$x_0=75°32′10″$				
$\sum$	$x=75°32′15.5″$	33	0″	17.50	−17.50

各观测值间的差异很小，在取其平均值时为了计算上的方便，不必将所有观测值求和后取平均，而是任选一个与观测值大致接近的角度值作为观测值的近似值 x_0。即将观测值表达为 $L_i=x_0+\delta_{Li}$，如表 3-2 中选 $x_0=75°32′10″$，再求出每一个观测值与近似值 x_0 之间的差数 δ_L，即

$$\delta_{Li}=L_i-x_0 \qquad (i=1,2,\cdots,n)$$

将上式两边从 1 到 n 求和并移项，可得

$$[L]=nx_0+[\delta_L]$$

由此可得

$$x=\frac{[L]}{n}=x_0+\frac{[\delta_L]}{n}=x_0+\delta_x \qquad (3\text{-}11)$$

根据表 3-2 中数据计算

$$\delta_x=\frac{[\delta_L]}{n}=\frac{33}{6}=5.5$$

故

$$x=x_0+\delta_x=75°32′10″+5.5″=75°32′15.5″$$

②计算改正数

$$v_i=x-L_i \qquad (i=1,2,\cdots,n)$$

③计算的检核

由前面已知改正数的总和应等于零，故在表 3-2 中

$$[v]=0$$

2）精度评定

①观测值中误差

$$\sigma=\pm\sqrt{\frac{[vv]}{n-1}}=\pm\sqrt{\frac{17.5}{6-1}}=\pm\sqrt{3.50}=\pm1.9″$$

②最或然值中误差

$$\sigma_x = \pm \frac{\sigma}{\sqrt{n}} = \pm \sqrt{\frac{[vv]}{n(n-1)}} = \pm \frac{1.9}{\sqrt{6}} = \pm 0.8''$$

③$[vv]$计算的检核

$$[vv] = -[Lv] = -[\delta_L v]$$

此检核公式证明如下,即

$$
\begin{aligned}
[vv] &= v_1^2 + v_2^2 + \cdots + v_n^2 \\
&= v_1(x - L_1) + v_2(x - L_2) + \cdots + v_n(x - L_{n1}) \\
&= x[v] - [Lv] \\
&= 0 - [Lv] \\
&= -[Lv]
\end{aligned}
$$

用 $L_i = x_0 + \delta_{Li}$ 代入得

$$[vv] = -[(x_0 + \delta_L)v] = -x_0[v] - [\delta_L v] = 0 - [\delta_L v]$$

由此可达到检核$[vv]$的目的,从表 3-2 中的计算结果可知,上式也是相等的。

子情境2 不等精度直接平差原理

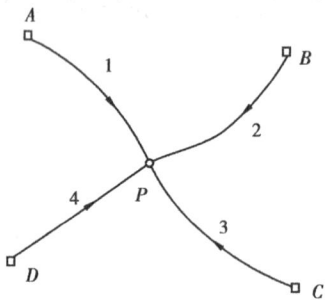

图 3-1

在实际工作中,对同一个量进行观测时,各观测值之间可能是等精度的,也可能是不等精度的。如图 3-1 所示的水准网中,为了测定未知高程点 P 的高程,分别从已知高程点 A、B、C、D 起,测出至 P 点的高差。并由此算得 P 点的高程。一般而言,各路线的长度是不相等的,而各路线上每千米观测高差的中误差是相等的,由误差传播定律可知,由不同路线测得 P 点高程的中误差也是不相等的。现将已知点高程,路线长度和观测高差的数据列于表 3-3 中。

如何根据 P 点 4 个不同精度的观测高程来确定其高程的最或然值,这就是不等精度直接平差所要解决的问题。下面就对这一问题进行讨论。

表 3-3 已知数据和观测数据表

已知点	已知高程 /m	观测高差 /m	路线长度 /km	P 点观测高程 /m	相应的中误差 /mm	
A	10.123	4.492	$s_1 = 3$	14.615	$\pm\sqrt{3}\sigma_{千米}$	已知每千米观测高差的中误差为 $\sigma_{千米} = \pm 2$ mm
B	12.314	2.306	$s_2 = 6$	14.620	$\pm\sqrt{6}\sigma_{千米}$	
C	9.003	5.607	$s_3 = 2$	14.610	$\pm\sqrt{2}\sigma_{千米}$	
D	11.403	3.202	$s_4 = 1.5$	14.605	$\pm\sqrt{1.5}\sigma_{千米}$	

设对某量 X 进行了 n 次不等精度观测,得观测值 $L_1, L_2, \cdots, L_n$。各观测值的中误差分别为 $\sigma_1, \sigma_2, \cdots, \sigma_n$。

根据平差的第一原则,要对各观测值 L 加上一个改正数 v,以消除各观测值之间存在的不符值,使其经过改正后能彼此相等,即

$$L_i + v_i = x \qquad (i = 1, 2, \cdots, n)$$

或者将其表达为

$$\left. \begin{array}{l} v_1 = x - L_1 \\ v_2 = x - L_2 \\ \qquad \vdots \\ v_n = x - L_n \end{array} \right\} \tag{3-12}$$

根据平差的第二原则,对于不等精度的情况,应该选择其中能够满足 $\left[\dfrac{vv}{\sigma^2}\right] =$ 最小的一组 v 值。观测值经过这一组 v 改正后的值就是该量的最或然值。将式(3-12)代入下式中

$$\left[\frac{vv}{\sigma^2}\right] = 最小$$

得

$$\left[\frac{vv}{\sigma^2}\right] = \frac{(x - L_1)^2}{\sigma_1^2} + \frac{(x - L_2)^2}{\sigma_2^2} + \cdots + \frac{(x - L_n)^2}{\sigma_n^2} = 最小 \tag{3-13}$$

可见,式(3-13)是以 x 为自变量的函数,现要求出满足上式的 x 值,这在数学上是一个极值问题。为此,求函数对 x 的一阶导数并令其为零,得

$$\frac{\mathrm{d}\left[\dfrac{vv}{\sigma^2}\right]}{\mathrm{d}x} = 2\frac{(x - L_1)}{\sigma_1^2} + 2\frac{(x - L_2)}{\sigma_2^2} + \cdots + 2\frac{(x - L_n)}{\sigma_n^2} = 0$$

经整理后为

$$\left(\frac{1}{\sigma_1^2} + \frac{1}{\sigma_2^2} + \cdots + \frac{1}{\sigma_n^2}\right)x - \left(\frac{L_1}{\sigma_1^2} + \frac{L_2}{\sigma_2^2} + \cdots + \frac{L_n}{\sigma_n^2}\right) = 0$$

由此解得 x 的值为

$$x = \frac{\left(\dfrac{1}{\sigma_1^2}\right)L_1 + \left(\dfrac{1}{\sigma_2^2}\right)L_2 + \cdots + \left(\dfrac{1}{\sigma_n^2}\right)L_n}{\dfrac{1}{\sigma_1^2} + \dfrac{1}{\sigma_2^2} + \cdots + \dfrac{1}{\sigma_n^2}} = \frac{\left[\dfrac{L}{\sigma^2}\right]}{\left[\dfrac{1}{\sigma^2}\right]} \tag{3-14}$$

根据表 3-3 中的 L 及其 σ 值,按式(3-14)可求得 P 点高程的最或然值为

$$x = \frac{\left(\dfrac{1}{12}\right)14.615 + \left(\dfrac{1}{24}\right)14.620 + \left(\dfrac{1}{8}\right)14.610 + \left(\dfrac{1}{6}\right)14.605}{\left(\dfrac{1}{12}\right) + \left(\dfrac{1}{24}\right) + \left(\dfrac{1}{8}\right) + \left(\dfrac{1}{6}\right)}$$

将上式的分子分母同乘以 24 得

$$x = \frac{2 \times 14.615 + 1 \times 14.620 + 3 \times 14.610 + 4 \times 14.605}{2 + 1 + 3 + 4}$$

可将其化成如下形式计算,即

$$x = 14.605 + \frac{1}{10}(2 \times 10~\text{mm} + 1 \times 15~\text{mm} + 3 \times 5~\text{mm} + 4 \times 0) = 14.610~\text{m}$$

再根据式(3-12)算得改正数为

$$v_1 = -5.0\ \text{mm},\ v_2 = -10.0\ \text{mm},\ v_3 = 0.0\ \text{mm},\ v_4 = 5.0\ \text{mm}$$

从以上的计算可知,为了计算方便,通常将式(3-14)的分子分母同乘以一个正数,通常用 σ_0^2 表示此数。这样,式(3-14)则可写为

$$x = \frac{\left[\dfrac{\sigma_0^2}{\sigma^2}L\right]}{\left[\dfrac{\sigma_0^2}{\sigma^2}\right]} \tag{3-15}$$

式(3-14)与式(3-15)实质上是相同的。

在平差计算中,经常用到 $\dfrac{\sigma_0^2}{\sigma_i^2}$ 这一数值,以特定的符号 p_i 表示,即

$$p_i = \frac{\sigma_0^2}{\sigma_i^2} \tag{3-16}$$

为此,式(3-15)可简写为

$$x = \frac{p_1 L_1 + p_2 L_2 + \cdots + p_n L_n}{p_1 + p_2 + \cdots + p_n} = \frac{[pL]}{[p]} \tag{3-17}$$

在式(3-17)中,L_i 的系数是 $\dfrac{p_i}{[p]}$,可见 p_i 较大的观测值,在 x 的计算中所占的分量也较大,即对 x 值大小的影响较大。因此,从这个意义上说,式(3-17)中的 p_i 是用以权衡 L_i 在平差值中分量轻重的数值,故将其称之为权。当观测值均为同精度观测时,因为各观测值的中误差相同,故其权也相同,则式(3-17)便成为

$$x = \frac{p(L_1 + L_2 + \cdots + L_n)}{np} = \frac{L_1 + L_2 + \cdots + L_n}{n}$$

即为前面内容中所推得的算术平均值的计算公式。由此可知,等精度观测只是不等精度观测的一种特例。

与算术平均值相对应,由式(3-17)所算得的 x 值,就称为 $L_1,L_2,\cdots,L_n$ 这一组观测值的带权平均值,它就是不等精度直接平差中未知数 x 的最或然值。

若对不等精度平差的第二平差原则的表示式

$$\left[\frac{vv}{\sigma^2}\right] = \frac{v_1^2}{\sigma_1^2} + \frac{v_2^2}{\sigma_2^2} + \cdots + \frac{v_n^2}{\sigma_n^2} = 最小$$

中的分子分母同乘以 σ_0^2,则得

$$\frac{1}{\sigma_0^2}\left(\frac{\sigma_0^2}{\sigma_1^2}v_1^2 + \frac{\sigma_0^2}{\sigma_2^2}v_2^2 + \cdots + \frac{\sigma_0^2}{\sigma_n^2}v_n^2\right) = 最小$$

考虑到式(3-16),则有

$$\frac{1}{\sigma_0^2}\left(p_1 v_1^2 + p_2 v_2^2 + \cdots + p_n v_n^2\right) = 最小$$

因为 σ_0^2 是常数,故要求上式为最小,即等于要求

$$\left(p_1 v_1^2 + p_2 v_2^2 + \cdots + p_n v_n^2\right) = 最小$$

可简写为

$$[pvv] = 最小$$

这就是用"权"所表达的不等精度观测平差时的第二原则。因此,对于测量平差应遵循的两个原则又可写为:

①用一组改正数 $v_i(i=1,2,\cdots,n)$ 消除不符值。

②这一组 v 应满足 $[pvv]=$ 最小。

子情境 3　权与单位权中误差

一、权的定义

在上一节中已引入了权的概念,在此给出其定义,即设有观测值 $L_i(i=1,2,\cdots,n)$,它们的方差为 $\sigma_i^2(i=1,2,\cdots,n)$,如选定任一常数 σ_0,则观测值 L_i 的权为

$$p_i = \frac{\sigma_0^2}{\sigma_i^2} \tag{3-18}$$

它是用以权衡观测值在平差值中的分量轻重的。由式(3-18)可写出各观测值的权之间的比例关系为

$$p_1:p_2:\cdots:p_n = \frac{\sigma_0^2}{\sigma_1^2}:\frac{\sigma_0^2}{\sigma_2^2}:\cdots:\frac{\sigma_0^2}{\sigma_n^2} = \frac{1}{\sigma_1^2}:\frac{1}{\sigma_2^2}:\cdots:\frac{1}{\sigma_n^2} \tag{3-19}$$

由此可知,对于一组观测值,其权之比等于相应中误差平方的倒数之比。这就表明,中误差较小的观测值,其权就大;或者说,精度越高的观测值,其权越大。因此,从精度这一意义上来看,权也能比较观测值之间的精度高低。就普遍情况而言,式(3-18)中的中误差,可以是同一个量的观测值中误差,也可以是不同量的观测值中误差,即用权来比较各观测值之间的精度高低,不限于是同一个量的观测值,同样也适用于不同量的观测值。

在权的定义式中,σ_0 是可以任意选取的常量。例如,在如图 3-2 所示的水准网中,已知各条路线的距离分别为:$s_1=1.5$ km,$s_2=2.5$ km,$s_3=2.0$ km,$s_4=4.0$ km 和 $s_5=3.0$ km,每千米观测高差的中误差 $\sigma_{千米}=\pm3$ mm,则由误差传播定律知,各条路线的观测高差的中误差分别为

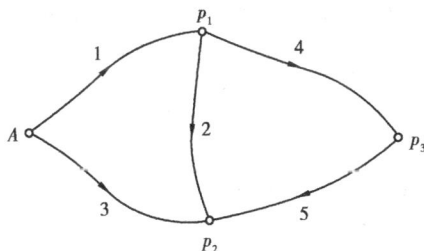

$$\sigma_1 = \sqrt{1.5}\sigma_{千米},\sigma_2 = \sqrt{2.5}\sigma_{千米},$$
$$\sigma_3 = \sqrt{2.0}\sigma_{千米},\sigma_4 = \sqrt{4.0}\sigma_{千米},\sigma_5 = \sqrt{3.0}\sigma_{千米}$$

图 3-2

如令 $\sigma_0=\sigma_5=\sqrt{3.0}\sigma_{千米}$,则得 $p_1=2.0$,$p_2=1.2$,$p_3=1.5$,$p_4=0.75$,$p_5=1.0$。

可知,在上述事先给定的条件之下(即每千米观测高差精度相同,各路线的距离不等),由于 $\sigma_i=\sqrt{S_i}\sigma_{千米}$,其中 $\sigma_{千米}$ 是一个定值,s_i 为第 i 条路线的千米数,当 s_i 越小,则 σ_i 越小,而其对应的权则越大,反之亦然。所以,权的大小可以反映各观测高差的精度高低。

若另选 $\sigma_0=\sigma_1=\sqrt{1.5}\sigma_{千米}$,则得

$$p_1'=1,p_2'=0.6,p_3'=0.75,p_4'=0.375,p_5'=0.5$$

这一组权虽然由于所取的 σ_0 值不同,而使得其大小与前一组权也不同,但它们同样能反

映各观测高差间的精度高低。

由以上例子可知,对于一组已知中误差的观测值而言:

①选择了一个 σ_0 值,就有一组对应的权。或者说,有一组权,必有一个对应的 σ_0 值。

②一组观测值的权,其大小是随 σ_0 的不同而异,但不论 σ_0 选用何值,权之间的比例关系始终不变。如果设观测值 $L_i(i=1,2,\cdots,n)$ 对于选定的 σ_0 和 σ_0' 所对应的权分别为 p_i 和 p_i' $(i=1,2,\cdots,n)$,则有

$$p_1:p_2:\cdots:p_n = p_1':p_2':\cdots:p_n'$$

例如,前述的两组权之比为

$$2.0:1.2:1.5:0.75:1.0 = 1.0:0.6:0.75:0.375:0.5$$

③为了使权能起到比较精度高低的作用,在同一问题中只能选定一个 σ_0 值,不能同时选用几个不同的 σ_0 值,否则将破坏权之间的比例关系。

④只要事先确定了一定的条件,如已知每千米观测高差的精度相同和各条水准路线的千米数,则不一定要已知每千米观测高差精度的具体数字,即可确定出权的数值。

由以上讨论可知,方差是用来反映观测值的绝对精度的,而权仅是用来比较各观测值相互之间精度高低的比例数。因而,权的意义,不在于其本身数值的大小,而更重要的是它们之间所存在的比例关系。

二、单位权中误差

从以上所述来看,σ_0 只能起到一个比例常数的作用。但 σ_0 值一经选定,它还有着具体的含义。

在上述的水准网的前一组权 p_i 中因令 $\sigma_0=\sigma_5$,实际上就是以 h_5 的精度作为标准,其他观测高差的精度都是和它进行比较。因此,h_5 的权 $p_5=1$,而其他的观测高差的权,则是以 p_5 作为单位而确定出来的。同样在后一组权 p_i' 中,因令 $\sigma_0=\sigma_1$,故 $p_1'=1$,其他观测高差的权就是以 p_1' 作为单位而确定出来的。由此可知,凡是中误差等于 σ_0 的观测值,其权必然等于1;或者说,权为1的观测值的中误差必然等于 σ_0。因此,通常称 σ_0 为单位权中误差,而 σ_0^2 称为单位权方差或方差因子,把权等于1的观测值,称为单位权观测值。例如,在前例中,前一组权中的 $p_5=1$,此时是令 $\sigma_0=\sigma_5$,故 σ_5 就是单位权中误差,h_5 就是单位权观测值;而后一组权中的 $p_1'=1$,此时是令 $\sigma_0=\sigma_1$,故 σ_1 就是单位权中误差,h_1 就是单位权观测值。因为 σ_0 可以是任意选定的某一常数,故所选定的 σ_0 也可能不等于某一个具体观测值的中误差。例如,对于上述水准网,若选定 $\sigma_0=\sqrt{6.0}\sigma_{千米}$,则可求得一组权为

$$p_1''=4.0,p_2''=2.4,p_3''=3.0,p_4''=1.5,p_5''=2.0$$

这时,σ_0 不再是5个观测值中某一个的中误差。因而,也就不出现数值为1的权。因此,为了实际的需要或计算上的方便,可选取某一假定的观测值作为单位权观测值,以这个假定观测值的中误差作为单位权中误差。例如,这里选 $\sigma_0=\sqrt{6.0}\sigma_{千米}$,它是代表路线长度为 6 km 的观测高差的中误差,因此,路线长度为 6 km 的观测高差就是单位权观测值,它的中误差就是单位权中误差。

在确定一组同类元素的观测值的权时,所选取的单位权中误差 σ_0 的单位,一般是与观测值中误差的单位相同的,由于权等于单位权中误差平方与观测值中误差平方之比,故权一般是

一组无量纲的数值,即在这种情况下权是没有单位的。但如果需要确定权的观测值(或它们的函数)包含有两种以上的不同类型元素时,情况就不同了。例如,要确定其权的观测值(或它们的函数)包含有角度和长度,它们的中误差的单位分别为"s"和"mm"。若选取的单位权中误差的单位是s,即与角度观测值之中误差的单位相同,那么,各个角度观测值的权是无量纲的(或无单位)的,而长度观测值的权的量纲则为"s²/mm²"。这种情况在平差计算中是经常会遇到的。

子情境4　确定权的常用方法

由权的定义式

$$p_i = \frac{\sigma_0^2}{\sigma_i^2}$$

可知,若要以此式来确定某量的权,首先在确定了任意常数后,还必须要知道其中误差。但在实际工作中,往往在观测值中误差尚未求得之前,就需要确定各观测值的权,以便在满足 $[pvv]$ = 最小的原则下进行平差计算。这时,就不可能直接应用中误差的数值来定权。但由于权的意义不在于其本身数值的大小,而只在于各观测结果之间的精度比例关系,因此,一般可从权的定义式(3-18)和式(3-19)出发,根据方差的倒数之间的比例关系,结合测量实际工作中经常遇到的几种情况,导出其实用的定权公式。

一、水准测量的权

设在如图3-3所示的水准网中,有 $n(n=7)$ 条水准路线,测得各条路线的观测高差为 $h_1, h_2, \cdots, h_n$,各路线的测站数分别为 $N_1, N_2, \cdots, N_n$。

设每一测站观测高差的精度相同,其中误差均为 $\sigma_{站}$,则由式(2-35)知,各路线观测高差的中误差为

$$\sigma_i = \sqrt{N_i}\sigma_{站} \qquad (i = 1, 2, \cdots, n) \qquad (3\text{-}20)$$

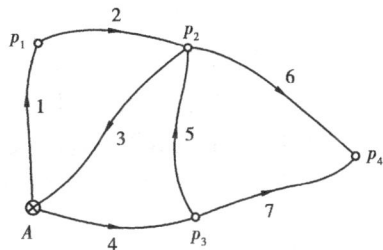

图 3-3

设单位权中误差为 $\sigma_0 = \sqrt{C}\sigma_{站}$,如以 p_i 代表观测值 h_i 的权,则

$$p_i = \frac{C}{N_i} \qquad (i = 1, 2, \cdots, n) \qquad (3\text{-}21)$$

且有关系式

$$p_1 : p_2 : \cdots : p_n = \frac{C}{N_1} : \frac{C}{N_2} : \cdots : \frac{C}{N_n} = \frac{1}{N_1} : \frac{1}{N_2} : \cdots : \frac{1}{N_n} \qquad (3\text{-}22)$$

即当各测站的观测高差为同精度时,各路线的权与高差测站数成反比。

由式(3-20)可知,如果某段高差的测站数 $N_i = 1$,则它的权为

$$p_i = C$$

而当 $p_i = 1$ 时,有

$$N_i = C$$

常数 C 有以下两个意义,即

①C 是 1 测站的观测高差的权；

②C 是单位权观测高差的测站数。

例 3-2 设在如图 3-3 所示的水准网中，已知各路线的测站数分别为 40、25、50、20、40、50、25。试确定各路线所测得的高差的权。

解 设 $C = 100$，即取 100 个测站的观测高差为单位权观测值，由式(3-21)得

$$p_1 = \frac{100}{40} = 2.5, p_2 = \frac{100}{25} = 4.0, p_3 = \frac{100}{50} = 2.0$$

$$p_4 = \frac{100}{20} = 5.0, p_5 = \frac{100}{40} = 2.5, p_6 = \frac{100}{50} = 2.0$$

$$p_7 = \frac{100}{25} = 4.0$$

在水准测量中，若已知 1 km 的高差的中误差均相等，设为 $\sigma_{千米}$，又已知各路线的距离为 $s_1, s_2, \cdots, s_n$，则由式(2-38)知各路线观测高差的中误差为

$$\sigma_i = \sqrt{s_i} \sigma_{千米} \tag{3-23}$$

令

$$\sigma_0 = \sqrt{C} \sigma_{千米}$$

则

$$p_i = \frac{C}{s_i} \qquad (i = 1, 2, \cdots, n) \tag{3-24}$$

$$p_1 : p_2 : \cdots : p_n = \frac{C}{s_1} : \frac{C}{s_2} : \cdots : \frac{C}{s_n} = \frac{1}{s_1} : \frac{1}{s_2} : \cdots : \frac{1}{s_n}$$

即当每千米观测高差为同精度时，各路线观测高差的权与路线的千米数成反比。

由式(3-23)可知，若 $s_i = 1$，则 $p_i = C$；而当 $p_i = 1$ 时 $s_i = C$，可知，这里的 C 的意义如下：

①C 是 1 km 的观测高差的权；

②C 是单位权观测高差路线的千米数。

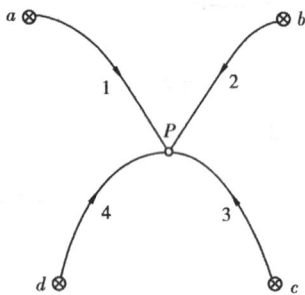

图 3-4

例 3-3 如图 3-4 所示，各水准路线的长度为 $s_1 = 3.0$ km，$s_2 = 6.0$ km，$s_3 = 2.0$ km，$s_4 = 1.5$ km。设千米观测高差的精度相同，已知第 4 条路线观测高差的权为 3，试求其他各路线观测高差的权。

解 因 $p_4 = \frac{C}{s_4}$

所以

$$C = p_i s_i = 1.5 \times 3 = 4.5$$

故有

$$p_1 = \frac{C}{s_1} = \frac{4.5}{3.0} = 1.50$$

$$p_2 = \frac{C}{s_2} = \frac{4.5}{6.0} = 0.75$$

$$p_3 = \frac{C}{s_3} = \frac{4.5}{2.0} = 2.25$$

在水准测量中,究竟用水准路线的距离 s 定权,还是用测站数 N 定权,这要视具体情况而定。一般来说,起伏不大的地区,每千米的测站数相同,则可按水准路线的距离定权;而在起伏较大的地区,每千米的测站数相差较大,则按测站数定权。

二、同精度观测值的算术平均值的权

设有 $L_1,L_2,\cdots,L_n$,它们分别是 $N_1,N_2,\cdots,N_n$ 次同精度观测值的平均值,若每次观测的中误差均为 σ,则由式(2-45)可知,L_i 的中误差为

$$\sigma_i = \frac{\sigma}{\sqrt{N_i}} \qquad (i=1,2,\cdots,n) \tag{3-25}$$

令

$$\sigma_0 = \frac{\sigma}{\sqrt{C}} \tag{3-26}$$

则由权的定义可得 L_i 的权 p_i 为

$$p_i = \frac{N_i}{C} \qquad (i=1,2,\cdots,n) \tag{3-27}$$

即由不同次数的同精度观测值所算得的算术平均值,其权与观测次数成正比。

若令 $N_i=1$ 则 $C=\dfrac{1}{p_i}$;而当 $p_i=1$ 时,则 $C=N_i$。故,C 也有以下两个意义:

①是 C 是 1 次观测的权倒数;

②C 是单位权观测值的观测次数。

显然 C 可以任意假定,但不论 C 取何值,权的比例关系不会改变,C 一经确定,单位权观测值即可确定。

三、距离丈量的权

在距离丈量中,如单位距离的丈量中误差均相等,设为 σ,则由误差传播定律可知,全长的中误差与距离的平方根成正比,即有

$$\sigma_i = \sigma\sqrt{s_i}$$

其形式完全与式(3-23)相同,如令,距离 C 的观测中误差为单位权中误差,即令 $\sigma_0=\sigma\sqrt{C}$,则可得到与式(3-24)相同的定权公式,即

$$p_i = \frac{C}{s_i} \qquad (i=1,2,\cdots,n) \tag{3-28}$$

四、导线边坐标方位角的权

如图 3-5 所示,从高级控制点 $A,B,C,\cdots,K$ 点引出的 n 条导线,交到一个结点 P。现求其结边 PQ 的坐标方位角 α_P。设在 n 条路线中,以相同精度观测了各转折角,其中误差均为 σ_β,各路线的转折角个数分别为 $N_1,N_2,\cdots,N_n$。已知边的坐标方位角为 $\alpha_A,\alpha_B,\alpha_C,\cdots,\alpha_N$ 等视为无误差,则由误差传播定律可知,从各条观测路线推得的结边 PQ 的方位角观测值之中误差分别为

$$\sigma_1 = \sigma_\beta\sqrt{N_1}$$

$$\sigma_2 = \sigma_\beta \sqrt{N_2}$$

$$\vdots$$

$$\sigma_n = \sigma_\beta \sqrt{N_n}$$

若取经过 C 站观测后的导线边的方位角中误差为单位权中误差,即 $\sigma_0 = \sqrt{C}\sigma_\beta$ 则得到导线边方位角的定权公式为

$$p_i = \frac{C}{N_i} \qquad (i = 1,2,\cdots,n) \tag{3-29}$$

即当各转折角的观测精度相同时,导线边坐标方位角观测值的权,与推算路线中的转折角个数成反比。

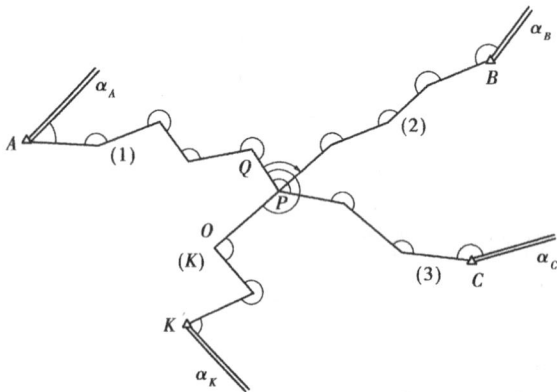

图 3-5

子情境 5　协因数和协因数传播律

权是一种比较观测值之间精度高低的指标,当然也可用权来比较观测值函数之间的精度。因此,也就存在根据观测值的权来求观测值函数的权的问题。由于权与方差成反比,故可用误差传播定律来导出求观测值函数之权的计算法则。但在导出这个法则之前,还必须了解协因数和协因数阵的概念。

一、协因数与协因数阵

由权的定义可知,观测值的权与它的方差成反比。设有观测值 L_i,其方差为 σ_i^2,则称

$$Q_{ii} = \frac{1}{p_i} = \frac{\sigma_i^2}{\sigma_0^2} \tag{3-30}$$

为 L_i 的协因数或权倒数。σ_0 仍然是单位权中误差。

由式(3-30)可知,观测值的协因数 Q_{ii} 与方差成正比。可以理解,协因数 Q_{ii} 与权 p_i 有相似的作用,即协因数也是一种比较观测值精度高低的指标。

现在,如果再将协因数的概念扩展到独立观测值向量 $\underset{n,1}{X}$,它的方差为 D_{XX},则称

$$Q_{XX} = \frac{1}{\sigma_0^2} D_{XX} \tag{3-31}$$

或者写为

$$D_{XX} = \sigma_0^2 Q_{XX} \tag{3-32}$$

Q_{XX} 为 X 的协因数阵。协因数阵 Q_{XX} 中的主对角线上的元素就是各 X_i 的权倒数,则非主对角线上的元素均为 0。若将它们用矩阵的形式来表达,则为

$$X_{n,1} = \begin{pmatrix} X_1 \\ X_2 \\ \vdots \\ X_n \end{pmatrix}, D_{XX} = \begin{pmatrix} \sigma_1^2 & 0 & \cdots & 0 \\ 0 & \sigma_2^2 & \cdots & 0 \\ \vdots & \vdots & & \vdots \\ 0 & 0 & \cdots & \sigma_n^2 \end{pmatrix}, P_{XX} = \begin{pmatrix} P_1 & 0 & \cdots & 0 \\ 0 & P_2 & \cdots & 0 \\ \vdots & \vdots & & \vdots \\ 0 & 0 & \cdots & P_2 \end{pmatrix}$$

则 L_i 的协因数阵为

$$Q_{XX} = \frac{D_{XX}}{\sigma_0^2} = \begin{pmatrix} \frac{\sigma_1^2}{\sigma_0^2} & 0 & \cdots & 0 \\ 0 & \frac{\sigma_2^2}{\sigma_0^2} & \cdots & 0 \\ \vdots & \vdots & & \vdots \\ 0 & 0 & \cdots & \frac{\sigma_n^2}{\sigma_0^2} \end{pmatrix} = \begin{pmatrix} \frac{1}{P_1} & 0 & \cdots & 0 \\ 0 & \frac{1}{P_2} & \cdots & 0 \\ \vdots & \vdots & & \vdots \\ 0 & 0 & \cdots & \frac{1}{P_n} \end{pmatrix} \tag{3-33}$$

由以上矩阵则有

$$P_{XX} = Q_{XX}^{-1}, P_{XX}Q_{XX} = I \tag{3-34}$$

二、协因数传播律

由协因数和协因数阵的定义可知,协因数阵可由协方差阵乘以常数 $\frac{1}{\sigma_0^2}$ 得到,而且,观测值向量的协因数阵主对角线上的元素是相应观测值的权倒数。因此,有了协因数和协因数阵的概念,即可根据协方差传播律方便地求得观测值函数的协因数阵,从而求得观测值函数的权。

设有独立观测值 $X_{n,1}$,已知它的协因数阵为 Q_{XX},又设有 X 的函数 $Z_{t,1}$,即

$$Z = KX + K_0$$

下面根据协方差传播律来导出由 Q_{XX} 求 Q_{ZZ} 的公式。

设 X 的方差阵为 D_{XX},单位权中误差为 σ_0,由协方差传播律即式(2-22)知,Z 的协方差为

$$D_{ZZ} = KD_{XX}K^T \tag{3-35}$$

由式(3-32)有

$$D_{ZZ} = \sigma_0^2 Q_{ZZ} \tag{3-36}$$

将式(3-32)和式(3-36)代入式(3-35),可得

$$Q_{ZZ} = KQ_{XX}K^T \tag{3-37}$$

即为观测值的协因数阵与其线性函数的协因数阵之间的关系式,通常将其称为协因数传播律,或者称为权倒数传播律。

如果函数 Z 是 X 的非线性函数,也可按对非线性函数线性化的方法之一,即对非线性函

数求全微分,然后再对其应用协因数传播律,以此求得函数的协因数,进而求得函数的权。

设有独立观测值 $\underset{n,1}{X}$ 的函数,即

$$Z = f(X)$$

对其求全微分,得

$$\mathrm{d}Z = K\mathrm{d}X$$

式中

$$K = \left(\frac{\partial f}{\partial X_1} \quad \frac{\partial f}{\partial X_2} \quad \cdots \quad \frac{\partial f}{\partial X_n} \right) = (k_1 \quad k_2 \quad \cdots \quad k_n)$$

由协因数传播律式(3-37)可得

$$Q_{ZZ} = K Q_{XX} K^{\mathrm{T}} = (k_1 \quad k_2 \quad \cdots \quad k_n) \begin{pmatrix} \frac{1}{p_1} & 0 & \cdots & 0 \\ 0 & \frac{1}{p_2} & \cdots & 0 \\ \vdots & \vdots & & \vdots \\ 0 & 0 & \cdots & \frac{1}{p_n} \end{pmatrix} \begin{pmatrix} k_1 \\ k_2 \\ \vdots \\ k_n \end{pmatrix}$$

将上式展开其纯量形式为

$$\frac{1}{p_z} = k_1^2 \frac{1}{p_1} + k_2^2 \frac{1}{p_2} + \cdots + k_n^2 \frac{1}{p_n} \tag{3-38}$$

即为独立观测值权倒数与其函数的权倒数之间的关系式,也称为权倒数传播律。

由于协因数传播律与协方差传播律在形式上完全相同,因此,应用协因数传播律的实际步骤与协方差传播律的步骤相同,在此不再赘述。

例 3-4 已知独立观测值 $L_i (i = 1, 2, \cdots, n)$ 的权均为 p,试求算术平均值的权 p_X。

解 $X = \frac{[L]}{n} = \frac{1}{n} L_1 + \frac{1}{n} L_2 + \cdots + \frac{1}{n} L_n$

由协因数传播律得

$$\frac{1}{p_X} = \frac{1}{n^2} \frac{1}{p_1} + \frac{1}{n^2} \frac{1}{p_2} + \cdots + \frac{1}{n^2} \frac{1}{p_n} = \frac{1}{n^2} \left(\frac{1}{p} + \frac{1}{p} + \cdots + \frac{1}{p} \right) = \frac{1}{np}$$

故

$$p_X = np \tag{3-39}$$

即算术平均值的权等于观测值之权的 n 倍。

当各个观测值为单位权观测值,即令 $p = 1$ 时,则 $p_X = n$。

例 3-5 已知独立观测值 $L_i (i = 1, 2, \cdots, n)$ 的权均为 $p_i (i = 1, 2, \cdots, n)$,试求带权平均值的权 p_X。

解

$$X = \frac{[pL]}{[p]} = \frac{1}{[p]} p_1 L_1 + \frac{1}{[p]} p_2 L_2 + \cdots + \frac{1}{[p]} p_n L_n$$

应用协因数传播律得

$$\frac{1}{p_X} = \frac{1}{[p]^2} \left(p_1^2 \frac{1}{p_1} + p_2^2 \frac{1}{p_2} + \cdots + p_n^2 \frac{1}{p_n} \right)$$

故

$$p_X = [p] \qquad (3\text{-}40)$$

可见,带权平均值的权等于各观测值的权之总和。若各观测值的权都相等且等于 1 时,$p_X = n$,这就是算术平均值的权。故可以说,算术平均值是带权平均值的一种特殊情况。

例 3-6 在测站 O 上观测了 A、B、C、D 4 个方向,如图3-6所示,并得方向值 L_1、L_2、L_3、L_4。设各方向相互独立,且精度相等,其协因数阵 Q_{LL} 如下,试求角度 $\boldsymbol{\beta} = (\beta_1 \quad \beta_2 \quad \beta_3)^{\mathrm{T}}$ 的协因数阵。

$$Q_{LL} = \begin{pmatrix} 1 & 0 & 0 & 0 \\ 0 & 1 & 0 & 0 \\ 0 & 0 & 1 & 0 \\ 0 & 0 & 0 & 1 \end{pmatrix}$$

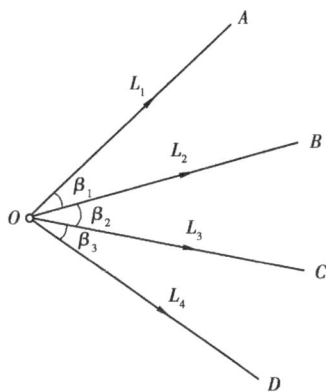

图 3-6

解 按图3-6写出角度与方向观测值之间的关系式为

$$\left. \begin{array}{l} \beta_1 = -L_1 + L_2 \\ \beta_2 = \qquad -L_2 + L_3 \\ \beta_3 = \qquad\qquad -L_3 + L_4 \end{array} \right\}$$

$$\boldsymbol{\beta} = \begin{pmatrix} \beta_1 \\ \beta_2 \\ \beta_3 \end{pmatrix} = \begin{pmatrix} -1 & 1 & 0 & 0 \\ 0 & -1 & 1 & 0 \\ 0 & 0 & -1 & 0 \end{pmatrix} \begin{pmatrix} L_1 \\ L_2 \\ L_3 \\ L_4 \end{pmatrix}$$

根据协因数传播律,即按式(3-37)得

$$Q_{\beta\beta} = \begin{pmatrix} -1 & 1 & 0 & 0 \\ 0 & -1 & 1 & 0 \\ 0 & 0 & -1 & 0 \end{pmatrix} \begin{pmatrix} 1 & 0 & 0 & 0 \\ 0 & 1 & 0 & 0 \\ 0 & 0 & 1 & 0 \\ 0 & 0 & 0 & 1 \end{pmatrix} \begin{pmatrix} -1 & 0 & 0 \\ 1 & -1 & 0 \\ 0 & 1 & -1 \\ 0 & 0 & 0 \end{pmatrix}$$

$$= \begin{pmatrix} 2 & -1 & 0 \\ -1 & 2 & -1 \\ 0 & -1 & 2 \end{pmatrix}$$

从该例可知,由方向观测值算出的角度值相互之间是相关的。

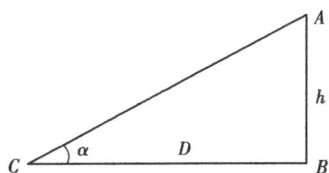

图 3-7

例 3-7 如图 3-7 所示,测得水平距离 $D = 124.18$ m,其中误差 $\sigma_D = \pm 3$ cm,竖直角 $\alpha = 19°41'30''$,其中,误差 $\sigma_\alpha = \pm 6''$,边长观测值和角度观测值都是独立观测量。试求高差 h 的协因数。

解 ①列出函数关系式
$$h = D \times \tan \alpha$$

②对函数求全微分得

$$\mathrm{d}h = \tan\alpha\, \mathrm{d}D + \frac{D}{\rho}\sec^2\alpha\, \mathrm{d}\alpha = \left(\tan\alpha \quad \frac{D}{\rho}\sec^2\alpha \right) \begin{pmatrix} \mathrm{d}D \\ \mathrm{d}\alpha \end{pmatrix}$$

③应用协因数传播律计算 $\dfrac{1}{p_h}$

$$\frac{1}{p_h} = \left(\tan\alpha \quad \frac{D}{\rho}\sec^2\alpha \right) \begin{pmatrix} \dfrac{1}{p_D} & 0 \\ 0 & \dfrac{1}{p_\alpha} \end{pmatrix} \begin{pmatrix} \tan\alpha \\ \dfrac{D}{\rho}\sec^2\alpha \end{pmatrix}$$

$$= \tan^2\alpha\frac{1}{p_D} + \left(\frac{D}{\rho}\sec^2\alpha \right)^2 \frac{1}{p_\alpha}$$

取单位权中误差 $\sigma_0 = \pm 3$ cm,则有

$$\frac{1}{p_D} = \frac{\sigma_D^2}{\sigma_0^2} = 1, \frac{1}{P_\alpha} = \frac{\sigma_\alpha^2}{\sigma_0^2} = \frac{(\pm 6)^2}{(\pm 3)^2} = 4$$

故

$$\frac{1}{p_h} = \tan^2\alpha\frac{1}{p_D} + \left(\frac{D}{\rho}\sec^2\alpha \right)^2 \frac{1}{p_\alpha} = 0.147$$

子情境6 由不等精度的真误差计算中误差

在不等精度的情况下,要求得某量的中误差,必须先求得单位权中误差,再定权以后通过权的定义式变形即可求得该量的中误差。

一、由不等精度的真误差计算单位权中误差

从前面的内容已知,根据一组同精度的观测值 $L_1, L_2, \cdots, L_n$ 的真误差 $\Delta_1, \Delta_2, \cdots, \Delta_n$,计算观测值中误差的公式为

$$\sigma = \pm\sqrt{\frac{[\Delta\Delta]}{n}} \tag{3-41}$$

如果各观测值是不等精度的,其权分别为 $p_1, p_2, \cdots, p_n$,就不能直接应用式(3-41)计算中误差,因为式(3-41)中的真误差是等精度的。为了能应用式(3-41)计算单位权中误差 σ_0,就必须有一组等精度且权等于1的观测值真误差。为此,需要设法利用原来的观测值 $L_1, L_2, \cdots, L_n$ 来组成一组等精度且权等于1的观测值。故进行如下的做法

$$\left. \begin{array}{l} \sqrt{p_1} \text{ 乘 } L_1,\text{得一数值 } L_1',\text{即 } L_1' = \sqrt{p_1}L_1 \\ \sqrt{p_2} \text{ 乘 } L_2,\text{得一数值 } L_2',\text{即 } L_2' = \sqrt{p_2}L_2 \\ \vdots \\ \sqrt{p_n} \text{ 乘 } L_n,\text{得一数值 } L_n',\text{即 } L_n' = \sqrt{p_n}L_n \end{array} \right\} \tag{3-42}$$

将上面组成的一组观测值应用协因数传播律,即可得到它们的权倒数,分别为

$$\left.\begin{array}{l} \dfrac{1}{p_{L_1'}} = (\sqrt{P_1})^2 \dfrac{1}{P_1} \\[2mm] \dfrac{1}{p_{L_2'}} = (\sqrt{P_2})^2 \dfrac{1}{P_2} \\[2mm] \vdots \\[2mm] \dfrac{1}{p_{L_n'}} = (\sqrt{P_n})^2 \dfrac{1}{P_n} \end{array}\right\} \tag{3-43}$$

由此得

$$p_{L_i'} = 1 \qquad (i = 1,2,\cdots,n)$$

即 $L_1', L_2', \cdots, L_n'$ 是一组等精度且权都等于 1 的观测值。因此,可利用这一组观测值的真误差,计算权等于 1 的中误差,即单位权中误差 σ_0。由式(3-42)知,$L_1', L_2', \cdots, L_n'$ 的真误差为

$$\left.\begin{array}{l} \Delta_1' = \sqrt{p_1}\,\Delta_1 \\[2mm] \Delta_2' = \sqrt{p_2}\,\Delta_2 \\[2mm] \vdots \\[2mm] \Delta_n' = \sqrt{p_n}\,\Delta_n \end{array}\right\} \tag{3-44}$$

将式(3-44)代入式(3-41)得

$$\sigma_0 = \pm \sqrt{\dfrac{[\Delta'\Delta']}{n}} = \pm \sqrt{\dfrac{[p\Delta\Delta]}{n}} \tag{3-45}$$

式(3-45)即为根据一组不等精度观测值的真误差计算单位权中误差的基本公式。

二、由不等精度的双观测值之差计算中误差

在实际工作中,常对一系列被观测量进行成对观测。例如,在水准测量中对每段路线高差进行往返观测;在导线测量中对每条导线边丈量两次等等。这种成对观测,被称为双观测,对同一个量所进行的两次观测称为一个观测对。

设对量 $X_1, X_2, \cdots, X_n$ 各测两次,得独立观测值为

$$L_1', L_2', \cdots, L_n'$$
$$L_1'', L_2'', \cdots, L_n''$$

其中,观测对 L_i' 和 L_i'' 是对同一量进行的两次观测的结果。设不同的观测对的精度不同,而同一观测对的两个观测值的精度是相同的,设各观测对的权分别为

$$p_1, p_2, \cdots, p_n$$

对于任何一个观测量而言,不论其真值 X_i 的大小如何,都应有

$$X_i - X_i = 0 \qquad (i = 1,2,\cdots,n)$$

即真值与它本身之差的真值等于零。

现在对每个量 X_i 进行了两次观测,由于观测值带有误差,故每个量的两个观测值的差数一般而言,是不等于零的,则设

$$L_i' - L_i'' = d_i \qquad (i = 1,2,\cdots,n) \tag{3-46}$$

既然已知各差数的真值应为零,因此,d_i 也就是各差数的真误差,即

$$\Delta d_i = (L_i' - L_i'') - (X_i - X_i) = d_i - 0 = d_i \tag{3-47}$$

按权倒数传播律可得 d_i 的权倒数为

$$\frac{1}{p_{d_i}} = \frac{1}{p_i} + \frac{1}{p_i} = \frac{2}{p_i}$$

即

$$p_{d_i} = \frac{p_i}{2} \qquad (3\text{-}48)$$

这样,通过以上的推导,便得到了 n 个差数的真误差 Δ_{d_i} 和它们的权 p_{d_i},将式(3-43)代入双观测值之差的真误差和权,得

$$\sigma_0 = \pm \sqrt{\frac{[p_d \Delta_d \Delta_d]}{n}}$$

再将式(3-47)和式(3-48)代入上式,可得到由双观测值之差求单位权中误差的计算公式为

$$\sigma_0 = \pm \sqrt{\frac{[pdd]}{2n}} \qquad (3\text{-}49)$$

根据权的定义式,可求得各观测值 L_i' 和 L_i'' 的中误差为

$$\sigma_{L_i'} = \sigma_{L_i''} = \sigma_0 \sqrt{\frac{1}{p_i}} \qquad (3\text{-}50)$$

而双观测值的算术平均值 $X_i = \dfrac{L_i' + L_i''}{2}$,其中误差为

$$\sigma_X = \frac{\sigma_{L_i'}}{\sqrt{2}} = \sigma_0 \sqrt{\frac{1}{2p_i}} \qquad (3\text{-}51)$$

如果所有的观测值 $L_1', L_2', \cdots, L_n'$ 和 $L_1'', L_2'', \cdots, L_n''$ 都是同精度的,可令它们的权 $p = 1$,则式(3-51)就变成了式(2-50)。

例 3-8 设对 A、B 两点间的水准路线分 5 段进行观测,每段路线的高差均观测两次,其结果见表 3-4。试求:

①每千米观测高差的中误差;

②第 2 段观测高差的中误差;

③第 2 段高差平均值的中误差;

④全长一次(往测或返测)观测高差的中误差及全长高差平均值的中误差。

表 3-4 双观测高差及差值计算表

段 号	高 差		$d_1 = L_1' - L_1''$	$d_1 d_1$	距离 s/km	$p_i d_1 d_1$
	L_1'/m	L_1''/m				
1	+3.248	+3.240	+8	64	4.0	16.0
2	+0.348	+0.356	−8	64	3.2	20.0
3	+1.444	+1.437	+7	49	2.0	24.5
4	−3.360	−3.352	−8	64	2.6	24.6
5	−3.699	−3.704	+5	25	3.4	7.4
[ ]					15.2	92.5

解　令 $C = 1$，即令 1 km 观测高差的权为单位权，则各路线的权为各段距离的倒数。$[p_i d_1 d_1]$ 计算及结果如表 3-4 所示。

①单位权中误差（每千米观测高差的中误差）为

$$\sigma_0 = \sigma_{千米} = \pm \sqrt{\frac{[pdd]}{2n}} = \pm \sqrt{\frac{92.5}{2 \times 5}} \text{ mm} = \pm 3.0 \text{ mm}$$

②第 2 段观测值的中误差

$$\sigma_2 = \sigma_{千米} \sqrt{\frac{1}{p_2}} = \pm 3.0 \sqrt{3.2} \text{ mm} = \pm 5.4 \text{ mm}$$

③第 2 段高差平均值的中误差为

$$\sigma_{X_2} = \frac{\sigma_2}{\sqrt{2}} = \pm \frac{5.4}{\sqrt{2}} \text{ mm} = \pm 3.8 \text{ mm}$$

④全长一次观测高差的中误差为

$$\sigma_{全} = \sigma_{千米} \sqrt{[s]} = \pm 3.0 \sqrt{15.2} \text{ mm} = \pm 11.7 \text{ mm}$$

全长高差平均值的中误差为

$$\sigma_{X全} = \frac{\sigma_{全}}{\sqrt{2}} = \pm \frac{\pm 11.7}{\sqrt{2}} \text{ mm} = \pm 8.3 \text{ mm}$$

子情境 7　不等精度直接平差的精度评定

在不等精度直接平差计算中求一个量的中误差，首先要求得单位权中误差，然后计算该量的权或权倒数，最后根据公式 $\sigma_i = \sigma_0 \sqrt{\dfrac{1}{p_i}}$ 计算其中误差。

一、单位权中误差的计算

在式(3-45)中，只有当观测值真误差 Δ_i 为已知时，才能用此公式求得单位权中误差。但在直接平差中，观测值的真误差是不知的，而观测值的改正数总是可以求得的。为了评定精度，最好导出利用改正数计算单位权中误差的公式。为此，首先应找出观测值真误差 Δ_i 与观测值改正数 v_i 之间的关系，然后再求得单位权中误差与改正数之间的关系。

已知

$$\Delta_i = X - L_i \tag{3-52}$$

$$v_i = x - L_i \tag{3-53}$$

由式(3-52)与式(3-53)相减，可得

$$\Delta_i = v_i + (X - x)$$

上式中 X 为真值，x 为最或然值，$(X - x)$ 为 x 的真误差，记为 Δ_x，则

$$\Delta_i = v_i + \Delta_x \qquad (i = 1, 2, \cdots, n)$$

将上式两边平方并乘以相应的权 p_i，然后求 n 个 $p\Delta\Delta$ 之和，得

$$[p\Delta\Delta] = [pvv] + 2[pv]\Delta_x + [p]\Delta_x^2 \tag{3-54}$$

将式(3-53)两边乘以相应的权并将 n 个式了求和,得

$$[pv] = [p]x - [pL]$$

顾及

$$x = \frac{[pL]}{[p]}$$

可得

$$[pv] = 0 \tag{3-55}$$

即在不等精度直接平差中,各改正数乘以相应的权之总和应等于零,这是带权平均值的特性。因此,式(3-54)中右端的第 2 项为零,则该式变形为

$$[pvv] = [p\Delta\Delta] - [p]\Delta_x^2 \tag{3-56}$$

式中,Δ_x^2 是最或然值 x 的真误差的平方。由于被观测量的真值 X 是不知的,因此 Δ_x^2 也就无法求得,则用最或然值 x 的方差 σ_x^2 来代替 Δ_x^2,得

$$[pvv] = [p\Delta\Delta] - [p]\sigma_x^2$$

式中

$$\sigma_x^2 = \sigma_0^2 \frac{1}{p_x} = \sigma_0^2 \frac{1}{[p]}$$

故

$$[pvv] = n\sigma_0^2 - \sigma_0^2$$

由此,便得到用改正数计算单位权中误差的计算公式为

$$\sigma_0 = \pm \sqrt{\frac{[pvv]}{n-1}} \tag{3-57}$$

二、带权平均值的中误差

由定权的基本公式有

$$\sigma_i^2 = \sigma_0^2 \frac{1}{p_i}$$

由此即可得出带权平均值的中误差计算公式为

$$\sigma_x = \sigma_0 \sqrt{\frac{1}{p_x}} = \sigma_0 \sqrt{\frac{1}{[p]}} \tag{3-58}$$

而任一观测值的中误差为

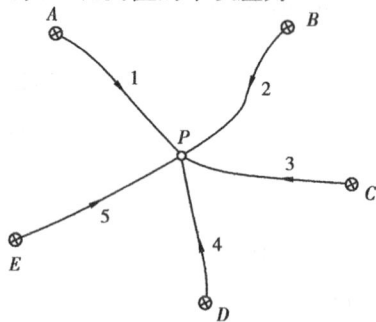

图 3-8

$$\sigma_i = \sigma_0 \sqrt{\frac{1}{p_i}} \tag{3-59}$$

例 3-9 由已知高程点 A、B、C、D、E 向未知高程点 P 进行水准测量(见图 3-8),由此求得 P 点的 5 个观测高程值及观测路线长度见表 3-5。试求:

① P 点高程的最或然值及其中误差;

② 每千米观测高差的中误差。

解 ①定权。令 $C = 10$,即令 10 km 观测高差的权为单位权。

各路线的权的计算在表3-5中进行,见表中第4列数据。

②计算最或然值

$$x = x_0 + \frac{[p\delta_L]}{[p]} = 112.810 \text{ m} + \frac{192.5}{38.5 \times 1\,000} \text{ m} = 112.815 \text{ m}$$

③计算单位权中误差及最或然值中误差

$$\sigma_0 = \pm \sqrt{\frac{[pvv]}{n-1}} = \pm \sqrt{\frac{592}{5-1}} \text{ mm} = \pm 12.2 \text{ mm}$$

最或然值中误差为

$$\sigma_x = \sigma_0 \sqrt{\frac{1}{[p]}} = \pm 12.2 \sqrt{\frac{1}{38.5}} \text{ mm} = \pm 2.0 \text{ mm}$$

④每千米观测高差中误差

$$\sigma_{千米} = \sigma_0 \sqrt{\frac{1}{p_{千米}}} = \pm 12.2 \sqrt{\frac{1}{10}} \text{ mm} = \pm 3.9 \text{ mm}$$

表 3-5 水准测量直接平差计算表

路线	P 点观测高差/m	距离/km	$p = \dfrac{10}{s}$	δ_L/mm	$p\delta_L$	V/mm	pv	pvv	$pv\delta_L$
1	112.814	2.5	4.0	+4	+16	+1	+4.0	4.0	+16
2	112.807	4.0	2.5	−3	−7.5	+8	+20.0	160	−60
3	112.802	5.0	2.0	−8	−16	+13	+26.0	338	−208
4	112.817	0.5	20.0	+7	+140	−2	−40.0	80	−280
5	112.816	1.0	10.0	+6	+60	−1	−10.0	10	−60
x_0	112.810								
$\sum$			38.5		+192.5		0	+592	−592
x	112.815								

⑤检核(从表3-10中可得)

改正数的检核: $[pv] = 0$

$[pvv]$ 的检核: $[pvv] = -[pv\delta_L]$

该式证明如下:

$$[pvv] = [pv(\delta_x - \delta_L)] = [pv]\delta_x - [pv\delta_L] = -[pv\delta_L]$$

知识能力训练

3-1 等精度观测和不等精度观测意味着什么?

3-2 为什么一个未知量的同精度观测结果之算术平均值就是该未知量的最或然值?

3-3 为什么一个量的算术平均值的中误差比该量的观测值中误差小?

3-4 在直接平差中为什么要引入近似值进行计算?如何选取一平差问题中未知数之近似值?

3-5 在相同观测条件下观测一个角10个测回,其结果见表3-6,要求确定角度的最可靠值并估算该值的精度。

表3-6 角度观测值表

编 号	每测回角度观测值	v	v^2
1	53°28′28.3″		
2	53°28′34.6″		
3	53°28′23.7″		
4	53°28′31.1″		
5	53°28′33.0″		
6	53°28′26.2″		
7	53°28′29.6″		
8	53°28′27.8″		
9	53°28′30.3″		
10	53°28′36.5″		
平均值		$[v]=$	$[vv]=$

3-6 设用两台不同型号的经纬仪对某角各进行了9个测回的等精度观测,其观测数据见表3-7和表3-8,试问甲、乙两种型号的经纬仪中哪一台观测结果精度高?

表3-7 甲型经纬仪观测值

测回顺序	上半测回角值	下半测回角值
1	86°35′42″	86°35′48″
2	86°35′39″	86°35′42″
3	86°35′40″	86°35′44″
4	86°35′46″	86°35′41″
5	86°35′43″	86°35′40″
6	86°35′47″	86°35′42″
7	86°35′48″	86°35′43″
8	86°35′40″	86°35′41″
9	86°35′39″	86°35′38″

表 3-8　乙型经纬仪观测值

测回顺序	上半测回角值	下半测回角值
1	86°35′37″	86°35′39″
2	86°35′36″	86°35′40″
3	86°35′38″	86°35′37″
4	86°35′39″	86°35′42″
5	86°35′37″	86°35′41″
6	86°35′38″	86°35′39″
7	86°35′40″	86°35′40″
8	86°35′41″	86°35′38″
9	86°35′42″	86°35′39″

3-7　观测值的权在测量平差中起什么作用？怎样选取单位权？

3-8　设 10 千米水准路线的权为单位权,其单位权中误差 $\sigma_0 = \pm 16$ mm,试求 1 千米水准测量的中误差及其权。

3-9　设 A、B 和 C 为 3 个角度的观测值,其权分别为 1/4、1/2、2,B 角的中误差为 $\pm 8″$,试求:

①单位权中误差;

②观测值 A、C 角的中误差。

3-10　三角形中某一个角用一测回的测角中误差为 $\pm 6″$ 的经纬仪观测了 10 个测回,而另外两个角用一测回测角中误差为 $\pm 8″$ 的经纬仪观测,欲使所有角度的权相等,试问这两个角度各需观测几个测回？

3-11　设 10 km 水准路线观测高差的权为单位权,其单位权中误差为 $\sigma_0 = \pm 10$ mm。

①试求 1 千米水准路线观测高差的中误差及其权;

②设 1 千米安置 10 个测站,求一个测站观测高差的中误差及其权。

3-12　设观测一个方向的中误差为单位权中误差 $\sigma_0 = \pm 4″$,求两个方向之间角度的权。

3-13　在一个三角形中,已观测 α 及 β 角,且其权分别为 $p_\alpha = 4$,$p_\beta = 2$,α 角的中误差 $\sigma_\alpha = \pm 9″$。试求:

①根据 α、β 角计算 γ 角,求 γ 角之权。

②计算单位权中误差。

③求角 β、γ 的中误差。

3-14　对于已观测 α 及 β 角的三角形,设一测回测角中误差为 $\sigma_角$,α 角观测了 8 个测回取平均值,其中误差 $\sigma_\alpha = \pm 6.5″$,β 角观测了 16 个测回取平均值。

①试求 β 角的中误差;

②试求 γ 角的中误差;

③设 α 角的权为单位权,求 β 和 γ 角的权。

3-15　有一条水准路线分 3 段进行观测,每段路线均进行往、返观测,其观测值见表 3-9,

令 1 km 观测高差的权为单位权,试求:

①各段一次观测高差的中误差;

②各段高差平均值的中误差;

③全长一次观测高差的中误差;

④全长高差平均值的中误差。

表 3-9　水准路线观测值表

序　号	路线长度/km	往测高差/m	返测高差/m
1	2.2	2.563	2.565
2	5.3	1.517	1.513
3	1.0	2.526	2.526

3-16　某一距离分 3 段进行往、返丈量各一次,其观测值见表 3-10,令 1 km 距离丈量的权为单位权,试求:

①该距离的最或然值;

②单位权中误差;

③全长一次观测中误差;

④全长平均值的中误差。

表 3-10　距离观测值表

段　号	往测距离值/m	返测距离值/m
1	1 000.009	1 000.007
2	2 000.011	2 000.009
3	3 000.008	3 000.010

3-17　在直接平差中改正数有什么特性?

3-18　如表 3-11 中的图所示,A、B、C 3 点为已知水准点,D 点为高程待定点,根据表 3-11 中观测高差及测站数求出 D 点高程最或然值及其中误差(单位:m)。

表 3-11　已知点高程及水准测量观测值表

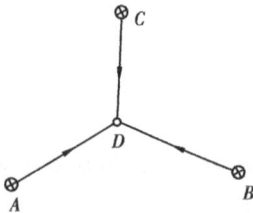

点　号	已知点高程	线　路	观测高差	测站数
A	126.732	A—D	-2.393	20
B	122.264	B—D	2.081	40
C	116.945	C—D	7.391	50

3-19　如表 3-12 中的图所示,A、B、C、D 为已知高程点,P 为未知高程点,对此进行三角高程测量,施测高程的结果列于表 3-12 中,试求 P 点高程的最或是值及其中误差,并计算各观测

值的中误差。

表 3-12　三角高程观测值表

线　路	P 点高程观测值/m	线路长/m
A—P	245.36	500
B—P	245.42	400
C—P	245.31	500
D—P	245.38	300

学习情境 **4**
条件平差

━━

教学内容

介绍条件平差的基本思想和原理;重点介绍条件方程式个数的确定,条件方程式的列立,法方程式的组成与解算,精度评定;最后通过实例讲解条件平差的全过程。

知识目标

能陈述条件平差原理,能正确判断条件方程式的个数、必要观测个数以及多余观测个数,能陈述条件平差中精度评定的方法。

技能目标

能列立各类条件方程式,能进行精度评定,能利用条件平差法解决各类平差计算问题。

学习导入

1. 平差的目的

在测量工作中,最常见的是要确定某些几何量的大小。例如,为了求定一些点的高程而建立了水准网,为了求定某些点的坐标而建立了平面控制网或三维测量网。前者包含点间的高差、点的高程等元素,后者包含角度、边长、边的方位角及点的二维或三维坐标等元素。这些元素都是几何量,以下统称这些网为几何模型。

为了确定一个几何模型,并不需要知道该模型中所有元素的大小,而只需要知道其中部分元素的大小即可,其他元素则可通过它们来确定。例如:

①如图 4-1 所示,为了确定三角形的形状,只要已知其中任意两个内角的大小即可。

②为了确定三角形的形状和大小,只要已知其中任意的两角一边、两边一角则 3 边的大小即可知。

③在如图 4-2 所示的水准网中,为了确定 C、D 两个点的高程,只要已知其中两个高差即

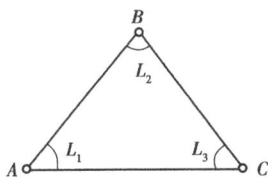

图 4-1

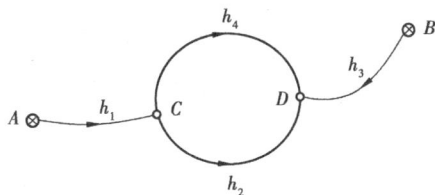

图 4-2

可,如 h_1、h_4 或 h_1、h_2 或 h_4、h_3 等。它们都是同一类型的元素(高差)。

　　能够唯一地确定一个几何模型所必要的元素,简称必要元素,其个数用 t 来表示。对于上述 3 种情况,分别是 $t=2$,$t=3$ 和 $t=3$。对于第 2 种情况,3 个元素中除了角度还至少要包含一个边长,没有边长无法确定其大小,只能确定其形状。因此,必要元素不仅要考虑其个数,还要考虑其类型。

　　为了提高观测精度和避免差错,对被观测量观测的次数总是比必要的观测次数要多。例如,观测两个内角便可确定三角形的形状,但为了提高观测精度和避免差错,通常也对第 3 个内角进行观测。相对于必要观测而言,对第 3 个内角的观测,则称为多余观测,通常以 r 表示。

　　设观测值总个数为 n,则有

$$r = n - t$$

由上式得,单三角形的多余观测数 $r = 3 - 2 = 1$。

　　测量中总是要进行多余观测,而观测值中不可避免地要产生随机误差,于是观测值之间就会出现矛盾,即三角形 3 个内角的观测值 L_1、L_2、L_3 之和不等于 180°这一几何条件,这就产生了三角形闭合差,以符号 ω 表示,即

$$\omega = L_1 + L_2 + L_3 - 180°$$

　　因此,必须对上述观测值 $L_i(i=1,2,3)$ 进行改正,即在观测值中加入改正数 v_i,使其求出将现测值经改正后的结果即平差值 $\hat{L_i}$,满足三角形内角和的要求。

　　又如,在两个已知水准点之间进行水准测量,所测高差的最或是值之和应等于两已知水准点之间的高差,等等。

　　可见,测量平差的目的就是根据最小二乘法原理,正确地消除各观测值之间的矛盾,合理地分配误差,求出观测值及其函数的最或是值,同时评定测量成果的精度。

　　2. 平差的基本方法

　　随着测量平差学科的发展,测量平差方法较多。本书仅介绍测量平差理论中最基本的两种方法,即条件平差和间接平差。

　　条件平差法是根据条件方程式按最小二乘原理求观测值的最或是值;间接平差法是根据观测量与未知量的函数关系,列出误差方程,然后再按最小二乘原理求未知量的最或是值。这两种方法在方程的形式与计算上虽然不同,但平差的最后结果是一致的。

　　3. 起算数据

　　为了确定某个控制网的大小和位置所必需的已知数据,称为必要起算数据。一个三角网的必要起算数据有 4 个,即一个点的纵横坐标、一条已知边长及一条已知坐标方位角或者两个已知点的纵横坐标。而对于测边网和边角网来说,其必要起算数据是 3 个,即一个点的纵横坐标和一条边的坐标方位角。导线网的必要起算数据与测边网和边角网相同。高程控制网中必

要的起算数据是一个已知点的高程。

按照起算数据的不同,控制网可分为独立网和非独立网两种基本类型。等于或少于必要起算数据的网称为独立网;多于必要起算数据的网称为非独立网。

子情境 1　条件平差原理

由于有多余观测,而观测值之间又受到几何或物理等方面的约束,形成了一定的条件;又因为观测值存在误差,故观测值不能满足条件而产生闭合差。条件平差就是要根据观测元素之间所构成的条件,按最小二乘原理求得各观测值的最或是值,以消除因多余观测而产生的不符值,并作相应的精度评定。

一、条件平差概述

条件平差是在要求各观测值的改正数的平方和等于最小的同时,要求改正数满足一定的条件。要对这样的测量问题进行数学处理(平差计算),在数学中是求函数的条件极值问题。下面以一个简单例子来说明该平差方法的基本原理。

如图 4-1 所示,在三角形中,以同精度测得 3 内角的观测值 L_1、L_2、L_3。由于观测值带有观测误差,使得 3 内角之和一般来说都不等于 $180°$,而产生了不符值。即

$$L_1 + L_2 + L_3 - 180° = W \tag{4-1}$$

根据平差的第一原则,需对每一观测值都加上一个改正数,以消除不符值 W,即观测值加上改正数后应满足

$$(L_1 + v_1) + (L_2 + v_2) + (L_3 + v_3) - 180° = 0 \tag{4-2}$$

将式(4-1)代入式(4-2)即可得

$$v_1 + v_2 + v_3 + W = 0 \tag{4-3}$$

式(4-3)被称为改正数条件方程,简称条件方程。从式(4-3)中可知,一个方程中有 3 个未知数,其解是不定的,可以求得无穷多组 v 值。根据平差的第二原则,等精度观测值的改正数应满足

$$[vv] = v_1^2 + v_2^2 + v_3^2 = 最小$$

在满足以上两个原则所求得的一组改正数便是所需要的,将其加上观测值便得到平差值 x。但是,改正数到底怎样计算呢?

由以上所述,所求得的改正数既要满足式(4-2),又要使改正数满足 $[pvv]$ = 最小的要求。根据数学上的拉格朗日条件极值原理,可将式(4-3)乘以不定乘数($-2K$)后再加上 $[vv]$ 组成新函数式:

$$\Phi = [vv] - 2K(v_1 + v_2 + v_3 + W)$$

将上式对各个 v 求偏导数,并令其为零,得

$$\frac{\partial \Phi}{\partial v_1} = 2v_1 - 2K = 0$$

$$\frac{\partial \Phi}{\partial v_2} = 2v_2 - 2K = 0$$

$$\frac{\partial \Phi}{\partial v_3} = 2v_3 - 2K = 0$$

由此可得

$$v_1 = K \quad v_2 = K \quad v_3 = K$$

将以上这一组式代入式(4-3),解得 K 值后即可求得改正数为

$$v_1 = v_2 = v_3 = -\frac{W}{3}$$

最后可根据

$$x_i = L_i + v_i \qquad (i = 1,2,3) \tag{4-4}$$

计算平差值。式(4-4)中的 x 值必然能满足如下的几何关系,即

$$x_1 + x_2 + x_3 - 180° = 0 \tag{4-5}$$

式(4-5)被称为平差值条件方程。通过以上的例子简单地说明了条件平差法的原理,即按数学中的拉格朗日条件极值方法求得测量平差中的改正数,进而求得平差值。其具体做法是:首先列出条件方程,将条件方程乘以不定乘数后与 $[pvv]$ 相加而组成新函数;将新函数对每个 v 求偏导数并令其为零,得到一组含有改正数 v 和 K 的方程,变化该组方程,将 v 表达成 K 的函数(改正数方程);将其代入条件方程中即可解出 K 的值;再将 K 的值代入改正数方程求出改正数 v 的值,最后计算出平差值 x 的值。这种平差方法,称为条件平差法。

二、条件平差原理

在前面的简单例子中只有一个多余观测,就只需列一个条件方程式,在实际的测量工作中,条件方程式的个数应由具体测量问题而定,即条件方程的个数等于平差问题中多余观测的个数。下面以测量问题的一般情况进行讨论。设某平差问题有 n 个观测值为 $L_1, L_2, \cdots, L_n$,相应的权为 $P_1, P_2, \cdots, P_n$,平差值(最或是值)为 $\hat{L}_1, \hat{L}_2, \cdots, \hat{L}_n$,观测值改正数为 $v_1, v_2, \cdots, v_n$,条件方程的闭合差为 $w_a, w_b, \cdots, w_r$,必要观测的个数为 t,则多余观测的个数 $r = n - t$。r 个条件方程的一般形式为

$$\left. \begin{array}{l} a_1\hat{L}_1 + a_2\hat{L}_2 + \cdots + a_n\hat{L}_n + a_0 = 0 \\ b_1\hat{L}_1 + b_2\hat{L}_2 + \cdots + b_n\hat{L}_n + b_0 = 0 \\ \qquad\qquad\qquad \vdots \\ r_1\hat{L}_1 + r_2\hat{L}_2 + \cdots + r_n\hat{L}_n + r_0 = 0 \end{array} \right\} \tag{4-6}$$

式中,$a_i, b_i, \cdots, r_i (i = 1,2,\cdots,n)$ 为各条件式的系数,$a_0, b_0, \cdots, r_0$ 为常数项。

因为平差值按下式计算,即

$$\hat{L}_i = L_i + v_i \qquad (i = 1,2,\cdots,n) \tag{4-7}$$

将式(4-7)代入式(4-6),则得用改正数表达的条件方程为

$$\left. \begin{array}{l} a_1v_1 + a_2v_2 + \cdots + a_nv_n + w_a = 0 \\ b_1v_1 + b_2v_2 + \cdots + b_nv_n + w_b = 0 \\ \qquad\qquad\qquad \vdots \\ r_1v_1 + r_2v_2 + \cdots + r_nv_n + w_r = 0 \end{array} \right\} \tag{4-8}$$

该组方程是条件方程式的最后形式,简称为条件方程。式中,$w_a, w_b, \cdots, w_r$ 称为条件方程的闭合差(常数项),即

$$
\left.
\begin{aligned}
w_a &= a_1 L_1 + a_2 L_2 + \cdots + a_n L_n + a_0 \\
w_b &= b_1 L_1 + b_2 L_2 + \cdots + b_n L_n + b_0 \\
&\qquad\qquad\vdots \\
w_r &= r_1 L_1 + r_2 L_2 + \cdots + r_n L_n + r_0
\end{aligned}
\right\}
\tag{4-9}
$$

令

$$
A = \begin{pmatrix} a_1 & a_2 & \cdots & a_n \\ b_1 & b_2 & \cdots & b_n \\ \vdots & \vdots & & \vdots \\ r_1 & r_2 & \cdots & r_n \end{pmatrix}, \quad w = \begin{pmatrix} w_a \\ w_b \\ \vdots \\ w_r \end{pmatrix}, \quad V = \begin{pmatrix} v_1 \\ v_2 \\ \vdots \\ v_n \end{pmatrix}
$$

$$
\hat{L} = \begin{pmatrix} \hat{L}_1 \\ \hat{L}_2 \\ \vdots \\ \hat{L}_n \end{pmatrix}, \qquad L = \begin{pmatrix} L_1 \\ L_2 \\ \vdots \\ L_n \end{pmatrix}, \qquad A_0 = \begin{pmatrix} a_0 \\ b_0 \\ \vdots \\ r_0 \end{pmatrix}
$$

式(4-6)可用矩阵表示为

$$
A\hat{L} + A_0 = 0 \tag{4-10}
$$

同样,式(4-8)可表示为

$$
AV + W = 0 \tag{4-11}
$$

式(4-9)可表示为

$$
W = AL + A_0 \tag{4-12}
$$

按求函数极值的拉格朗日乘数法,设其乘数为 k,称为联系数向量,组成新函数,即

$$
\Phi = V^T P V - 2k^T (AV + W)
$$

将 Φ 对 V 求一阶导数,并令其为零,得

$$
\frac{\mathrm{d}\Phi}{\mathrm{d}V} = 2V^T P - 2k^T A = 0
$$

将等式两端同除以 2,并移项后两边转置,得

$$
PV = A^T K
$$

由上式可得改正数 V 的计算公式为

$$
V = P^{-1} A^T K \tag{4-13}
$$

式(4-13)称为改正数方程,式中

$$
P = \begin{pmatrix} P_1 & 0 & \cdots & 0 \\ 0 & P_2 & \cdots & 0 \\ \vdots & \vdots & & \vdots \\ 0 & 0 & \cdots & P_n \end{pmatrix}, \quad K = \begin{pmatrix} k_1 \\ k_2 \\ \vdots \\ k_n \end{pmatrix}
$$

式中,P 为权阵,其主对角线上的元素 P_i 为观测值 L_i 的权。K 为联系数矩阵。

式(4-13)的纯量形式为

$$v_i = \frac{1}{p_i}(a_i k_a + b_i k_b + \cdots + r_i k_r) \qquad (i = 1, 2, \cdots, n)$$

将 n 个改正数方程式(4-13)和 r 个条件方程式(4-11)联立求解,即可求得一组唯一的解: n 个改正数 v 和 r 个联系数 k。为此,将式(4-11)和式(4-13)合称为条件平差的基础方程。显然,由基础方程解出的一组 V,不仅能消除闭合差,同时也能满足 $[PVV]$ = 最小的要求。

解基础方程时,是先将式(4-13)代入式(4-11),得

$$AP^{-1}A^{\mathrm{T}}K + W = 0 \qquad (4-14)$$

令

$$N_{aa} = AP^{-1}A^{\mathrm{T}}$$

则有

$$N_{aa}K + W = 0 \qquad (4-15)$$

式(4-15)称为法方程式。其纯量形式为

$$\left.\begin{array}{l} \left[\dfrac{aa}{p}\right]k_a + \left[\dfrac{ab}{p}\right]k_b + \cdots + \left[\dfrac{ar}{p}\right]k_r + w_a = 0 \\[2mm] \left[\dfrac{ab}{p}\right]k_a + \left[\dfrac{bb}{p}\right]k_b + \cdots + \left[\dfrac{br}{p}\right]k_r + w_b = 0 \\[2mm] \vdots \\[2mm] \left[\dfrac{ar}{p}\right]k_a + \left[\dfrac{br}{p}\right]k_b + \cdots + \left[\dfrac{rr}{p}\right]k_r + w_r = 0 \end{array}\right\} \qquad (4-16)$$

从法方程解出联系数 K 后,将其代入改正数方程式(4-13),求出改正数 V 值,再求平差值 $\hat{L}$,这样即可完成按条件平差法求平差值的工作。

三、条件平差求平差值的步骤及示例

综合以上内容,可将按条件平差求平差值的计算步骤归纳如下:

①根据平差问题的具体情况,列出条件方程式(4-8),条件方程的个数等于多余观测的个数 r。

②根据条件式的系数、闭合差及观测值的权组成法方程式(4-16),法方程的个数与条件方程的个数相一致。

③解算法方程,求出联系数 K 值。

④将 K 值代入改正数方程式(4-13)中,求出 V 值,并求出平差值 $\hat{L} = L + V$。

⑤检核。为了检查平差计算的正确性,常用平差值重新列出平差值方程式(4-10),看其是否满足方程。

上述计算步骤的具体内容,将分别在以后各节中作详细介绍。

例 4-1　对如图 4-1 所示的三内角进行同精度观测,得观测值:$L_1 = 42°12'20''$、$L_2 = 78°09'09''$、$L_3 = 59°38'40''$,试按条件平差求三内角的平差值。

解　本测量问题中 $n = 3$，$t = 2$，$r = n - t = 3 - 2 = 1$，即应列一个条件式。

其平差值条件式为

$$\hat{L}_1 + \hat{L}_2 + \hat{L}_3 - 180° = 0$$

以 $\hat{L}_i = L_i + V_i$ 及 L_i 的值代入上式得条件方程式

$$v_1 + v_2 + v_3 + 9 = 0$$

上式用矩阵表示为

$$(1 \quad 1 \quad 1)\begin{pmatrix} v_1 \\ v_2 \\ v_3 \end{pmatrix} + 9 = 0$$

因为是同精度观测,故设其权 $p_1 = p_2 = p_3 = 1$,组成法方程为

$$(1 \quad 1 \quad 1)\begin{pmatrix} 1 & 0 & 0 \\ 0 & 1 & 0 \\ 0 & 0 & 1 \end{pmatrix}\begin{pmatrix} 1 \\ 1 \\ 1 \end{pmatrix}(k_a) + 9 = 0$$

其纯量形式为

$$3k_a + 9 = 0$$

解算法方程,得

$$k_a = -3$$

将联系数代入改正数方程,得

$$V = QA^{\mathrm{T}}K = A^{\mathrm{T}}K = \begin{pmatrix} -3 \\ -3 \\ -3 \end{pmatrix}$$

计算各角的平差值

$$\begin{pmatrix} \hat{L}_1 \\ \hat{L}_2 \\ \hat{L}_3 \end{pmatrix} = \begin{pmatrix} L_1 \\ L_2 \\ L_3 \end{pmatrix} + \begin{pmatrix} v_1 \\ v_2 \\ v_3 \end{pmatrix} = \begin{pmatrix} 42°12'17'' \\ 78°09'06'' \\ 59°38'37'' \end{pmatrix}$$

检核。将平差入平差值条件方程,得

$$42°12'17'' + 78°09'06'' + 59°38'37'' - 180° = 0$$

可知,各角的平差值是满足方程的,说明计算无误。

例 4-2 如图 4-2 所示的水准网,A、B 为已知水准点,其高程 $H_A = 12.013$ m,$H_B = 10.013$ m,可将其视为无误差。为了确定 C、D 两点的高程,共观测了 4 条路线的高差,其高差观测值及路线长度为 $h_1 = -1.004$ m,$s_1 = 2$ km;$h_2 = +1.516$ m,$s_2 = 1$ km;$h_3 = +2.512$ m,$s_3 = 2$ km;$h_4 = +1.520$ m,$s_4 = 1.5$ km;试求 C 和 D 点高程的平差值。

解 该问题 $n = 4$,$t = 2$,$r = 4 - 2 = 2$,列出条件式为

$$\hat{h}_1 + \hat{h}_2 - \hat{h}_3 + H_A - H_B = 0$$

$$\hat{h}_2 - \hat{h}_4 = 0$$

以 $\hat{h}_i = h_1 + v_i$ 代入平差值条件方程(闭合差的单位为 mm),可得条件方程的最后形式为

$$\begin{pmatrix} 1 & 1 & -1 & 0 \\ 0 & 1 & 0 & -1 \end{pmatrix} \begin{pmatrix} v_1 \\ v_2 \\ v_3 \\ v_4 \end{pmatrix} - \begin{pmatrix} 0 \\ 4 \end{pmatrix} = 0$$

令 1 千米观测高差的权为单位权,即 $C=1$,根据定权公式,得各条路线的权倒数为

$$\frac{1}{p_1} = 2, \qquad \frac{1}{p_1} = 1, \qquad \frac{1}{p_3} = 2, \qquad \frac{1}{p_4} = 1.5$$

组成法方程系数为

$$N_{aa} = AP^{-1}A^{\mathrm{T}} = \begin{pmatrix} 1 & 1 & -1 & 0 \\ 0 & 1 & 0 & -1 \end{pmatrix} \begin{pmatrix} 2 & 0 & 0 & 0 \\ 0 & 1 & 0 & 0 \\ 0 & 0 & 2 & 0 \\ 0 & 0 & 0 & 1.5 \end{pmatrix} \begin{pmatrix} 1 & 0 \\ 1 & 1 \\ -1 & 0 \\ 0 & -1 \end{pmatrix} = \begin{pmatrix} 5 & 1 \\ 1 & 2.5 \end{pmatrix}$$

其法方程为

$$\begin{pmatrix} 5 & 1 \\ 1 & 2.5 \end{pmatrix} \begin{pmatrix} k_a \\ k_b \end{pmatrix} + \begin{pmatrix} 0 \\ -4 \end{pmatrix} = 0$$

解算法方程,得

$$k_a = -0.35, \quad k_b = 1.74$$

将其代入改正数方程,算得改正数为

$$V = \begin{pmatrix} -0.7 \\ 1.4 \\ 0.7 \\ -2.6 \end{pmatrix} \text{mm}$$

计算平差值为

$$\hat{h}_1 = -1.0047 \text{ m}, \hat{h}_2 = 1.5174 \text{ m}, \hat{h}_3 = 2.5127 \text{ m}, \hat{h}_4 = 1.5174 \text{ m}$$

检核。将平差值代入平差值条件方程,计算结果均适合方程。

计算 C 和 D 点高程平差值为

$$\hat{H}_C = H_A + \hat{h}_1 = 11.0083 \text{ m}, \hat{H}_D = H_B + \hat{h}_3 = 12.5257 \text{ m}$$

子情境 2　必要观测与多余观测

为确定网中位置而必须观测的观测值个数称为必要观测,必要观测的个数称为必要观测个数,用 t 表示;凡超过必要观测的观测称为多余观测,多余观测值的个数称为多余观测个数,用 r 表示。对于不同的测量问题,必要观测值个数也就不同。

一、水准网

如图 4-3 所示的水准网,有 4 个已知水准点、两个未知点,共观测了 6 个观测值(观测高差)。要确定 E 和 F 点的高程,必须观测两个观测值,如 h_1 和 h_6,或 h_2 和 h_4,等等。可见在有

已知水准点的水准网中,必要观测的个数就等于网中未知点的个数,即在图 4-3 中,必要观测个数 $t=2$。该网中观测值的个数 $n=6$,则条件方程的个数 $r=6-2=4$。

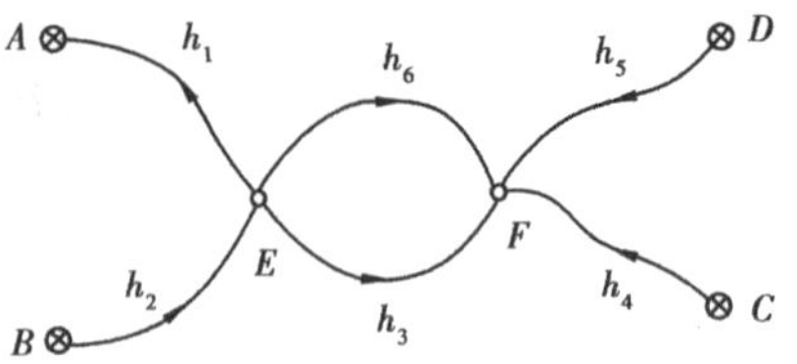

图 4-3 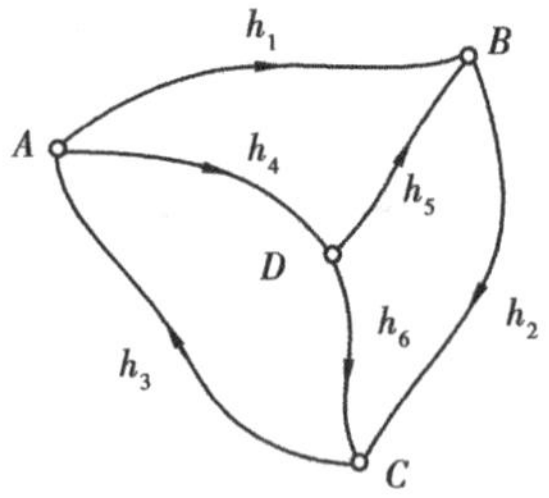   图 4-4

如图 4-4 所示的水准网,没有已知水准点。这时只能假定某点的高程为已知,并以此为基准,去确定其他各点的相对高程。例如,设 $H_A=50.000$ m 并以此为基准,去确定 B、C、D 等点的相对高程。这样只要观测 3 个观测高差即可,即在没有已知水准点的水准网中,必要观测的个数等于网中未知点数减 1。图 4-4 的水准网,其必要观测个数 $t=4-1=3$,观测值的个数 $n=6$,则条件方程的个数 $r=6-3=3$。

二、三角形网(测角网、测边网、边角网)

根据不同的观测量,三角形网可使用测量角度的测角网,也可使用测量边长的测边网,还可使用边角同测的边角网。

1. 测角网

三角测量的目的是要确定三角点在平面坐标系中的坐标最或然值。要使测角网能计算则必须已知一个点的坐标,一条边的长度和它的方位角,即测角网必要的起算数据是 4 个。在保证了这样的起算数据的前提下,来确定必要观测的个数,从而得出测量问题中条件方程式的个数。在实际工作中,由于具体的测量问题的不同,已知数据的多少和表现形式的不一样等,其条件方程式的个数的确定方法也不一样。

在图 4-5 中,其已知数据表现为两个相邻已知三角点的平面坐标。在此基础上,若要确定一个未知点的平面坐标,需要观测两个观测值,即确定一个未知点的平面坐标,其必要观测数是 2。当测角网中有 p 个未知点时,其必要观测数 $t=2p$。当图 4-5 中三角形的所有内角都观测了,则 $n=9$,$t=2\times3=6$,$r=9-6=3$。由此可以理解,当测角网中有两个以上的已知平面坐标三角点时,其必要观测数还是等于未知坐标点个数的 2 倍。

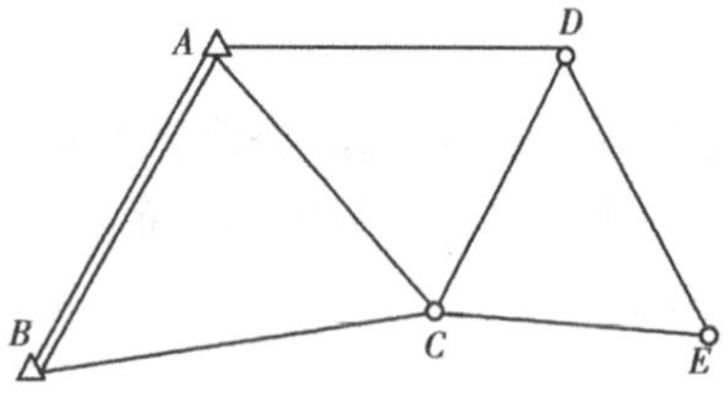

图 4-5 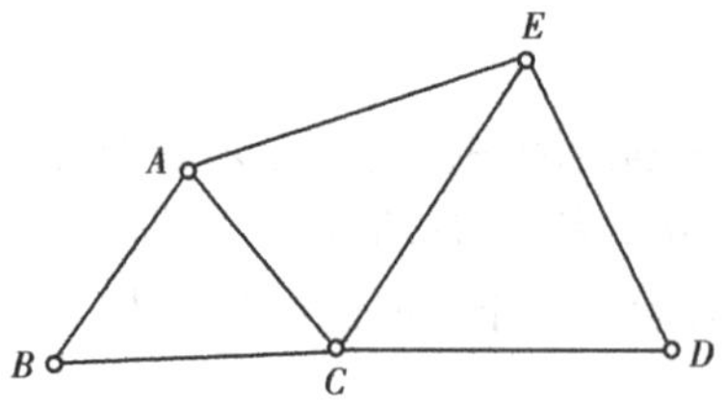   图 4-6

在图 4-6 中,没有已知数据,若要能计算该测角网,则必须假定一个点的坐标,一条边的方位角,同时还必须测定一条边的长度。这样也就等价于已知两个点的平面坐标。以此为基础,再要确定一个点的平面坐标,就必须观测两个观测值。因此,对于测角网中已知平面坐标点的个数少于两个的情况,设测角网中共有 z 个三角点,其必要观测数为

$$t = 2(z - 2) = 2z - 4 \tag{4-17}$$

2. 测边网

在测边网中,为了确定未知点的平面位置,必要的起算数据为一个点的平面坐标和一条边的方位角。当测边网中已知数据仅有必要的起算数据时,称其为独立网。与测角网一样,测边网的基本图形仍为三角形、大地四边形和中点多边形。

测边三角形,其观测值为 3 个,而已知决定测边三角形的形状和大小的必要观测应是 3 条边长,即 $n=3$,$t=3$,则 $r=3-3=0$。在此基础上,每增加一个三角形便增加一个点,观测值增加两条观测边,而确定一个点需要两个观测值,因此,仅单一三角形构成的测边网没有多余观测。

测边的大地四边形,是在两个相互连接的三角形上增加了一条对角线而构成的,按三角形多余观测的计算方法,第 1 个三角形需要 3 个观测值,在增加了一个点以后就形成了第 2 个三角形,而要确定增加的这一点需要两个观测值,故大地四边形需要 5 个必要观测,大地四边形总的观测值个数为 6,即 $n=6$,$t=5$,则 $r=n-t=1$,这就说明,大地四边形有一个多余观测,即存在一个条件方程式。

在中点多边形中,如果任意拆掉一条外周边,它便是一个由多个三角形简单相连的单三角锁,按照前面大地四边形的分析,它便没有多余观测,仅有必要的观测值,这样,也就不存在条件式。但是,若加上一条外周边,便形成了测边的中点多边形,就因此而有了一个多余观测,当然也就产生了一个条件方程式。

3. 边角网

在独立边角网中,由于其必要的起算数据应是一个点的平面坐标和一条边的坐标方位角。因此,当网中仅具有 3 个起算数据时,其条件方程式的总数目为

$$r_{总} = n + s - 2p + 3$$

当网中已知数据表现为两个点的平面坐标(即 4 个起算数据)时,其条件方程式的总数目为

$$r_{总} = n + s - 2p + 4$$

式中　n——网中角度观测值的个数;

　　　s——网中边长观测值的个数;

　　　p——网中所有平面点总个数。

4. 单一导线

如图 4-7 所示的附合导线,为了确定一个未知导线点的平面坐标,必须观测一个转折角和一条边长,即确定一个未知点需要两个必要观测。例如,为了求得 C 点的坐标,则需要观测角度 β_1 和丈量边长 s_1。因此,在导线测量中必要观测个数也为未知点个数的 2 倍。对于如图 4-7 所示的附合导线来说,必要观测个数 $t=2\times7=14$,观测值的个数 $n=17$,则条件方程的个数为 $r=17-14=3$。顺便指出,对于单一导线而言,无论未知点的个数是多少,其条件方程式的个数永远等于 3。

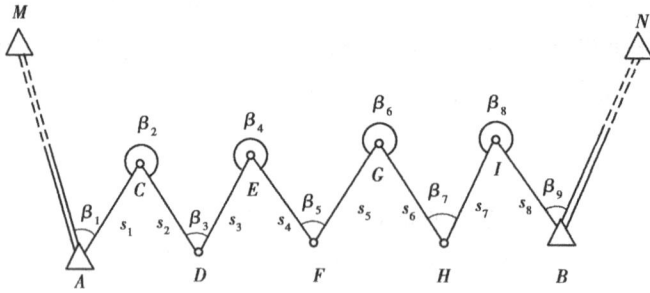

图 4-7

子情境 3　条件方程式

从上节中可知,在平差计算中,列立条件方程式为整个平差计算的第一步,要想得到正确的平差结果,首先必须正确而足数地列出平差问题的条件方程式。否则,即使在以后的解算过程中不发生任何计算上的错误,最后所求得的一组改正数 v,仍不能消除因测量误差存在而产生的不符值,当然也就达不到平差的目的。因此,在条件平差中正确确定条件方程个数,掌握条件方程的列立是十分重要的。条件方程的个数即为多余观测的个数。在上节已针对不同的网形进行了讨论,本节主要介绍条件方程的列立。

一、条件方程的基本要求

对于不同的测量问题,必须根据具体情况列出足数而又彼此线性无关的条件方程式。即所列条件方程的个数必须等于 r,而列出的条件式中,不能存在某一部分方程被另一部分方程所表达出来的现象,否则,说明所列方程不独立,它们彼此是线性相关的。如果所列条件方程彼此不独立,条件方程的个数表面上看是足数的,实际上却不足数,则不能达到消除不符值的目的。

例如,在如图 4-8 所示的水准网中,$n=6,t=3$,则 $r=3$,如果所列条件方程是如下 3 个,即

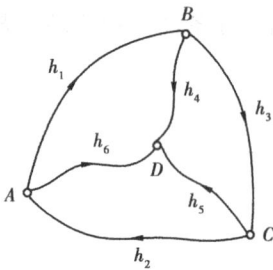

图 4-8

$$\hat{h}_1 \qquad + \hat{h}_4 \qquad - \hat{h}_6 = 0 \qquad (a)$$

$$\hat{h}_2 \qquad - \hat{h}_5 + \hat{h}_6 = 0 \qquad (b)$$

$$\hat{h}_1 + \hat{h}_2 + \hat{h}_4 - \hat{h}_5 \qquad = 0 \qquad (c)$$

这组方程数目虽然已足,但因(a) + (b) = (c),即(c)和(a)、(b)是彼此线性相关的。这样,所列 3 个方程仅相当于两个方程的作用,其平差结果必不能满足下列条件:

$$\hat{h}_3 - \hat{h}_4 + \hat{h}_5 = 0 \qquad (d)$$

即观测值之间的矛盾并没有完全消除,当然也就未达到平差的目的。若该平差问题所列方程是(a)、(b)、(d),则所列条件方程便足数且又性线无关了,其平差计算的结果必能消除观测值之间的所有矛盾。

　　由此可见,为了达到平差目的,在列立条件方程时,一定要列出足数而又线性无关的条件方程。在满足此要求的前提下,最好选用形式简单、易于列立、计算工作量较省的条件方程。

　　概括来说,条件方程列立应遵循下列原则:

　　①条件方程应足数,即条件方程的个数等于多余观测数,不可以多,也不可以少。

　　②条件方程式之间必须函数独立。

　　③在确保条件总数不变的前提下,有些条件可以相互替换,因而可以选择形式简单、便于计算的条件来代替那些较为复杂的条件。

二、条件方程式的列立

1. 水准网

　　水准网条件方程列立比较简单,只要列出水准闭合或者附合路线的平差值方程式,就很容易转换成条件方程。

　　例4-3　如图4-9所示的水准网,测得各条水准路线观测高差为 h_1、h_2、h_3、h_4、h_5 和 h_6,试列出该平差问题的条件方程。

　　解　该平差问题中,$n=6$,$t=3$,则条件方程个数 $r=n-t=6-3=3$。按图可列出 5 个用改正数表达的条件方程式为

$$v_1 - v_2 - v_3 \qquad\qquad + w_a = 0 \qquad (a)$$
$$\qquad - v_3 + v_4 + v_5 \qquad + w_b = 0 \qquad (b)$$
$$v_1 \qquad\qquad - v_5 - v_6 + w_c = 0 \qquad (c)$$
$$\qquad v_2 \qquad + v_4 \qquad - v_6 + w_d = 0 \qquad (d)$$
$$v_1 \qquad - v_3 + v_4 \qquad - v_6 + w_e = 0 \qquad (e)$$

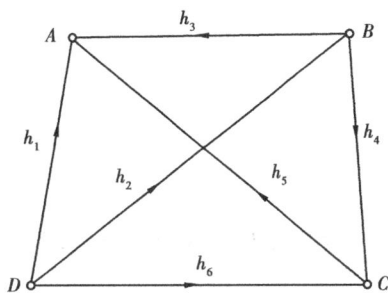

图 4-9

因 $r=3$,故本题只需在其中选择 3 个独立的条件方程即可。为此,可选择

$$v_1 - v_2 - v_3 \qquad\qquad + w_a = 0 \qquad\qquad (a)$$
$$\qquad - v_3 + v_4 + v_5 \qquad + w_b = 0 \qquad\qquad (b)$$
$$v_1 \qquad\qquad - v_5 - v_6 + w_c = 0 \qquad\qquad (c)$$

这一组条件方程是足数的且彼此之间线性无关,也可选择

$$v_1 - v_2 - v_3 \qquad\qquad + w_a = 0 \qquad\qquad (a)$$
$$v_1 \qquad\qquad - v_5 - v_6 + w_c = 0 \qquad\qquad (c)$$
$$\qquad v_2 \qquad + v_4 \qquad - v_6 + w_d = 0 \qquad\qquad (d)$$

这也是一组独立的条件方程式。当然还可选择其他 3 个线性无关的条件方程式。但是绝不可选择 (a)、(d)、(e) 或者(b)、(c)、(e) 这两组条件式,因为这两组方程中,其方程间有如下关系式,即

$$(a) + (d) = (e) \text{ 及 } (b) + (c) = (e)$$

可见,这两组方程中的一个方程可被另两个方程表达出来,这就说明了它们之间彼此线性相关,在列立条件方程时一定要注意这一点。

2. 测角网

　　(1)独立测角网

　　在测角网中,实际上只有 3 种基本图形,即三角形、中点多边形和大地四边形。在这些基

本图形中,条件方程式包括 3 种条件,即图形条件、水平条件和极条件。

1)图形条件(内角和条件)

图形条件指的是每个闭合的平面多边形中诸内角平差值之和应等于其理论值。例如,如图 4-10 所示的三角形 ABD 的图形条件为

$$A_1 + B_1 + C_1 - 180° = 0$$

式中,A_1、B_1、C_1 表示相应角度的平差值。将上式中平差值用相应的观测值加改正数代入,则上面的条件方程式为

$$v_{a_1} + v_{b_1} + v_{c_1} + w_1 = 0$$

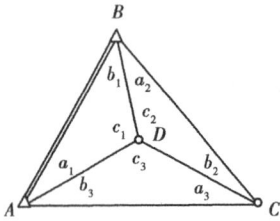

图 4-10

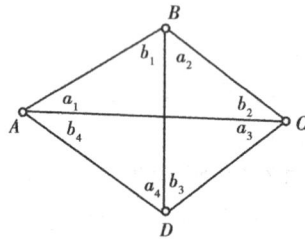

图 4-11

式中

$$w_1 = a_1 + b_1 + c_1 - 180°$$

由图 4-10 可列出 3 个图形条件方程式,另两个条件式为

$$v_{a_2} + v_{b_2} + v_{c_2} + w_2 = 0$$
$$v_{a_3} + v_{b_3} + v_{c_3} + w_3 = 0$$

如图 4-11 所示的大地四边形,存在 3 个图形条件,可由网中任意 3 个三角形列出 3 个图形条件方程式,现列出 3 个图形条件为

$$v_{a_1} + v_{b_1} + v_{a_2} + v_{b_2} + w_1 = 0 \tag{a}$$
$$v_{a_3} + v_{b_3} + v_{a_4} + v_{b_4} + w_2 = 0 \tag{b}$$
$$v_{a_1} + v_{b_1} + v_{a_4} + v_{b_4} + w_3 = 0 \tag{c}$$

在图 4-11 中还可列出一个图形条件,即

$$v_{a_2} + v_{b_2} + v_{a_3} + v_{b_3} + w_4 = 0 \tag{d}$$

但可以证明,这一个条件方程可以由前面 3 个条件方程推导出来,即

$$（d） = （a） + （b） - （c）$$

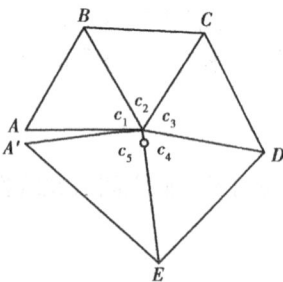

图 4-12

这就说明条件方程(d)与前面 3 个方程不是独立的。在一个观测了 8 个内角的大地四边形中,只有 3 个独立的图形条件方程式。

2)水平条件(圆周条件)

对于观测了中心点上全部角度的中点多边形,如果仅仅满足了全部图形条件,还不能保证它的几何图形能够完全闭合。如图 4-12 所示的情况,该网中图形条件已完全满足,但是中心点上所有角度之和不等于 360°,便使得图形中出现了一条"裂缝",为了消除这种现象的影响,必须列立一个水平条件。水平条件是根据中心

点上角度的平差值之和等于 360° 的几何要求来列立的。如图 4-10 所示的中点多边形的水平条件为

$$v_{c_1} + v_{c_2} + v_{c_3} + w_{水} = 0 \qquad (4\text{-}18)$$

式中

$$w_{水} = c_1 + c_2 + c_3 - 360°$$

上式即为水平条件，又将其称为圆周条件。

因为水平条件存在于中点多边形中的观测了所有周角的中心点上，故三角网中若有一个观测了中心点所有周角的中点多边形，便应列立一个水平条件。

3）极条件（边长条件）

①中点多边形的极条件

在大地四边形和中点多边形等图形中，虽然图形条件和圆周条件都已满足要求，但还不一定能使图形完全闭合，还可能出现如图 4-13 所示的情况，即从已知边出发经过不同的路线计算 CD 边长，出现两个不同的长度值。为了在平差以后避免出现上述情况，在平差计算这类测量图形时，还要考虑一个条件，即在图 4-13 中，用已知边 AB 及角 a_1、c_1、a_2、b_2 的平差值和用已知边 AB 及角 b_1、c_1、a_3、b_3 的平差值分别计算同一条边 CD 的长度，其结果应相等，即

$$\frac{S_{AB}\sin\hat{a}_1\sin\hat{a}_2}{\sin\hat{c}_1\sin\hat{b}_2} = \frac{S_{AB}\sin\hat{b}_1\sin\hat{b}_3}{\sin\hat{c}_1\sin\hat{a}_3}$$

经整理后上式为

$$\frac{\sin\hat{a}_1\sin\hat{a}_2\sin\hat{a}_3}{\sin\hat{b}_1\sin\hat{b}_2\sin\hat{b}_3} = 1 \qquad (4\text{-}19)$$

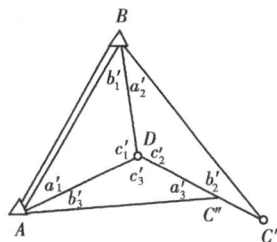

图 4-13

式（4-19）这个条件表达了以 D 为中心并连接至相邻各点的边长应满足的条件，故称其为极条件或边长条件，而 D 点称为极点。该条件是一个非线性条件，必须将其线性化。

将非线性条件方程线性化的方法是按台劳公式将其展开，并取至一次项即可。下面将式（4-19）线性化为

$$\frac{\sin\hat{a}_1\sin\hat{a}_2\sin\hat{a}_3}{\sin\hat{b}_1\sin\hat{b}_2\sin\hat{b}_3} - 1 = \frac{\sin(a_1+v_{a_1})\sin(a_2+v_{a_2})\sin(a_3+v_{a_3})}{\sin(b_1+v_{b_1})\sin(b_2+v_{b_2})\sin(b_3+v_{b_3})} - 1$$

$$= \frac{\sin a_1\sin a_2\sin a_3}{\sin b_1\sin b_2\sin b_3} - 1 + \frac{\sin a_1\sin a_2\sin a_3}{\sin b_1\sin b_2\sin b_3}\left(\cot a_1\frac{v_{a_1}}{\rho} + \cot a_2\frac{v_{a_2}}{\rho} + \cot a_3\frac{v_{a_3}}{\rho}\right) -$$

$$\frac{\sin a_1\sin a_2\sin a_3}{\sin b_1\sin b_2\sin b_3}\left(\cot b_1\frac{v_{b_1}}{\rho} + \cot b_2\frac{v_{b_2}}{\rho} + \cot b_1\frac{v_{b_3}}{\rho}\right) = 0$$

经过化简后上式为

$$\cot a_1 v_{a_1} + \cot a_2 v_{a_2} + \cot a_3 v_{a_3} - \cot b_1 v_{b_1} - \cot b_2 v_{b_2} - \cot b_3 v_{b_3} + w_{极} = 0 \qquad (4\text{-}20)$$

式中

$$w_{极} = \rho\left(1 - \frac{\sin b_1\sin b_2\sin b_3}{\sin a_1\sin a_2\sin a_3}\right)$$

式（4-20）就是式（4-19）的线性形式。

上面是以极条件为例，说明了非线性条件方程线性化的方法，在以后的内容中，可看到还有多种形式的非线性条件方程，它们都可以按台劳公式展开，其展开后的线性形式和式（4-20）大同小异。

②大地四边形的极条件

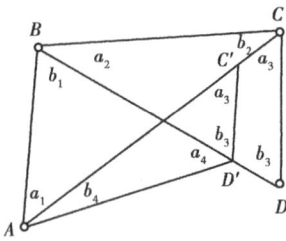

图 4-14

对于大地四边形来说,仅仅满足了应列立的图形条件还不能使其几何图形完全闭合,还可能出现如图 4-14 所示的边长不闭合的情况。为了使角度平差后边长也能闭合,还必须列立一个极条件。如图 4-14 所示的大地四边形中连接 A 点的 3 条边应满足下列关系式

$$\frac{AB}{AC}\frac{AC}{AD}\frac{AD}{AB} = 1$$

将上式中按正弦定理以角度的正弦代入,得

$$\frac{\sin(\hat{b}_1 + \hat{a}_2)\sin \hat{a}_3 \sin \hat{a}_4}{\sin \hat{b}_2 \sin(\hat{b}_3 + \hat{a}_4)\sin \hat{b}_1} = 1$$

将上式线性化后,可写为

$$[\cot(b_1 + a_2) - \cot b_1]v_{b_1} + \cot(b_1 + a_2)v_{a_2} - \cot b_2 v_{b_2} + \cot a_3 v_{a_3} -$$
$$\cot(b_3 + a_4)v_{b_3} + [\cot a_4 - \cot(b_3 + a_4)]v_{a_4} + w_{极} = 0$$

式中

$$w_{极} = \rho\left[1 - \frac{\sin b_1 \sin b_2 \sin(b_3 + a_4)}{\sin(b_1 + a_2)\sin a_3 \sin a_4}\right]$$

以上的大地四边形极条件是以 A 点为极列立的,大地四边形的极条件还可以对角线的交点为极来列立。如图 4-14 所示大地四边形以对角线的交点为极所列的极条件为

$$\frac{\sin \hat{a}_1 \sin \hat{a}_2 \sin \hat{a}_3 \sin \hat{a}_4}{\sin \hat{b}_1 \sin \hat{b}_2 \sin \hat{b}_3 \sin \hat{b}_4} = 1$$

其线性形式为

$$\cot a_1 v_{a_1} - \cot b_1 v_{b_1} + \cot a_2 v_{a_2} - \cot b_2 v_{b_2} + \cdots + \cot a_4 v_{a_4} - \cot b_4 v_{b_4} + w_{极} = 0$$

式中

$$w_{极} = \rho\left(1 - \frac{\sin b_1 \sin b_2 \sin b_3 \sin b_4}{\sin a_1 \sin a_2 \sin a_3 \sin b_4}\right)$$

从上可知,极条件存在于大地四边形和中点多边形,故三角网中有一个大地四边形就有一个极条件,有一个中点多边形也就有一个极条件,即三角网中极条件的个数等于三角网中大地四边形和中点多边形的总个数。

例 4-4 设有大地四边形如图 4-15 所示,网中 AC 为已知边长,设无误差。同精度观测值如表 4-1 所示,试列出图示三角网的条件方程式。

解 图示大地四边形中 $n = 8, t = 4$,故 $r = 8 - 4 = 4$,即网中共有 4 个条件方程式,其中,图形条件有 3 个,极条件有 1 个。

图形条件列立为

$$v_2 + v_3 + v_4 + v_5 \qquad\qquad + 1.8 = 0$$
$$v_1 + v_2 + v_3 \qquad\qquad + v_8 + 3.4 = 0$$
$$v_1 \qquad\qquad + v_6 + v_7 + v_8 - 1.3 = 0$$

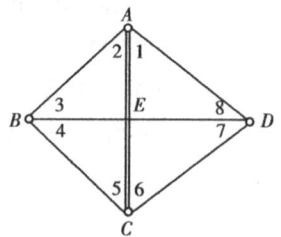

图 4-15

以对角线交点 E 为极的极条件为

$$\frac{\sin \hat{L_1} \sin \hat{L_3} \sin \hat{L_5} \sin \hat{L_7}}{\sin \hat{L_2} \sin \hat{L_4} \sin \hat{L_6} \sin \hat{L_8}} = 1$$

将其线性化后得

表 4-1 角度观测值表

角　号	观测值	角　号	观测值
1	29°45′43.5″	5	60°16′19.2″
2	51°37′51.9″	6	38°08′09.7″
3	38°14′31.1″	7	51°44′08.6″
4	29°51′19.6″	8	60°21′56.9″

$$\cot L_1 v_1 - \cot L_2 v_2 + \cot L_3 v_3 - \cot L_4 v_4 + \cot L_5 v_5 - \cot L_6 v_6 + \cot L_7 v_7 - \cot L_8 v_8 + w_{极} = 0$$

将观测值代入算出各系数及常数项后得方程的最后形式为

$$1.75v_1 - 0.79v_2 + 1.27v_3 - 1.74v_4 + 0.57v_5 - 1.27v_6 + 0.79v_7 - 0.57v_8 + 3.3 = 0$$

式中

$$w_{极} = \rho\left(1 - \frac{\sin L_2 \sin L_4 \sin L_6 \sin L_8}{\sin L_1 \sin L_3 \sin L_5 \sin L_7}\right) = +3.3$$

（2）非独立测角网

1）非独立网条件式的种类

非独立网条件式又称为三角网附合条件式，是由多余起算数据引起的。

当三角网中有了多余的起算数据时，经过角度平差以后，要求从任一已知边通过平差以后的角度推算边长至另一已知边，从任一已知方位角边推算坐标方位角至另一已知坐标方位角边，或者从任一已知坐标点推算坐标至另一已知坐标点，同一边（点）的推算值应与其已知值相等。要使平差以后的角度满足以上 3 个方面的要求，必须列出相应的条件方程参与平差计算，否则，平差后的三角网中各量之间的矛盾则不会完全消除。

如图 4-16 所示，由于 AB 和 GH 都已知其边长，在平差计算中就要列立一个条件方程，从已知边 AB 出发通过网中的平差角度计算另一已知边的 GH 的长度，GH 的推算值就应等于其已知值。这种条件是根据已知边长的要求来列立的，故称其为已知边条件，又常将其称为基线条件。又如图 4-17 所示的三角网，因有两条已知边，则应列立一个已知边条件，但因该网中两已知边 AB 和 AC 是相互连接在一起的，故这种情况的已知边条件又称其为固定边条件。

对于图 4-16 中，已知方位角的边也有两条，即 AB 和 GH。对于这种情况，在平差计算时，也应列出一个相应的条件方程，根据 AB 边的已知方位角和平差角推算另一已知边 GH 的方位角。其推算方位角值应等于其已知方位角值。根据这样的要求来列立的条件方程就称为坐标方位角条件。同样，在图 4-17 的三角网中，由于也存在两条已知方位角的边，也应列立一个坐标方位角条件，由于 AB 和 AC 连在一起，形成了一个固定的角度，故这个坐标方位角条件被称为固定角条件。

当三角网中已知坐标点多于一组时，即产生坐标条件，在平差时，就应列立纵、横坐标条件。如在图 4-16 所示三角网中，可根据网中一端已知点 A、B 中任一点的纵、横坐标和平差后的角度推算网中另一端的已知坐标点 G、H 中任一点的纵、横坐标,其推算值应等于其坐标已知值。根据这样的要求来列立的条件方程,称为纵、横坐标条件。在图 4-17 所示三角网中,由于 3 个已知坐标点相互连接,其已知点仅构成一组。平差时,在满足了固定角条件和固定边条件时,已知点的坐标之间已无矛盾,故这种网便不存在纵、横坐标条件。

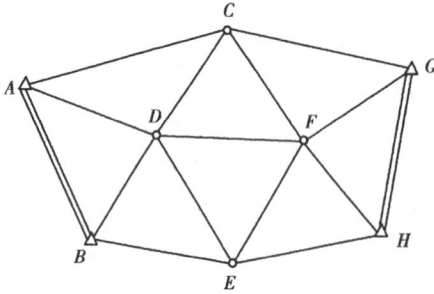

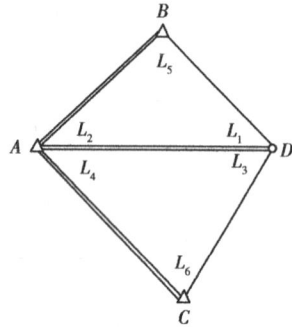

图 4-16

图 4-17

2)非独立网条件的个数

根据前面的内容可知,按条件平差非独立三角网,其必要观测的个数 t 应等于网中未知坐标点个数的 2 倍。设网中未知坐标点的个数为 P,n 为观测值的总个数,则条件方程的总个数 r 为

$$r = n - 2P$$

式中,r 包括了独立网条件和非独立网条件个数的总和。

如图 4-16 所示的三角网,观测角度个数 $n = 24$,$t = 2 \times 4 = 8$,$r = 24 - 8 = 16$。其中,独立网条件有图形条件 8 个,水平条件 2 个,极条件 2 个,总的独立网条件为 12 个。剩下 4 个条件就应是因为有了多余的起算数据而产生的条件,即非独立网条件。从网中看,因多了一条已知方位角和已知边长的边,故就产生了一个坐标方位角条件、一个基线条件,在有了这两个条件的基础上,还因网中两端的两组已知坐标点,而产生的纵、横坐标条件各一个。

以上讨论所涉及非独立三角网形均不是已知边包围的图形,由此,可总结出计算这类非独立网各类附合条件个数的一般方法如下:

如果网中有已知方位角的边数为 N,则其坐标方位角条件的个数为

$$r_方 = N - 1$$

如果网中有已知边长的边数为 N,则其已知边条件(基线条件或固定边条件)的个数为

$$r_边 = N - 1$$

如果网中已知坐标点的组数(相邻的已知点算为同一组)为 M,则纵、横坐标条件的总个数为

$$r_坐 = 2(M - 1)$$

一般情况下,纵、横坐标条件是成对出现的。在图 4-16 中,共有两组已知坐标点,其中已知点 A 和 B 相邻,算为一组,而 G、H 两点相邻,又算为一组。

例 4-5 试计算如图 4-18 所示三角网的条件方程总个数和各种条件方程的个数。

解 由图可知,该三角网中观测值的个数 $n = 31$,未知点个数 $p = 4$,故 $t = 2 \times 4 = 8$,则条件方程的总个数为

$$r_总 = 31 - 8 = 23$$

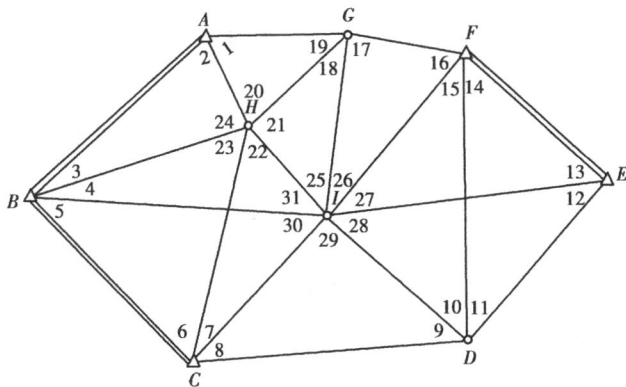

图 4-18

其中:

图形条件

$$r_{图} = 11$$

水平条件

$$r_{水} = 2$$

极条件

$$r_{极} = 4$$

非独立网条件有如下 3 种,即

①坐标方位角条件

$$r_{方} = 3 - 1 = 2$$

②已知边条件(基线条件)

$$r_{边} = 3 - 1 = 2$$

③纵、横坐标条件

$$r_{坐} = 2(2 - 1) = 2 （纵、横坐标条件各一个）$$

则总的条件式个数应等于各种条件个数的和,即

$$r_{总} = r_{图} + r_{水} + r_{极} + r_{方} + r_{边} + r_{坐} = 11 + 2 + 4 + 2 + 2 + 2 = 23$$

可知,各种条件的和等于所计算的总的条件个数。

对于由 N 条已知边包围的图形,因其封闭边是在不增加已知点的情况下的自然封闭,由此已知边长和已知方位角的边数也就各多算了一条,故其边长条件和方位角条件便不能按前面的方法计算,另外,考虑因某些网形在条件总数不变的前提下,部分条件可以相互替换的因素,为此,针对由 N 条已知边包围的图形在选择和确定条件种类和数目时,提出注意要点,即由 N 条已知边包围的图形,在保证条件总数不变的前提下,不需要列坐标条件,最多列出 $N-1$ 个固定角条件,最少列出 $N-3$ 个固定边条件。

3)非独立网条件方程式的组成

①基线条件和固定边条件

如图 4-19 所示的三角网,AB 和 CD 都是已知边。设 AB 的长度为 s_{ab},CD 的长度为 s_{cd},图中虚线所示为推算路线,观测角度相应的字母大写表示平差值,小写字母表示观测值。根据图中情况,从已知边 AB 出发,用平差角度推算至另一已知边 CD 的长度时,两已知边及相应角度

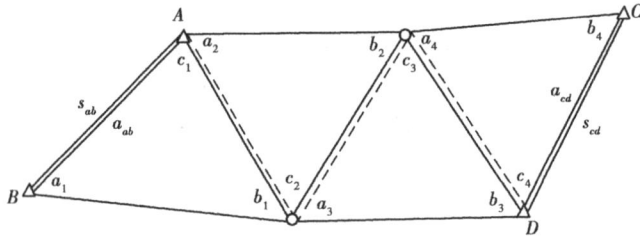

图 4-19

的平差值应该满足下式,即

$$\frac{\sin A_1 \sin A_2 \sin A_3 \sin A_4}{\sin B_1 \sin B_2 \sin B_3 \sin B_4} \frac{s_{ab}}{s_{cd}} = 1 \tag{4-21}$$

将式(4-21)线性化后,得

$$\cot a_1 v_{a_1} - \cot b_1 v_{b_1} + \cot a_2 v_{a_2} - \cot b_2 v_{b_2} + \cot a_3 v_{a_3} - \cot b_3 v_{b_3} +$$
$$\cot a_4 v_{a_4} - \cot b_4 v_{b_4} + w_{\text{基}} = 0$$

式中

$$w_{\text{基}} = \rho'' \left(1 - \frac{\sin b_1 \sin b_2 \sin b_3 \sin b_4}{\sin a_1 \sin a_2 \sin a_3 \sin a_4} \frac{s_{cd}}{s_{ab}} \right)$$

式(4-20)即为基线条件。在列基线条件时,有时可以有两条及其以上的路线,但只要根据其中一条路线列立方程参与平差计算,则其他路线便可得到满足。在实际平差计算中,应选择参与角度最少、计算工作量最省的一条路线来列立条件方程式。

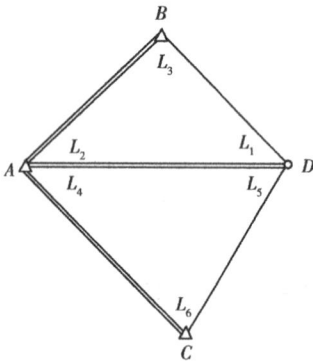

图 4-20

在图 4-20 中,已知边 *AB* 和 *AC* 相连,使得该网具有固定边条件。该三角网的固定边条件为

$$\frac{\sin \hat{L}_3 \sin \hat{L}_5}{\sin \hat{L}_1 \sin \hat{L}_6} \frac{s_{ab}}{s_{ac}} = 1$$

将其线性化后得

$$- \cot L_1 v_1 + \cot L_3 v_3 + \cot L_5 v_5 - \cot L_6 v_6 + w_{\text{基}} = 0$$

式中

$$w_{\text{基}} = \rho \left(1 - \frac{\sin L_1 \sin L_6}{\sin L_3 \sin L_5} \frac{s_{ac}}{s_{ab}} \right)$$

②坐标方位角条件和固定角条件

在图 4-19 中,从已知方位角的边 *AB* 出发,经虚线所示路线根据平差角值推算前进路线上边的方位角至另一已知方位角边 *CD*,其推算值应等于已知方位角值,这便是坐标方位角条件的列立要求。为此,图示三角网坐标方位角条件列立为

$$\alpha_{AB} - C_1 + C_2 - C_3 + C_4 + 4 \times 180° - \alpha_{CD} = 0 \tag{4-22}$$

将式(4-22)中角度平差值 C_i 用 $C_i = c_i + v_{c_i}$ 代入,并经整理后得坐标方位角条件的最后形式为

$$- v_{c_1} + v_{c_2} - v_{c_3} + v_{c_4} + w_{\text{方}} = 0$$

式中

$$w_{\text{方}} = \alpha_{AB} - c_1 + c_2 - c_3 + c_4 + 4 \times 180° - \alpha_{CD}$$

对于图 4-20 所示的三角网,其固定角条件方程式为

$$\alpha_{AB} + \hat{L}_2 + \hat{L}_4 - \alpha_{AC} = 0$$

将式中平差角值用 $\hat{L}_i = L_i + v_i$ 代入,并经整理后得方程最后形式为

$$v_2 + v_4 + w_{固} = 0$$

式中

$$w_{基} = \alpha_{AB} + L_2 + L_4 - \alpha_{AC}$$

③纵横坐标条件

在三角网中当已知坐标点的组数多于一组时,便存在纵、横坐标条件。纵横坐标条件是根据一组已知坐标点中的任一点坐标和平差后的角度值,推算另一组已知点中的任一点的坐标,其推算值应等于原来的已知坐标值的原理来列立的。现以图 4-21 为例来说明纵横坐标条件的列立方法,并由此推求出纵横坐标条件的一般形式。设在如图 4-21 所示的三角网中有 n 个三角形,推算路线选取从图示三角网中左端一组已知点中的 $B(1)$ 点出发,经图中虚线所示的路线用平差角值推算三角网中右端一组已知点中的 $D(n)$ 点的纵横坐标。平差后,各点坐标及各边增量应满足下式,即

$$\left. \begin{array}{l} X_1 + \Delta X_{12} + \Delta X_{23} + \cdots + \Delta X_{(n-1)n} - X_n = 0 \\ Y_1 + \Delta Y_{12} + \Delta Y_{23} + \cdots + \Delta Y_{(n-1)n} - Y_n = 0 \end{array} \right\} \tag{4-23}$$

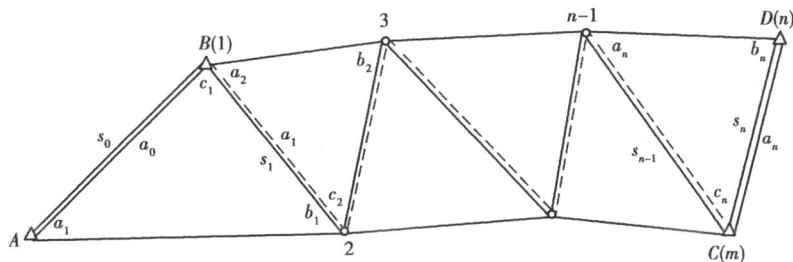

图 4-21

将式(4-23)中各增量用下式代替,即

$$\Delta X_{i(i+1)} = \Delta X^0_{i(i+1)} + d\Delta X_{i(i+1)}$$
$$\Delta Y_{i(i+1)} = \Delta Y^0_{i(i+1)} + d\Delta Y_{i(i+1)}$$

则式(4-23)经整理后成为如下形式

$$\left. \begin{array}{l} d\Delta X_{12} + d\Delta X_{23} + \cdots + d\Delta X_{(n-1)n} + w_x = 0 \\ d\Delta Y_{12} + d\Delta Y_{23} + \cdots + d\Delta Y_{(n-1)n} + w_y = 0 \end{array} \right\} \tag{4-24}$$

式中

$$\left. \begin{array}{l} w_x = X_1 + \Delta X^0_{12} + \Delta X^0_{23} + \cdots + \Delta X^0_{(n-1)n} - X_n \\ w_y = Y_1 + \Delta Y^0_{12} + \Delta Y^0_{23} + \cdots + \Delta Y^0_{(n-1)n} - Y_n \end{array} \right\} \tag{4-25}$$

式(4-25)便是纵横坐标条件的常数项,式中,1 点和 n 点坐标为已知,坐标增量近似值可用已知数据和观测值算出。

式(4-24)是纵横坐标条件的基本形式,但不是最后形式,最后形式的方程应是用观测值改正数表达的方程,为此,必须将方程中增量的微分用观测值改正数来表达。推导过程略,下面仅给出纵横坐标条件方程的最后形式。

纵坐标条件方程式为

$$\sum_1^{n-1} \left[(x_n - x_i)(\cot a_i v_{a_i} - \cot b_i v_{b_i}) \right] - \sum_1^{n-1} \left[(y_n - y_i)(\pm v_{c_i}) \right] + \rho w_x = 0 \quad (4\text{-}26)$$

横坐标条件方程式为

$$\sum_1^{n-1} \left[(y_n - y_i)(\cot a_i v_{a_i} - \cot b_i v_{b_i}) \right] + \sum_1^{n-1} \left[(x_n - x_i)(\pm v_{c_i}) \right] + \rho w_y = 0 \quad (4\text{-}27)$$

需要注意的是：v_{c_i}前面的符号的取法是，当该角度位于推算前进路线的左边时符号取"＋"；当该角度位于推算前进路线右边时，符号取"－"。

3. 测边网

测边网中条件产生于大地四边形和中点多边形，网中有一个大地四边形，便有一个条件，有一个中点多边形也有一个条件。对于一个较复杂的测边网而言，条件方程式的个数等于网中大地四边形和中点多边形的总个数。测边网由大地四边形和中点多边形而产生的条件也称其为图形条件，但为了与测角网中图形条件相区别，故将测边网的条件称为复杂图形条件。

(1)条件式的种类和数目

如图4-22所示的测边网，有两个中点多边形，一个大地四边形，故条件方程式的个数为

$$r = 2 + 1 = 3$$

如图4-22所示已知坐标点少于两个的测边网，其条件方程式个数也可按下式计算，即

$$r_{总} = n - 2p + 3$$

式中　n——观测值个数；

　　　p——网中总点数。

如图4-23所示的测边网，同样有两个中点多边形，一个大地四边形，故条件方程式的个数同样是3个。

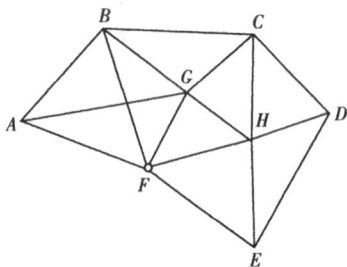

图4-22

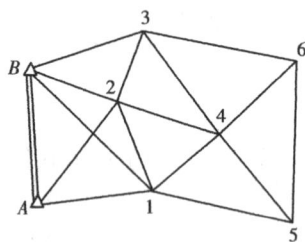

图4-23

对于如图4-23所示，已知数据为两个已知平面坐标点的测边网，其条件方程式也可按下式计算，即

$$r_{总} = n - 2p + 4$$

式中　n——观测值个数；

　　　p——网中总点数。

对于这两个网来说，虽然已知数据的多少不一样，但都是独立测边网，而且网形一样，故其条件式的个数只需计算网中大地四边形和中点多边形的个数即可确定。

(2)条件方程式的组成

1)中点多边形的复杂图形条件

如图 4-24 所示的三角网为一中点多边形测边网,其复杂图形条件方程式是根据平差后计算出其中心点上所有角度之和应等于 $360°$ 的原理来列立的。否则,由各边所交会出的图形可

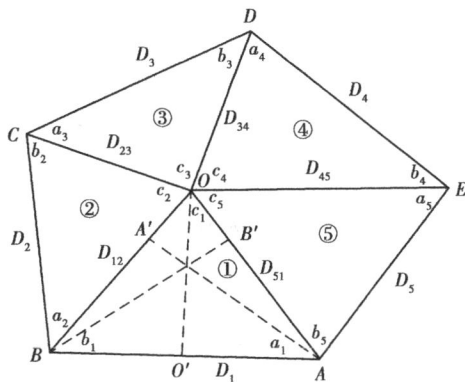

图 4-24

能会发生裂缝或重叠。根据此思路,按角度列出的条件方程式为

$$C_1 + C_2 + C_3 + C_4 + C_5 - 360° = 0$$

将上式用角度近似值加改正数代入经整理后得

$$v_{c_1} + v_{c_2} + v_{c_3} + v_{c_4} + v_{c_5} + w = 0 \tag{4-28}$$

式中

$$w = c_1 + c_2 + c_3 + c_4 + c_5 - 360°$$

式中,c_i 为按观测值算出的角度的近似值。式(4-28)中的改正数 v_{c_i} 为角度改正数而非直接观测值(边长)的改正数,为此,应找出角度改正数与边长改正数之间的关系,并将式(4-28)化为用边长改正数表达的方程。

从图 4-24 中可知,D_1、D_2、D_3、D_4、D_5 分别为网中 5 个三角形中的 C 角所对之边,D_{12}、D_{23}、D_{34}、D_{45}、D_{51} 分别为三角形①和②、②和③、③和④、④和⑤、⑤和①的邻边。根据余弦定理,图中边角的关系为

$$D_1^2 = D_{51}^2 + D_{12}^2 - 2D_{12}D_{51}\cos C_1$$

将上式微分,得

$$2D_1 \mathrm{d}D_1 = 2D_{51}\mathrm{d}D_{51} + 2D_{12}\mathrm{d}D_{12} - 2D_{12}\cos c_1 \mathrm{d}D_{51} - 2D_{51}\cos c_1 \mathrm{d}D_{12} + 2D_{51}D_{12}\sin c_1 \frac{\mathrm{d}c_1}{\rho}$$

将上式中微分号用改正数代替,并经移项整理后得

$$v_{c_1} = \frac{D_1\rho}{D_{51}D_{12}\sin c_1}\left(v_{D_1} - \frac{D_{51} - D_{12}\cos c_1}{D_1}v_{D_{51}} - \frac{D_{12} - D_{51}\cos c_1}{D_1}v_{D_{12}}\right) \tag{4-29}$$

根据三角形面积公式,由图中三角形①,有

$$D_{51}D_{12}\sin c_1 = D_{51}BB' = D_1 h_1 \qquad (h_1 \text{ 为三角形的高})$$

由此得

$$h_1 = \frac{D_{51}D_{12}\sin c_1}{D_1} \tag{4-30}$$

同样,根据图中三角形①,有

$$D_1 \cos a_1 = D_{51} - OB' = D_{51} - D_{12}\cos c_1$$

$$D_1 \cos b_1 = D_{12} - OA' = D_{12} - D_{51} \cos c_1$$

将上两式变形,有

$$\left.\begin{array}{l} \cos a_1 = \dfrac{D_{51} - D_{12} \cos c_1}{D_1} \\[3mm] \cos b_1 = \dfrac{D_{12} - D_{51} \cos c_1}{D_1} \end{array}\right\} \tag{4-31}$$

将式(4-30)和式(4-31)代入式(4-29),可得

$$v_{c_1} = \frac{\rho}{h_1}(v_{D_1} - \cos a_1 v_{D_{51}} - \cos b_1 v_{D_{12}}) \tag{4-32}$$

同理,可得

$$\left.\begin{array}{l} v_{c_2} = \dfrac{\rho}{h_2}(v_{D_2} - \cos a_2 v_{D_{12}} - \cos b_2 v_{D_{23}}) \\[3mm] v_{c_3} = \dfrac{\rho}{h_3}(v_{D_3} - \cos a_3 v_{D_{23}} - \cos b_3 v_{D_{34}}) \\[3mm] v_{c_4} = \dfrac{\rho}{h_4}(v_{D_4} - \cos a_4 v_{D_{34}} - \cos b_4 v_{D_{45}}) \\[3mm] v_{c_5} = \dfrac{\rho}{h_5}(v_{D_5} - \cos a_5 v_{D_{45}} - \cos b_5 v_{D_{51}}) \end{array}\right\} \tag{4-33}$$

式中 h_1、h_2、h_3、h_4、h_5——中点多边形中各三角形外周边上的高。

将式(4-32)、式(4-33)代入式(4-28),并经整理后,可得中点多边形测边网复杂图形条件方程式为

$$\begin{aligned} &\frac{\rho}{h_1}v_{D_1} + \frac{\rho}{h_2}v_{D_2} + \frac{\rho}{h_3}v_{D_3} + \frac{\rho}{h_4}v_{D_4} + \frac{\rho}{h_5}v_{D_5} - \rho\left(\frac{\cos b_1}{h_1} + \frac{\cos a_2}{h_2}\right)v_{D_{12}} - \\ &\rho\left(\frac{\cos b_2}{h_2} + \frac{\cos a_3}{h_3}\right)v_{D_{23}} - \rho\left(\frac{\cos b_3}{h_3} + \frac{\cos a_4}{h_4}\right)v_{D_{34}} - \\ &\rho\left(\frac{\cos b_4}{h_4} + \frac{\cos a_5}{h_5}\right)v_{D_{45}} - \rho\left(\frac{\cos b_5}{h_5} + \frac{\cos a_1}{h_1}\right)v_{D_{51}} + w'' = 0 \end{aligned} \tag{4-34}$$

在实际平差计算中,式(4-34)中各量的单位一般取法为:h 以 km 为单位,边长改正数 v_D 以 cm 为单位,w 以 s 为单位,ρ 取 2.062 65。式(4-34)有如下的组成规律:

①中点多边形外周边长改正数的系数为该边所在的三角形在该边上的高的倒数与 ρ 值的乘积。

②中点多边形中各三角形相邻边改正数的系数为该边相邻两周角余弦除以相应三角形外周边上的高之和与 ρ 值的乘积的反号。

2)大地四边形的复杂图形条件方程式

如图 4-25 所示为一大地四边形测边网,该网的条件方程式是根据极点上 3 个角度平差值之间应满足的几何关系来列立的。如在 A 点上的 3 个角度其平差值应满足下式,即

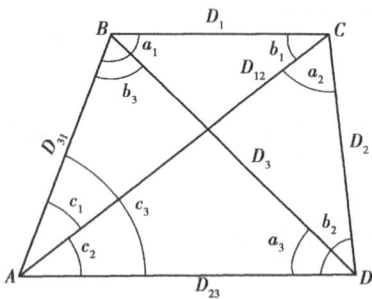

图 4-25

$$C_1 + C_2 - C_3 = 0$$

将式中角度平差值用近似值加改正数代入,并经整理后得

$$v_{c_1} + v_{c_2} - v_{c_3} + w = 0 \tag{4-35}$$

式中

$$w = c_1 + c_2 - c_3$$

式中　c_1、c_2、c_3——用观测边长计算出的角度近似值。

在式(4-34)中各项为角度改正数,但角度不是直接观测值,该测边网的直接观测值是边长,故方程的最后形式应是用边长的改正数表达的方程式。为此,必须找出角度改正数与边长改正数之间的关系式。

设各边的长度分别用 D_1、D_2、D_3、D_{12}、D_{23}、D_{31} 表示,其相应的改正数为 v_{D_1}、v_{D_2}、v_{D_3}、$v_{D_{12}}$、$v_{D_{23}}$、$v_{D_{31}}$,根据中点多边形的推导并仿照式(4-31)和式(4-32)的结果,同样可得如下边与角度改正数之间的关系式,即

$$\left.\begin{aligned}
v_{c_1} &= \frac{\rho}{h_1}(v_{D_1} - \cos a_1 v_{D_{31}} - \cos b_1 v_{D_{12}}) \\
v_{c_2} &= \frac{\rho}{h_2}(v_{D_2} - \cos a_2 v_{D_{12}} - \cos b_2 v_{D_{23}}) \\
v_{c_3} &= \frac{\rho}{h_3}(v_{D_3} - \cos a_3 v_{D_{23}} - \cos b_3 v_{D_{31}})
\end{aligned}\right\} \tag{4-36}$$

将式(4-36)代入式(4-35),得大地四边形测边网的复杂图形条件方程式为

$$\frac{\rho}{h_1}v_{D_1} + \frac{\rho}{h_2}v_{D_2} - \frac{\rho}{h_3}v_{D_3} - \rho\left(\frac{\cos b_1}{h_1} + \frac{\cos a_2}{h_2}\right)v_{D_{12}} - $$
$$\rho\left(\frac{\cos b_2}{h_2} - \frac{\cos a_3}{h_3}\right)v_{D_{23}} + \rho\left(\frac{\cos b_3}{h_3} - \frac{\cos a_1}{h_1}\right)v_{D_{31}} + w'' = 0 \tag{4-37}$$

4. 边角网

在某些特殊工程中,需要进行高精度平面控制测量,可将平面控制网中的边和角度都进行观测,这便是边角同测网。由于边角同测网的外业观测和内业计算的工作量都较大,故仅适合于小范围的精度要求较高的特殊工程的控制测量,并且一般布设成为边长较短的独立网。

(1)条件方程式的数目和种类

在独立边角网中,由于其必要的起算数据应是一个点的平面坐标和一条边的坐标方位角。因此,当网中仅具有 3 个起算数据时,其条件方程式的总数目为

$$r_{\text{总}} = n + s - 2p + 3$$

当网中已知数据表现为两个点的平面坐标(即 4 个起算数据)时,其条件方程式的总数目为

$$r_{\text{总}} = n + s - 2p + 4$$

式中　n——网中角度观测值的个数;

　　　s——网中边长观测值的个数;

　　　p——网中所有平面点总个数。

在独立边角网中条件方程式的种类,一般具有与独立测角网相同种类的条件,即图形条件、水平条件和极条件;除此之外,在平差图形中,边和角之间还应满足一定的几何条件(即边角条件),这类条件是用正弦定理或余弦定理来反应边和角之间的关系的,故又称为正弦条件

和余弦条件。

如图 4-26 所示的独立边角网,观测值的总个数为 $9+6=14$,则条件方程式的个数为

$$r_{总} = 14 - 2 \times 4 + 3 = 9$$

其中:

图形条件

$$r_{图} = 3$$

正弦条件

$$r_{正} = 6$$

在图 4-27 中,观测值总数为 $8+5=13$,起算数据为两个点的已知平面坐标,故其条件方程式的个数为

$$r_{总} = 13 - 2 \times 4 + 4 = 9$$

同样,其中:

图形条件

$$r_{图} = 3$$

正弦条件

$$r_{正} = 6$$

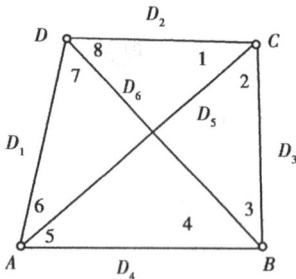

图 4-26

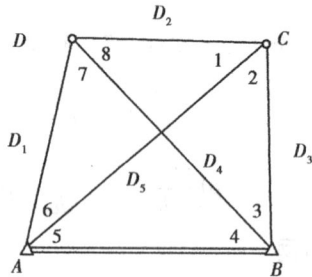

图 4-27

(2)条件方程式的组成

在独立边角网中,所具有的几类条件式,其中,图形条件、水平条件方程式的组成和测角网一样,而极条件又可用边角条件代替,在此不再赘述。下面仅就正弦条件和余弦条件方程式的组成予以推证。

1)正弦条件方程式的组成

正弦条件是指在平差图形中,观测角和观测边的平差值应满足正弦定理,并据此而列立的条件。在三角形中,若 3 个角和 3 条边都做了观测,便必须列立一个图形条件和两个正弦条件。如图 4-28 所示,两个正弦条件列立为

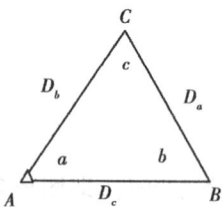

图 4-28

$$\frac{\hat{D}_a}{\sin A} = \frac{\hat{D}_b}{\sin B} \qquad \frac{\hat{D}_a}{\sin A} = \frac{\hat{D}_c}{\sin C}$$

以上两个正弦条件稍加变形后为

$$\hat{D}_a \sin B - \hat{D}_b \sin A = 0$$

$$\hat{D}_a \sin C - \hat{D}_c \sin A = 0 \tag{4-38}$$

显然,这两个正弦条件是非线性的方程,必须将其线性化。为此,将式(4-38)中的平差值用观测值加上改正数代入,并按台劳级数展开取至一次项,并经整理后得正弦条件方程式(4-38)的最后形式为

$$\left.\begin{array}{l} \sin b v_{D_a} + D_a \cos b \dfrac{v_b}{\rho} - \sin a v_{D_b} - D_b \cos a \dfrac{v_a}{\rho} + w_1 = 0 \\[2mm] \sin c v_{D_a} + D_a \cos c \dfrac{v_c}{\rho} - \sin a v_{D_c} - D_c \cos a \dfrac{v_a}{\rho} + w_2 = 0 \end{array}\right\} \quad (4\text{-}39)$$

式中

$$\left.\begin{array}{l} w_1 = D_a \sin b - D_b \sin a \\ w_2 = D_a \sin c - D_c \sin a \end{array}\right\}$$

如图 4-29 所示,其观测值为两个角度和 3 条边长,这时便不存在图形条件,两个正弦条件还是存在的,只不过其列法稍有不同。因 c 角没有观测,则按下式将其算出

$$(c) = 180° - (a + b)$$

$$v_{(c)} = - v_a - v_b$$

然后列出两个正弦条件方程为

$$\hat{D}_a \sin B - \hat{D}_b \sin A = 0$$

$$\hat{D}_a \sin(C) - \hat{D}_c \sin A = 0$$

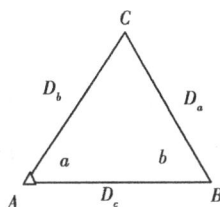

图 4-29

将上两式线性化后,在第 2 式中以 $v_{(c)} = - v_a - v_b$ 代入,同时顾及

$$D_b = D_a \cos(c) + D_c \cos a$$

并经整理后,得到上两个方程的最后形式为

$$\left.\begin{array}{l} \sin b v_{D_a} + D_a \cos b \dfrac{v_b}{\rho} - \sin a v_{D_b} - D_b \cos a \dfrac{v_a}{\rho} + w_1 = 0 \\[2mm] \sin(c) v_{D_a} - D_a \cos(c) \dfrac{v_b}{\rho} - \sin a v_{D_c} - D_b \dfrac{v_a}{\rho} + w_2 = 0 \end{array}\right\} \quad (4\text{-}40)$$

式中

$$\left.\begin{array}{l} w_1 = D_a \sin b - D_b \sin a \\ w_2 = D_a \sin(c) - D_c \sin a \end{array}\right\}$$

2)余弦条件方程式的组成

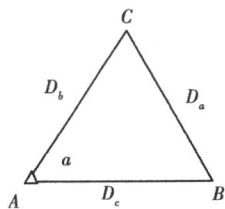

图 4-30

如图 4-30 所示的边角网,其观测值为一个角度,3 个观测边长,这时其条件方程便不能列立正弦条件方程式,但可根据余弦定理来体现网中的边角关系。其条件方程式的列立原理是:根据余弦定理由边的平差值计算出的 A 角的值 A' 应与 A 角的平差值 A 相等。为此,根据图 4-30 所列出的条件方程式为

$$A' - A = 0$$

用 $A' = a' + v_{a'}$,$A = a + v_a$ 代入上式,并经整理可得

$$v_{a'} - v_a + w = 0 \quad (4\text{-}41)$$

式中

$$w = a' - a$$

式中,a'是由观测边长按余弦定理算出的A角近似值,即

$$\cos a' = \frac{D_b^2 + D_c^2 - D_a^2}{2D_b D_c}$$

可以理解,式(4-41)中改正数$v_{a'}$不是直接观测值的改正数,故应将其化为直接观测值的改正数,根据式(4-32)有

$$v_{a'} = \frac{\rho}{h_a}(v_{D_a} - \cos c' v_{D_b} - \cos b' v_{D_c}) \tag{4-42}$$

$$h_a = \frac{D_b D_c \sin a}{D_a}$$

将式(4-42)代入式(4-41)中,得余弦条件方程式为

$$\frac{\rho}{h_a} v_{D_a} - \frac{\rho}{h_a} \cos c' v_{D_b} - \frac{\rho}{h_a} \cos b' v_{D_c} - v_a + w = 0 \tag{4-43}$$

式中,角b'、角c'可按下式计算,即

$$b' = \arcsin\left(\sin a \cdot \frac{D_b}{D_a}\right) \qquad c' = \arcsin\left(\sin a \cdot \frac{D_c}{D_a}\right)$$

5. 单一导线

随着测距仪的不断发展和普及,测距精度不断提高,测角量距工作的转换逐渐容易,导线测量在平面控制网中已被广泛采用。因此,应熟练掌握导线网的平差计算。

单导线按条件平差的计算步骤和其他网完全一样,但由于导线具有自身的特点,故其条件方程式的列立和其他网有明显的区别。另外,由于其观测值中既有边长观测值,又有角度观测值,故其定权方法也有别于三角网,为此,单导线按条件平差将着重进行条件方程式的列立和权的确定方法进行讨论。

(1)附合导线按条件平差

如图4-31所示为一附合导线,其中A、B、C、D为已知坐标导线点,其余为未知点。从本章子情境2中已知,一条单一导线不论其中未知点有多少个,其条件方程式的个数都为3个。从前面非独立网条件方程式的分析中再对照单一导线的情况便可知,如图4-31所示的导线中,前后两端都有一条已知方位角的边,故该导线中应有一个方位角条件方程式;再从已知坐标的情况看,该导线中,前后两端的已知坐标点可明显地分为两组,故应有一对(纵、横)坐标条件,这样组成了该导线的3个条件方程式。

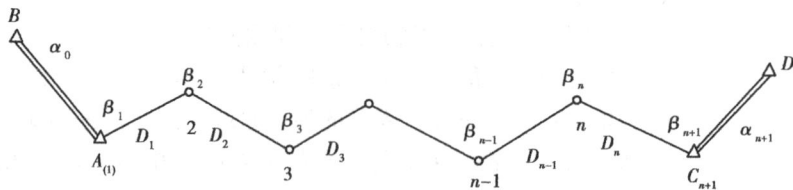

图 4-31

1)坐标方位角条件方程式的组成

坐标方位角条件方程式的列立思路是:从导线的起始已知方位角的边开始,通过各观测角的平差值推算各导线边方位角直到最末边的已知方位角的边,该边方位角的推算值α'_{n+1}应该

等于其已知值 α_{n+1}。为此,根据图中角度和已知方位角列出该导线方位角条件方程式为

$$\alpha'_{n+1} - \alpha_{n+1} = 0 \tag{4-44}$$

式中

$$\alpha'_{n+1} = \alpha_0 + \hat{\beta}_1 + \hat{\beta}_2 + \cdots + \hat{\beta}_n + \hat{\beta}_{n+1} + n \times 180°$$

将上式中用 $\hat{\beta}_i = \beta_i + v_{\beta_i}$ 代入后,再将其代入式(4-44),经整理后得坐标方位角条件方程式的最后形式为

$$v_{\beta_1} + v_{\beta_2} + \cdots + v_{\beta_n} + v_{\beta_{n+1}} + w_{方} = 0 \tag{4-45}$$

式中

$$w_{方} = \alpha_0 + \beta_1 + \beta_2 + \cdots + \beta_n + \beta_{n+1} + n \times 180° - \alpha_{n+1}$$

2)坐标条件方程式的组成

单一附合导线的纵横坐标条件方程式的组成原理是:从起始点 A 出发,通过导线路线上的边长和角度平差值计算至终点 C 的坐标,其计算值应该等于 C 点已知坐标值。

设第 i 条边的纵横坐标增量分别为 $\Delta\hat{x}_i$、$\Delta\hat{y}_i$,根据图4-29所示导线的纵横坐标条件方程式为

$$\left.\begin{array}{l} x_1 + \Delta\hat{x}_1 + \Delta\hat{x}_2 + \cdots + \Delta\hat{x}_n - x_{n+1} = 0 \\ y_1 + \Delta\hat{y}_1 + \Delta\hat{y}_2 + \cdots + \Delta\hat{y}_n - y_{n+1} = 0 \end{array}\right\} \tag{4-46}$$

设式(4-46)中

$$\left.\begin{array}{l} \Delta\hat{x}_i = \Delta x_i + v_{\Delta x_i} \\ \Delta\hat{y}_i = \Delta y_i + v_{\Delta y_i} \end{array}\right\} \qquad (i = 1,2,\cdots,n) \tag{4-47}$$

将式(4-47)代入式(4-46)经整理后得

$$\left.\begin{array}{l} v_{\Delta x_1} + v_{\Delta x_2} + \cdots + v_{\Delta x_n} + w_x = 0 \\ v_{\Delta y_1} + v_{\Delta y_2} + \cdots + v_{\Delta y_n} + w_y = 0 \end{array}\right\} \tag{4-48}$$

式中

$$\left.\begin{array}{l} w_x = x_1 + \sum_1^n \Delta x_i - x_{n+1} \\ w_y = y_1 + \sum_1^n \Delta y_i - y_{n+1} \end{array}\right\} \tag{4-49}$$

式(4-48)坐标增量改正数不是直接观测值的改正数,故应找到坐标增量改正数与直接观测值的改正数之间的关系式,然后将方程式(4-48)代换成用直接观测值的改正数表达的形式。因为

$$\left.\begin{array}{l} \Delta\hat{x}_i = \hat{D}_i \cos\hat{\alpha}_i \\ \Delta\hat{y}_i = \hat{D}_i \sin\hat{\alpha}_i \end{array}\right\} \qquad (i = 1,2,\cdots,n) \tag{4-50}$$

将式(4-50)微分,并用改正数代替微分得

$$v_{\Delta x_i} = \cos\alpha_i v_{D_i} - D_i\sin\alpha_i\frac{v_{\alpha_i}}{\rho} = \cos\alpha_i v_{D_i} - \Delta y_i\frac{v_{\alpha_i}}{\rho} \left.\begin{array}{c}\\ \\ \end{array}\right\}$$

$$v_{\Delta y_i} = \sin\alpha_i v_{D_i} + D_i\cos\alpha_i\frac{v_{\alpha_i}}{\rho} = \sin\alpha_i v_{D_i} + \Delta x_i\frac{v_{\alpha_i}}{\rho} \qquad (4\text{-}51)$$

顾及

$$\hat{\alpha}_i = \alpha_0 + \hat{\beta}_1 + \hat{\beta}_2 + \cdots + \hat{\beta}_i + i\times 180°$$

$$= \alpha_0 + \sum_1^i \beta_i + \sum_1^i v_{\beta_i} + i\times 180° = \alpha_i^0 + \sum_1^i v_{\beta_i} \qquad (i = 1,2,\cdots,n)$$

式中，$\alpha_i^0 = \alpha_0 + \sum_1^i \beta_i + i\times 180°$ 为用角度观测值推算的第 i 条边的坐标方位角近似值。

$$v_{\alpha_i} = \sum_1^i v_{\beta_i} \qquad (i = 1,2,\cdots,n) \qquad (4\text{-}52)$$

将式(4-52)代入式(4-51)后，再将式(4-51)代入式(4-48)中，并经整理后得附合导线纵横坐标条件方程式的最后形式为

$$\sum_1^n \cos\alpha_i v_{D_i} - \frac{1}{\rho}\sum_1^n (y_{n+1}^0 - y_i^0)v_{\beta_i} + w_x = 0 \left.\begin{array}{c}\\ \\ \end{array}\right\}$$

$$\sum_1^n \sin\alpha_i v_{D_i} + \frac{1}{\rho}\sum_1^n (x_{n+1}^0 - x_i^0)v_{\beta_i} + w_y = 0 \qquad (4\text{-}53)$$

式中闭合差由式(4-49)算出。

实际计算中 w_x、w_y、v_{D_i} 以 cm 为单位，坐标近似值以 m 为单位，则 ρ 取 2 062.65。

(2)闭合导线的条件方程式

从图 4-32 中可知，闭合导线虽然观测了定向连接角，但是连接角不能参与平差，故它没有改正数，因此，闭合导线也就没有方位角条件方程式。但是可以理解，闭合导线也有 3 个多余观测，故也存在 3 个条件方程式，这 3 个条件方程式都可从几何量的闭合方面来列立，即根据闭合多边形的观测角平差值之和需要闭合；根据平差值所算出的闭合多边形同名坐标增量之和也应闭合。故其 3 个条件方程是：一个多边形闭合条件；一对（纵、横）坐标增量闭合条件。下面将这两类条件的组成予以介绍。

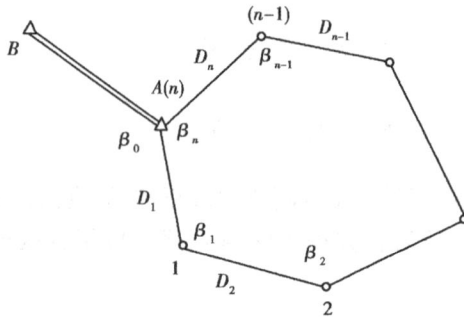

图 4-32

1)多边形角度闭合条件

从图 4-32 可知，其导线是由 n 个导线点构成的闭合多边形，其转折角的个数也为 n，因此，

根据其内角和的平差值应等于 $(n-2) \times 180°$ 的原理,列出其条件方程式为

$$\sum_1^n \hat{\beta}_i - (n-2) \times 180° = 0$$

用 $\hat{\beta}_i = \beta_i + v_{\beta_i}$ 代入上式,得

$$\sum_1^n v_{\beta_i} + w_\beta = 0 \tag{4-54}$$

式中

$$w_\beta = \sum_1^n \beta_i - (n-2) \times 180°$$

式(4-54)即为单一闭合导线多边形角度闭合条件方程式的最后形式。

2)坐标增量闭合条件

从图4-32已知,从导线点 A 开始,连续计算每条导线边的纵、横坐标增量的平差值 $\Delta \hat{x}_i$、$\Delta \hat{y}_i$,则同名坐标增量之和应等于零,即

$$\left. \begin{array}{l} \sum\limits_1^n \Delta \hat{x}_i = 0 \\[2mm] \sum\limits_1^n \Delta \hat{y}_i = 0 \end{array} \right\} \tag{4-55}$$

设式(4-55)中

$$\left. \begin{array}{l} \Delta \hat{x}_i = \Delta x_i + v_{\Delta x_i} \\[2mm] \Delta \hat{y}_i = \Delta y_i + v_{\Delta y_i} \end{array} \right\} \tag{4-56}$$

将式(4-56)代入式(4-55),经整理得

$$\left. \begin{array}{l} \sum\limits_1^n v_{\Delta x_i} + w_x = 0 \\[2mm] \sum\limits_1^n v_{\Delta y_i} + w_y = 0 \end{array} \right\} \tag{4-57}$$

式中

$$\left. \begin{array}{l} w_x = \sum\limits_1^n \Delta x_i \\[2mm] w_y = \sum\limits_1^n \Delta y_i \end{array} \right\}$$

式(4-57)中改正数非直接观测值的改正数,必须将其化成用直接观测值的改正数表达的方程。为此,根据式(4-51)和式(4-52)所表达的坐标增量改正数和直接观测值改正数之间的关系,可得坐标增量闭合条件方程式的最后形式为

$$\left. \begin{array}{l} \sum\limits_1^n \cos \alpha_i v_{D_i} - \dfrac{1}{\rho} \sum\limits_1^{n-1} (y_n^0 - y_i^0) v_{\beta_i} + w_x = 0 \\[4mm] \sum\limits_1^n \sin \alpha_i v_{D_i} + \dfrac{1}{\rho} \sum\limits_1^{n-1} (x_n^0 - x_i^0) v_{\beta_i} + w_y = 0 \end{array} \right\} \tag{4-58}$$

必须注意的是,在实际列立闭合导线的条件方程式时,若要用式(4-57),必须使导线中的点号、角度号和边号同图 4-32 中编号保持一致;否则,若导线编号有变,则公式相应项也要随之而变。

子情境 4 法方程式

当一个平差问题的条件方程列出后,即可组成法方程。如果法方程式的系数计算有误,将导致整个计算失败。因此,组成法方程系数时必须认真仔细,以避免返工。

一、法方程式的组成

现以一般形式来讨论法方程式的组成。设某平差问题有 3 个条件方程,共有 n 个改正数 $v_1,v_2,\cdots,v_n$,观测值的权为 $p_1,p_2,\cdots,p_n$,根据式(4-8),则其条件方程为

$$\left.\begin{array}{l} a_1v_1 + a_2v_2 + \cdots + a_nv_n + w_a = 0 \\ b_1v_1 + b_2v_2 + \cdots + b_nv_n + w_b = 0 \\ c_1v_1 + c_2v_2 + \cdots + c_nv_n + w_c = 0 \end{array}\right\}$$

式中,a_i、b_i、$c_i (i=1,2,\cdots,n)$ 是条件方程式的系数。

法方程的系数可直接根据式(4-14)用矩阵组成,这时,法方程的矩阵表达式为

$$\underset{3\times n}{A}\ \underset{n\times n}{P^{-1}}\ \underset{n\times 3}{A^{\mathrm{T}}}\ \underset{3\times 1}{K}\ +\ \underset{3\times 1}{W}\ =\ 0$$

$$\begin{pmatrix} a_1 & a_2 & \cdots & a_n \\ b_1 & b_2 & \cdots & b_n \\ c_1 & c_2 & \cdots & c_n \end{pmatrix} \begin{pmatrix} \frac{1}{p_1} & & & \\ & \frac{1}{p_2} & & \\ & & \ddots & \\ & & & \frac{1}{p_n} \end{pmatrix} \begin{pmatrix} a_1 & b_1 & c_1 \\ a_2 & b_2 & c_2 \\ \vdots & \vdots & \vdots \\ a_n & b_n & c_n \end{pmatrix} \begin{pmatrix} k_a \\ k_b \\ k_c \end{pmatrix} + \begin{pmatrix} w_a \\ w_b \\ w_c \end{pmatrix} = \begin{pmatrix} 0 \\ 0 \\ 0 \end{pmatrix}$$

$$\begin{pmatrix} \left[\frac{aa}{p}\right] & \left[\frac{ab}{p}\right] & \left[\frac{ac}{p}\right] \\ \left[\frac{ab}{p}\right] & \left[\frac{bb}{p}\right] & \left[\frac{bc}{p}\right] \\ \left[\frac{ac}{p}\right] & \left[\frac{bc}{p}\right] & \left[\frac{cc}{p}\right] \end{pmatrix} \begin{pmatrix} k_a \\ k_b \\ k_c \end{pmatrix} + \begin{pmatrix} w_a \\ w_b \\ w_c \end{pmatrix} = \begin{pmatrix} 0 \\ 0 \\ 0 \end{pmatrix}$$

例 4-6 根据某一测量问题所列条件方程式为

$$\left.\begin{array}{l} v_1 + v_2 + v_3 \qquad\qquad\qquad + 8 = 0 \\ \qquad\qquad\quad + v_4 + v_5 + v_6 \qquad - 9 = 0 \\ v_1 \qquad\quad + v_4 \qquad\qquad\quad + 7 = 0 \\ \quad 1.8v_2 - 0.3v_3 \qquad + v_5 - v_6 \qquad - 5 = 0 \end{array}\right\}$$

观测值的权倒数阵为

$$\frac{1}{P} = \begin{pmatrix} 2 & 0 & 0 & 0 & 0 & 0 \\ 0 & 1 & 0 & 0 & 0 & 0 \\ 0 & 0 & 1 & 0 & 0 & 0 \\ 0 & 0 & 0 & 4 & 0 & 0 \\ 0 & 0 & 0 & 0 & 3 & 0 \\ 0 & 0 & 0 & 0 & 0 & 2.5 \end{pmatrix}$$

试组成法方程式。

解　条件方程式的系数矩阵和常数项矩阵为

$$A = \begin{pmatrix} 1 & 1 & 1 & 0 & 0 & 0 \\ 0 & 0 & 0 & 1 & 1 & 1 \\ 1 & 0 & 0 & 0 & 1 & 0 \\ 0 & 1.8 & -0.3 & 0 & 1 & -1 \end{pmatrix} \qquad W = \begin{pmatrix} +8 \\ -9 \\ +7 \\ -5 \end{pmatrix}$$

法方程式为

$$AP^{-1}A^{\mathrm{T}}K + W = 0$$

则

$$N = AP^{-1}A^{\mathrm{T}} = \begin{pmatrix} 1 & 1 & 1 & 0 & 0 & 0 \\ 0 & 0 & 0 & 1 & 1 & 1 \\ 1 & 0 & 0 & 0 & 1 & 0 \\ 0 & 1.8 & -0.3 & 0 & 1 & -1 \end{pmatrix} \begin{pmatrix} 2 & 0 & 0 & 0 & 0 & 0 \\ 0 & 1 & 0 & 0 & 0 & 0 \\ 0 & 0 & 1 & 0 & 0 & 0 \\ 0 & 0 & 0 & 4 & 0 & 0 \\ 0 & 0 & 0 & 0 & 3 & 0 \\ 0 & 0 & 0 & 0 & 0 & 2.5 \end{pmatrix} \begin{pmatrix} 1 & 0 & 1 & 0 \\ 1 & 0 & 0 & 1.8 \\ 1 & 0 & 0 & -0.3 \\ 0 & 1 & 0 & 0 \\ 0 & 1 & 1 & 1 \\ 0 & 1 & 0 & -1 \end{pmatrix}$$

$$= \begin{pmatrix} 4 & 0 & 2 & 1.5 \\ 0 & 9.5 & 3 & 0.5 \\ 2 & 3 & 5 & 3 \\ 1.5 & 0.5 & 3 & 8.83 \end{pmatrix}$$

据此组成的法方程式为

$$\begin{pmatrix} 4 & 0 & 2 & 1.5 \\ 0 & 9.5 & 3 & 0.5 \\ 2 & 3 & 5 & 3 \\ 1.5 & 0.5 & 3 & 8.83 \end{pmatrix} \begin{pmatrix} k_1 \\ k_2 \\ k_3 \\ k_4 \end{pmatrix} + \begin{pmatrix} +8 \\ -9 \\ +7 \\ -5 \end{pmatrix} = 0$$

当条件方程较多时,直接用矩阵乘法计算数据量大,很容易出错。此时,可在 MATLAB 软件里直接求解,其方法见附录。

二、法方程式的解算

解算法方程的目的,主要是求联系数 K 的值。法方程的解算同样可在 MATLAB 软件里直接求解,其方法见附录。

前面已知法方程的矩阵表达式为

$$AP^{-1}A^{\mathrm{T}}K + W = 0$$

令

$$AP^{-1}A^{\mathrm{T}} = N$$

则

$$K = -\left(AP^{-1}A^{\mathrm{T}}\right)^{-1}W = -N^{-1}W$$

在法方程式的解算过程中,求系数阵的逆矩阵是最烦琐的,也是最容易出差错的。求解时可利用矩阵的运算方法求解,也可编程求解,或者利用 Excel 求解,求解最方便的方法是在 MATLAB 里进行。

例4-7 解算法方程

$$\begin{pmatrix} 4 & 2 & -1 \\ 2 & 5 & 3 \\ -1 & 3 & 6 \end{pmatrix}\begin{pmatrix} k_a \\ k_b \\ k_c \end{pmatrix} + \begin{pmatrix} -0.87 \\ -1.12 \\ 0.41 \end{pmatrix} = \begin{pmatrix} 0 \\ 0 \\ 0 \end{pmatrix}$$

解 由题求出

$$N^{-1} = \left(AP^{-1}A^{\mathrm{T}}\right)^{-1} = \frac{1}{43}\begin{pmatrix} 21 & -15 & 11 \\ -15 & 25 & -14 \\ 11 & -14 & 16 \end{pmatrix}$$

则

$$K = -N^{-1}W = -\frac{1}{43}\begin{pmatrix} 21 & -15 & 11 \\ -15 & 25 & -14 \\ 11 & -14 & 16 \end{pmatrix}\begin{pmatrix} -0.87 \\ -1.12 \\ 0.41 \end{pmatrix} = \begin{pmatrix} -0.070\,7 \\ 0.481\,1 \\ -0.294\,7 \end{pmatrix}$$

子情境5 精度评定

在本章以上各节内容中均是围绕完成测量平差的第 1 个任务——求平差值的有关问题进行叙述的。但是对于平差的第 2 个任务——评定精度,在条件平差中也是不可缺少的,本节将讨论条件平差评定精度的问题。

一、单位权中误差的计算

为了评定观测值或观测值函数的精度,在已知它们的权或权倒数的情况下,只要求得其单位权中误差,则可按下式计算其中误差,即

$$\sigma_i = \sigma_0\sqrt{\frac{1}{p_i}} \tag{4-59}$$

在条件平差中,计算单位权中误差的公式为

$$\sigma_0 = \pm\sqrt{\frac{V^{\mathrm{T}}PV}{n-t}} = \pm\sqrt{\frac{V^{\mathrm{T}}PV}{r}} = \pm\sqrt{\frac{[pvv]}{r}} \tag{4-60}$$

按上式计算单位权中误差必须先求出 $V^{\mathrm{T}}PV$ 的值。$V^{\mathrm{T}}PV$ 的计算根据平差计算时的具体情况,可选择下列几种方法其中之一进行:

1. 用改正数和权直接计算

$$V^{\mathrm{T}}PV = [pvv] = p_1v_1^2 + p_2v_2^2 + \cdots + p_nv_n^2 \tag{4-61}$$

2. 用矩阵计算

根据改正数方程式有 $V = P^{-1}A^{\mathrm{T}}K$，将其代入 $V^{\mathrm{T}}PV$，得

$$[pvv] = V^{\mathrm{T}}PV = V^{\mathrm{T}}PP^{-1}A^{\mathrm{T}}K = V^{\mathrm{T}}A^{\mathrm{T}}K = (AV)^{\mathrm{T}}K$$

顾及条件方程式 $AV + W = 0$，故上式可表达为

$$V^{\mathrm{T}}PV = -W^{\mathrm{T}}K \tag{4-62}$$

3. 条件方程式的常数项和联系数计算

式(4-62)的纯量形式为

$$[pvv] = -w_a k_a - w_b k_b - \cdots - w_r k_r = -[wk] \tag{4-63}$$

即 $[pvv]$ 等于法方程中联系数与相应常数项 W 反号的乘积和。

二、平差值函数的中误差

在进行精度评定时，除了计算平差值中误差外，往往还需要计算平差值函数的中误差，这在实际应用中经常用到。所谓平差值函数，就是平差中某些量是通过平差值计算出来的。例如，在水准网平差过程中，待定点高程值是通过已知点高程和高差平差值推算出来的，这样待定点高程就是高差平差值的函数；在边角网平差中，待定点坐标就是边长平差值和角度平差值的函数。评定这类量值的精度，就是求平差值函数的中误差。

例如，在如图 4-33 所示水准网的平差计算中，首先求得的是各观测高差的平差值，而未知高程点 P_1 的高程平差值则是由下式计算出来的。

$$\hat{H}_{P_1} = \hat{H}_A + \hat{h}_1$$

则 $\hat{H}_{P_1}$ 就是平差值的函数。这种函数关系是一种线性函数形式。

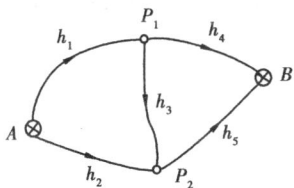

图 4-33

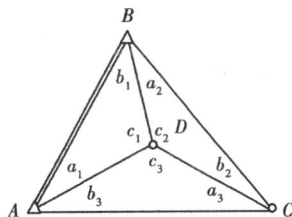

图 4-34

又如，在图 4-34 中，为了求平差后 CD 边方位角，CD 边边长和 D 点坐标平差值，可列出如下函数关系式，即

$$\hat{\alpha}_{CD} = \alpha_{AB} + \hat{a}_1 + \hat{c}_1 + \hat{c}_2$$

$$\hat{s}_{CD} = \overline{AB} \frac{\sin \hat{a}_1 \sin \hat{a}_2}{\sin \hat{c}_1 \sin \hat{b}_2}$$

且

$$\hat{X}_D = X_A + \overline{AD} \cos \hat{\alpha}_{AD} = X_A + \overline{AB} \frac{\sin \hat{b}_1}{\sin \hat{c}_1} \cos(\hat{\alpha}_{AB} + \hat{a}_1)$$

$$\hat{Y}_D = Y_A + \overline{AD}\sin\hat{\alpha}_{AD} = Y_A + \overline{AB}\frac{\sin\hat{b}_1}{\sin\hat{c}_1}\sin(\hat{\alpha}_{AB} + \hat{a}_1)$$

在上述关系式中,所求各量都是平差值的函数,就函数形式来说,第 1 式是线性函数,后几式都是非线性函数。

为了计算平差值函数的中误差,当单位权中误差 σ_0 已计算出来后,只要再求出它们的权倒数,就可按式(4-59)计算其中误差。因此,下面推导计算平差值函数的权倒数公式。

1. 平差值函数的权倒数

(1)线性函数的权倒数

下面以线性函数的一般形式为例来推导平差值函数的权倒数计算公式

设平差值的线性函数为

$$F = f_1\hat{L}_1 + f_2\hat{L}_2 + \cdots + f_n\hat{L}_n + f_0$$

设

$$\underset{n\times 1}{f} = \begin{pmatrix} f_1 \\ f_2 \\ \vdots \\ f_n \end{pmatrix} \quad \underset{n\times 1}{\hat{L}} = \begin{pmatrix} \hat{L}_1 \\ \hat{L}_2 \\ \vdots \\ \hat{L}_n \end{pmatrix} \quad \underset{n\times 1}{L} = \begin{pmatrix} L_1 \\ L_2 \\ \vdots \\ L_n \end{pmatrix} \quad \underset{n\times 1}{V} = \begin{pmatrix} v_1 \\ v_2 \\ \vdots \\ v_n \end{pmatrix}$$

平差值函数的矩阵表达式为

$$F = f^T\hat{L} + f_0 \tag{4-64}$$

为了应用权倒数传播定律,必须先将平差值函数 F 化成独立观测值的函数,为此,将 $\hat{L} = L + V$ 代入式(4-64)中,得

$$F = f^T(L + V) + f_0 = f^TL + f^TV + f_0 \tag{4-65}$$

将 $V = P^{-1}A^TK$ 代入式(4-65)中,得

$$F = f^TL + f^TP^{-1}A^TK + f_0$$

将 $K = -N^{-1}W$,以此代入上式,得

$$F = f^TL - f^TP^{-1}A^TN^{-1}W + f_0 \tag{4-66}$$

再将 $W = AL + A_0$ 代入上式中,得

$$F = f^TL - f^TP^{-1}A^TN^{-1}(AL + A_0) + f_0$$

经整理后得

$$F = (f^T - f^TP^{-1}A^TN^{-1}A)L + f_0 - f^TP^{-1}A^TN^{-1}A_0 \tag{4-67}$$

式中,右端的第 2 和第 3 项为常数,与观测值无关。第 1 项中的 L 为观测值矩阵,它的系数也是与观测值无关的常数阵,至此,平差值函数 F 已化成了独立观测值 L 的函数。对式(4-67)进行全微分,得

$$dF = (f^T - f^TP^{-1}A^TN^{-1}A)dL$$

式中,P^{-1} 和 N^{-1} 都是对称方阵,其转置阵和其本身无区别。将 dL 的系数阵转置后,上式成为

$$dF = (f - A^TN^{-1}AP^{-1}f)^TdL \tag{4-68}$$

令
$$q = -N^{-1}AP^{-1}f \qquad (4\text{-}69)$$

其中
$$q = \begin{pmatrix} q_a \\ q_b \\ \vdots \\ q_r \end{pmatrix}$$

则式(4-68)可写为
$$\mathrm{d}F = (f + A^{\mathrm{T}}q)^{\mathrm{T}}\mathrm{d}L$$

将上式应用权倒数传播律,可得平差值函数 F 的权倒数为
$$\frac{1}{P_F} = (f + A^{\mathrm{T}}q)^{\mathrm{T}}p^{-1}(f + A^{\mathrm{T}}q) \qquad (4\text{-}70)$$

式(4-70)为计算平差值函数权倒数的第一公式。

将式(4-70)展开并经整理后,得
$$\frac{1}{p_F} = f^{\mathrm{T}}p^{-1}f + f^{\mathrm{T}}p^{-1}A^{\mathrm{T}}q + q^{\mathrm{T}}Ap^{-1}f + q^{\mathrm{T}}Ap^{-1}A^{\mathrm{T}}q \qquad (4\text{-}71)$$

令 $Nq = -AP^{-1}f$ 同时顾及 $N = Ap^{-1}A^{\mathrm{T}}$,则式(4-71)为
$$\frac{1}{p_F} = f^{\mathrm{T}}p^{-1}f + f^{\mathrm{T}}P^{-1}A^{\mathrm{T}}q - q^{\mathrm{T}}Nq + q^{\mathrm{T}}Nq$$

即
$$\frac{1}{p_F} = f^{\mathrm{T}}p^{-1}f + f^{\mathrm{T}}P^{-1}A^{\mathrm{T}}q \qquad (4\text{-}72)$$

式中, q 是由下面的方程组解出,即
$$Nq + Ap^{-1}f = 0 \qquad (4\text{-}73)$$

式(4-72)也可写为
$$\frac{1}{p_F} = f^{\mathrm{T}}p^{-1}f - f^{\mathrm{T}}P^{-1}A^{\mathrm{T}}N^{-1}AP^{-1}f = f^{\mathrm{T}}p^{-1}f - f^{\mathrm{T}}P^{-1}A^{\mathrm{T}}N^{-1}(f^{\mathrm{T}}P^{-1}A^{\mathrm{T}})^{\mathrm{T}}$$

例 4-8　如图 4-35 所示的水准网,各水准路线的距离分别为 $s_1 = 4\ \mathrm{km}, s_2 = 2\ \mathrm{km}, s_3 = 4\ \mathrm{km}, s_4 = 4\ \mathrm{km}, s_5 = 2\ \mathrm{km}$。试求 B 点最或然高程的权倒数。

解　①本平差问题 $n = 5, t = 3$,故 $r = 2$。两个条件方程列立为
$$v_1 + v_2 - v_3 + w_a = 0$$
$$v_3 + v_4 + v_5 + w_b = 0$$

即

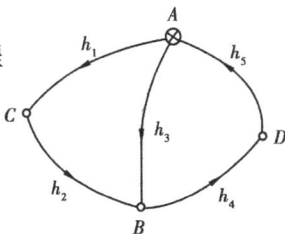

图 4-35

$$A = \begin{pmatrix} 1 & 1 & -1 & 0 & 0 \\ 0 & 0 & 1 & 1 & 1 \end{pmatrix}$$

欲求权倒数的量的平差值函数式为
$$\hat{H}_B = \hat{H}_A + \hat{h}_3$$

从式中可知
$$f_3 = +1, f_1 = f_2 = f_4 = f_5 = 0$$

即

$$f = \begin{pmatrix} 0 \\ 0 \\ 1 \\ 0 \\ 0 \end{pmatrix}$$

②定权。令 $c=1$，即以 1 千米观测高差的中误差为单位权中误差。根据水准路线按公里数的定权公式有 $\frac{1}{p_i}=s_i$，据此，得各观测高差的权倒数为

$$\frac{1}{p_1}=4, \quad \frac{1}{p_2}=2, \quad \frac{1}{p_3}=4, \quad \frac{1}{p_4}=4, \quad \frac{1}{p_5}=2$$

即

$$P^{-1} = \begin{pmatrix} 4 & 0 & 0 & 0 & 0 \\ 0 & 2 & 0 & 0 & 0 \\ 0 & 0 & 4 & 0 & 0 \\ 0 & 0 & 0 & 4 & 0 \\ 0 & 0 & 0 & 0 & 2 \end{pmatrix}$$

组成法方程的系数阵为

$$N = AP^{-1}A^{\mathrm{T}} = \begin{pmatrix} 10 & -4 \\ -4 & 10 \end{pmatrix}$$

则

$$\begin{aligned} \frac{1}{p_F} &= f^{\mathrm{T}}p^{-1}f - f^{\mathrm{T}}P^{-1}A^{\mathrm{T}}N^{-1}AP^{-1}f \\ &= f^{\mathrm{T}}p^{-1}f - f^{\mathrm{T}}P^{-1}A^{\mathrm{T}}N^{-1}(f^{\mathrm{T}}P^{-1}A^{\mathrm{T}})^{\mathrm{T}} \\ &= 1.71 \end{aligned}$$

③按第二公式计算平差值函数的权倒数。首先解算转换系数方程组，其方程式为

$$10q_a - 4q_b - 4 = 0$$
$$-4q_a + 10q_b + 4 = 0$$

解之得

$$q = \begin{pmatrix} 0.286 \\ -0.286 \end{pmatrix}$$

又求得

$$f^{\mathrm{T}}p^{-1}f = 4$$
$$f^{\mathrm{T}}P^{-1}A^{\mathrm{T}} = (-4 \quad 4)$$

则按式(4-72)计算 B 点高程平差值的权倒数为

$$\frac{1}{p_F} = 4 + (-4 \quad +4)\begin{pmatrix} +0.286 \\ -0.286 \end{pmatrix} = 1.71$$

(2)非线性函数的权倒数

如果平差值函数为非线性函数，要用上面所推导的 3 个公式计算其权倒数，则需先将非线

性函数化成线性形式,求得其系数f后,方可应用其公式计算平差值函数的权倒数。

设平差值函数的一般形式为

$$F = f(\hat{L}_1, \hat{L}_2, \cdots, \hat{L}_n)$$

将函数线性化,其目的是求得式(4-65)中改正数V前的系数阵f,为此,只需将函数进行全微分,即

$$dF = \left(\frac{\partial F}{\partial \hat{L}_1}\right)_{\hat{L}_1 = L_1} v_1 + \left(\frac{\partial F}{\partial \hat{L}_2}\right)_{\hat{L}_2 = L_2} v_2 + \cdots + \left(\frac{\partial F}{\partial \hat{L}_n}\right)_{\hat{L}_n = L_n} v_n$$

$$= f_1 v_1 + f_2 v_2 + \cdots + f_n v_n \tag{4-74}$$

可知,将函数对每个平差值求偏导数值就是计算平差值函数权倒数所需的f值。式(4-74)在平差计算中,称其为权函数式,即用于求权倒数的表达式。

(3)平差值函数权倒数的计算步骤

①根据平差问题的要求列平差值函数式,即将欲求中误差的量表达成平差值的函数。

②若函数为非线性函数,则对函数求全微分,得到权函数式,即对每个平差值的偏导数值即为所需f值。若函数为线性函数,则各平差值$\hat{L}_i$前的系数即为f_i值。

③求平差值函数的权倒数$\frac{1}{p_F}$。

2. 平差值函数的中误差

根据权与中误差的关系有

$$\sigma_F = \sigma_0 \sqrt{\frac{1}{P_F}}$$

即为求平差值函数中误差的公式。

求平差值函数中误差的计算步骤如下:

①求平差值函数的权倒数。

②求平差值函数的中误差。

3. 平差值的中误差

当平差值函数式中只有一个平差值,且其系数为$+1$时,则平差值函数式为$F = \hat{L}_i$,从式中可知,它即为平差值。因此,平差值是平差值函数的特例,求平差值的中误差仍可应用求平差值函数的中误差的方法求解。

子情境6　条件平差算例

一、水准网条件平差示例

例4-9　如图4-36所示的水准网,A、B是已知高程的水准点,并假定这两点的高程没有误差。图中P_1、P_2、P_3为未知高程点,已知高程点高程、观测高差及相应的路线长见表4-2。

表 4-2　已知数据及水准路线观测值表

路线编号	观测高差/m	路线长/km	已知点高程/m
1	+1.359	1.1	$H_A = 5.016$
2	+2.009	1.7	$H_B = 6.016$
3	+0.363	2.3	
4	+1.012	2.7	
5	+0.657	2.4	
6	+0.238	1.4	
7	-0.595	2.6	

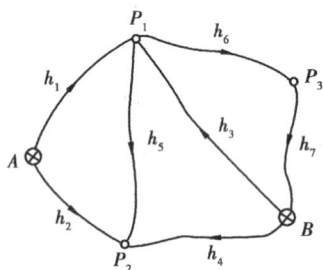

图 4-36

试按条件平差法求：

(1)各高程未知点的高程最或然值；

(2)P_1 至 P_2 点间最或然高差的中误差。

解　①列立条件方程和平差值函数式

本测量平差问题中 $n=7, t=3, r=7-3=4$，即应列立 4 个条件方程式。将其列立为

$$v_1 - v_2 \qquad + v_5 \qquad\quad + 7 = 0$$
$$v_3 - v_4 + v_5 \qquad\quad + 8 = 0$$
$$v_3 \qquad\quad + v_6 + v_7 + 6 = 0$$
$$v_2 \quad - v_4 \qquad\qquad\quad - 3 = 0$$

式中,闭合差以 mm 为单位。

平差值函数式为

$$\hat{h}_{P_1P_2} = \hat{h}_5$$

即 $f_5 = 1$，其余 $f = 0$。

②定权

定权,令 $c = 1$，则 $\dfrac{1}{p_i} = s_i$，各个权的倒数值为

$$\frac{1}{p_1} = 1.1, \frac{1}{p_2} = 1.7, \frac{1}{p_3} = 2.3, \frac{1}{p_4} = 2.7,$$

$$\frac{1}{p_5} = 2.4, \frac{1}{p_6} = 1.4, \frac{1}{p_7} = 2.6$$

③组成和解算法方程

组成法方程为

$$\begin{pmatrix} 5.2 & 2.4 & 0 & -1.7 \\ 2.4 & 7.4 & 2.3 & 2.7 \\ 0 & 2.3 & 6.3 & 0 \\ -1.7 & 2.7 & 0 & 4.4 \end{pmatrix} \begin{pmatrix} k_1 \\ k_2 \\ k_3 \\ k_4 \end{pmatrix} + \begin{pmatrix} 7 \\ 8 \\ 6 \\ -3 \end{pmatrix} = \begin{pmatrix} 0 \\ 0 \\ 0 \\ 0 \end{pmatrix}$$

解算法方程为

$$\begin{pmatrix} k_1 \\ k_2 \\ k_3 \\ k_4 \end{pmatrix} = \begin{pmatrix} -0.226 \\ -1.405\,3 \\ -0.439\,3 \\ 1.458\,9 \end{pmatrix}$$

④计算改正数

$$V = p^{-1}A^{\mathrm{T}}K = \begin{pmatrix} -0.24 \\ +2.86 \\ -4.24 \\ -0.14 \\ -3.90 \\ -0.62 \\ -1.14 \end{pmatrix}$$

⑤计算平差值(见表4-3)

表4-3 观测高差、改正数及平差值表

路线编号	观测高差/m	改正数/mm	高差平差值/m
1	+1.359	-0.2	+1.358 8
2	+2.009	+2.9	+2.011 9
3	+0.363	-4.2	+0.358 8
4	+1.012	-0.1	+1.011 9
5	+0.657	-3.9	+0.653 1
6	+0.238	-0.6	+0.237 4
7	-0.595	-1.2	-0.596 2

⑥计算未知点 P_1、P_2、P_3 高程最或然值

$$\hat{H}_{P_1} = H_A + \hat{h}_1 = 5.016\ \mathrm{m} + 1.358\,8\ \mathrm{m} = 6.374\,8\ \mathrm{m}$$

$$\hat{H}_{P_2} = H_A + \hat{h}_2 = 5.016\ \mathrm{m} + 2.011\,9\ \mathrm{m} = 7.027\,9\ \mathrm{m}$$

$$\hat{H}_{P_3} = H_B - \hat{h}_7 = 6.016\ \mathrm{m} + 0.596\,2\ \mathrm{m} = 6.612\,2\ \mathrm{m}$$

⑦计算单位权中误差

$$\sigma_0 = \pm \sqrt{\frac{[pvv]}{r}} = \pm \sqrt{\frac{19.80}{4}}\ \mathrm{mm} = \pm 2.2\ \mathrm{mm}$$

即1千米水准路线高差的中误差为±2.2 mm。

⑧计算 P_1 至 P_2 点间最或然高差的中误差

求得

$$\frac{1}{p_F} = f^{\mathrm{T}}p^{-1}f - f^{\mathrm{T}}P^{-1}A^{\mathrm{T}}N^{-1}AP^{-1}f = 0.985$$

则

$$\sigma_{\hat{h}_{p_1 p_2}} = \sigma_0 \sqrt{\frac{1}{p_F}} = \pm 2.2 \sqrt{0.985} \text{ mm} = \pm 2.2 \text{ mm}$$

二、独立测角网条件平差示例

例 4-10 设有大地四边形如图 4-37 所示,同精度观测值见表 4-4,试用条件平差法求:

(1)各观测角度的最或然值;

(2)由 AC 边推算 BD 边最或然值的相对中误差。

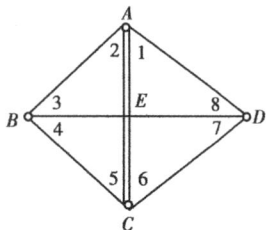

图 4-37

解 ①列条件方程及权函数式

如图 4-37 所示大地四边形中 $n=8$, $t=4$,故 $r=8-4=4$,即网中共有 4 个条件方程式,其中,图形条件有 3 个,极条件有 1 个。

图形条件列立为

$$v_2 + v_3 + v_4 + v_5 \qquad\qquad -0.87 = 0$$
$$v_1 + v_2 + v_3 + \qquad\qquad v_8 - 1.12 = 0$$
$$v_1 \qquad\qquad + v_6 + v_7 + v_8 + 0.41 = 0$$

以对角线交点 E 为极的极条件为

$$\frac{\sin \hat{L}_1 \sin \hat{L}_3 \sin \hat{L}_5 \sin \hat{L}_7}{\sin \hat{L}_2 \sin \hat{L}_4 \sin \hat{L}_6 \sin \hat{L}_8} = 1$$

将其线性化后得方程的最后形式为

$$\cot L_1 v_1 - \cot L_2 v_2 + \cot L_3 v_3 - \cot L_4 v_4 + \cot L_5 v_5 - \cot L_6 v_6 + \cot L_7 v_7 - \cot L_8 v_8 + w_{极} = 0$$

将观测值代入算出各系数及常数项后,得方程的最后形式为

$$0.45 v_1 - 0.50 v_2 + 2.30 v_3 - 2.30 v_4 + 0.37 v_5 - 0.54 v_6 + 2.14 v_7 - 1.93 v_8 - 6.31 = 0$$

即条件方程系数阵为

$$A = \begin{pmatrix} 0 & 1 & 1 & 1 & 1 & 0 & 0 & 0 \\ 1 & 1 & 1 & 0 & 0 & 0 & 0 & 1 \\ 1 & 0 & 0 & 0 & 0 & 1 & 1 & 1 \\ 0.45 & -0.5 & 2.3 & -2.3 & 0.37 & -0.54 & 2.14 & -1.93 \end{pmatrix}$$

表 4-4 角度观测值表

角 号	观测值	角 号	观测值
1	65°52′35.03″	5	69°45′14.74″
2	63°14′25.02″	6	61°40′57.38″
3	23°28′50.06″	7	25°02′19.23″
4	23°31′29.31″	8	27°24′08.77″

式中

$$w_{极} = \rho\left(1 - \frac{\sin L_2 \sin L_4 \sin L_6 \sin L_8}{\sin L_1 \sin L_3 \sin L_5 \sin L_7}\right) = -6.31$$

BD 边的权函数式为

$$\overline{BD} = \overline{AC}\frac{\sin\hat{L}_6\sin(\hat{L}_1+\hat{L}_2)}{\sin(\hat{L}_7+\hat{L}_8)\sin\hat{L}_3}$$

将上式线性化后,得其权函数式为

$$\rho\frac{\mathrm{d}\overline{BD}}{\overline{BD}} = \cot(L_1+L_2)v_1 + \cot(L_1+L_2)v_2 - \cot L_3 v_3 +$$

$$\cot L_6 v_6 - \cot(L_7+L_8)v_7 - \cot(L_7+L_8)v_8$$

将上式代入观测值算出系数后为

$$\rho\frac{\mathrm{d}\overline{BD}}{\overline{BD}} = -0.81v_1 - 0.81v_2 - 2.30\,v_3 + 0.54\,v_6 - 0.77\,v_7 - 0.77\,v_8$$

②法方程式的组成和解算

法方程为

$$NK + W = \begin{pmatrix} 4 & 2 & 0 & -0.13 \\ 2 & 4 & 2 & 0.32 \\ 0 & 2 & 4 & 0.12 \\ -0.13 & 0.32 & 0.12 & 19.766 \end{pmatrix}\begin{pmatrix} k_1 \\ k_2 \\ k_3 \\ k_4 \end{pmatrix} + \begin{pmatrix} -0.87 \\ -1.12 \\ 0.41 \\ -6.31 \end{pmatrix} = \begin{pmatrix} 0 \\ 0 \\ 0 \\ 0 \end{pmatrix}$$

解法方程得

$$K = -N^{-1}W = \begin{pmatrix} 0.032\,1 \\ 0.391\,3 \\ -0.306\,8 \\ 0.315\,1 \end{pmatrix}$$

③观测角改正数计算及角度平差值计算

各观测角改正数及平差值的计算见表4-5中。

表4-5　角度平差值计算表

角　号	观测值	改正数	角度平差值
1	65°52′35.03″	+0.22″	65°52′35.25″
2	63°14′25.02″	+0.27″	63°14′25.29″
3	23°28′50.06″	+1.15″	23°28′51.21″
4	23°31′29.31″	-0.69″	23°31′28.62″
5	69°45′14.74″	+0.14″	69°45′14.88″
6	61°40′57.38″	-0.48″	61°40′56.90″
7	25°02′19.23″	+0.37″	25°02′19.60″
8	27°24′08.77″	-0.52″	27°24′08.25″

④评定精度

a. 单位权中误差(测角中误差)

$$\sigma_0 = \pm\sqrt{\frac{[pvv]}{r}} = \pm\sqrt{\frac{2.58}{4}} = \pm 0.8''$$

b. *BD* 边长的相对中误差

求得

$$\frac{1}{p_F} = f^T p^{-1} f - f^T P^{-1} A^T N^{-1} A P^{-1} f = 0.883\ 3$$

则

$$\sigma_F = \sigma_0 \sqrt{\frac{1}{p_F}} = \pm 0.8 \sqrt{0.883\ 3} = \pm 0.75''$$

$$\frac{\sigma_{BD}}{BD} = \frac{\sigma_F}{\rho} = \frac{0.75}{206\ 265} = \frac{1}{280\ 000}$$

三、测边网条件平差举例

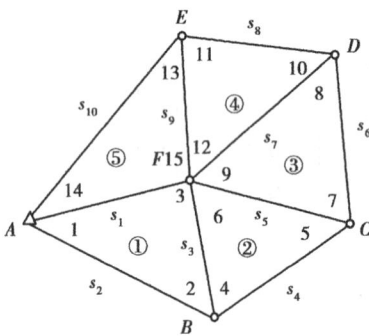

图 4-38

例 4-11　如图 4-38 所示为中点多边形测边网,网中 *A* 为已知坐标点,*AB* 边的方位角 $\alpha_{AB} = 180°19'15.31''$,为已知方位角。网中共观测了 10 条边,观测值见表 4-6。试按条件平差法求各边长平差值及 s_8 平差后的边长中误差及相对中误差。已知点坐标为

$$\left. \begin{array}{l} x_A = 3\ 534\ 631.93\ \text{m} \\ y_A = 40\ 412\ 717.23\ \text{m} \end{array} \right\}$$

解　①确定条件个数

该测边网为中点多边形,故其 $r=1$,即本题有一个复杂图形条件。

②按余弦公式计算网中各内角近似值

其计算结果见表 4-6,计算结果使每个三角形内角和都等于 180°,故说明计算无误。

③按式(4-33)及其规律计算条件方程式系数(如表 4-6 所示),同时计算闭合差为

$$w = (3) + (6) + (9) + (12) + (15) - 360° = +3.3''$$

故条件方程式为

$$-3.586 v_{s_1} + 3.336 v_{s_2} - 4.395 v_{s_3} + 2.235 v_{s_4} - 1.828 v_{s_5} + 2.093 v_{s_6} -$$
$$2.207 v_{s_7} + 1.835 v_{s_8} - 1.804 v_{s_9} + 1.879 v_{s_{10}} + 3.3 = 0$$

④列出平差值函数式

$$F = \hat{s}_8$$

其权函数式为

$$\Delta F = v_{s_8}$$

由此得 $f_8 = 1$,其余 $f = 0$。

⑤根据条件方程式列出法方程为

$$71.044\ 9 k_a + 3.3 = 0$$

解之,得

$$k_a = -0.046$$

⑥按 $v_{s_i} = a_i k_a$,计算各边改正数

其结果如表 4-6 所示。

⑦平差值计算

边长平差值：$\hat{s}_i = s_i + v_{s_i}$，其计算结果也填于表4-6中。

角度平差值：用边长平差值反算角度平差值，其结果见表4-6中的最后1列。

⑧坐标平差值（略）

⑨评定精度

a. 单位权中误差

$$\sigma_0 = \pm \sqrt{\frac{[v_s v_s]}{r}} = \pm \sqrt{\frac{0.145\,4}{1}}\ \text{cm} = \pm 0.38\ \text{cm}$$

b. 权倒数及中误差计算

表4-6　测边网中点多边形平差计算表

三角形编号	点名	边号	观测边长 /m	角号	推算角值	条件方程系数	边长改正数 /cm	边长平差值 /m	平差后角度值
①	A	s_3	1 244.456	(1)	31°14′27.88″	3.336	−0.15	2 099.268	31°14′28.69″
	F	s_2	2 099.269	(3)	118°58′03.91″				118°58′02.37″
	B	s_1	1 192.148	(2)	29°47′28.21″	−3.586	0.16	1 192.150	29°47′28.94″
					180°00′00.00″				180°00′00.00″
②	B	s_5	1 054.540	(4)	47°51′36.80″	2.235	−0.10	1 345.385	47°51′36.91″
	F	s_4	1 345.386	(6)	71°05′19.33″				71°05′18.72″
	C	s_3	1 244.456	(5)	61°03′03.87″	−4.395	0.20	1 244.458	61°03′04.37″
					180°00′00.00″				180°00′00.00″
③	C	s_7	1 278.241	(7)	69°08′01.66″	2.093	−0.10	1 189.818	69°08′01.94″
	F	s_6	1 189.819	(9)	60°25′57.77″				60°25′57.37″
	D	s_5	1 054.540	(8)	50°26′00.57″	−1.828	0.08	1 054.541	50°26′00.69″
					180°00′00.00″				180°00′00.00″
④	D	s_9	1 271.190	(10)	61°34′45.05″	1.835	−0.08	1 201.783	61°34′45.17″
	F	s_8	1 201.784	(12)	56°14′55.31″				56°14′55.01″
	E	s_7	1 278.241	(11)	62°10′19.64″	−2.207	0.10	1 278.242	62°10′19.82″
					180°00′00.00″				180°00′00.00″
⑤	E	s_1	1 192.148	(13)	59°42′25.80″	1.879	−0.09	1 106.451	59°42′26.10″
	F	s_{10}	1 106.452	(15)	53°15′46.98″				53°15′46.61″
	A	s_9	1 271.190	(14)	67°01′47.22″	−1.804	0.08	1 271.191	67°01′47.29″
					180°00′00.00″				180°00′00.00″

$$\frac{1}{P_F} = f^{\mathrm{T}} p^{-1} f - f^{\mathrm{T}} P^{-1} A^{\mathrm{T}} N^{-1} A P^{-1} f = 0.952\,6$$

$$\sigma_{s_8} = \pm 0.38\ \sqrt{0.952\,6}\ \text{cm} = \pm 0.37\ \text{cm}$$

c. 边长相对中误差

$$\frac{\sigma_{S_8}}{\hat{s}_8} = \frac{0.37}{1\ 201.783 \times 100} = \frac{1}{324\ 800}$$

四、边角网条件平差举例

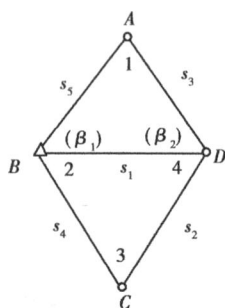

图 4-39

例 4-12　如图 4-39 所示为独立边角网,网中 B 为已知点,方位角 $\alpha_{BC} = 19°36'43.7''$。网中共观测了 4 个内角和全部边长,观测值如表 4-7 所示。网中角度观测值中误差 $\sigma_\beta = \pm 1''$,各边观测精度相等,观测值中误差 $\sigma_s = \pm 0.71$ cm。试按条件平差法平差该网,并求 AD 边平差后的相对中误差。已知点 B 的坐标为

$$\left. \begin{array}{l} x_B = 3\ 542\ 249.331\ \text{m} \\ y_B = 40\ 582\ 428.220\ \text{m} \end{array} \right\}$$

解　①确定条件数目

本题中,$n = 9$,$t = 2p - 1$ 即 $t = 5$,$r = n - t = 4$(p 为未知点数),其条件方程的种类为一个测角网图形条件、两个正弦条件和一个余弦条件。

表 4-7　观测值、改正数及平差值表

观测值编号	观测值	改正数	平差值	观测值编号	观测值 /m	改正数 /mm	平差值 /m
1	44°47′00.8″	−1.56″	44°46′59.24″	S_1	861.063	1.25	861.076
2	57°01′31.7″	−1.66″	57°01′30.04″	S_1	1 012.448	1.20	1 012.460
3	45°31′06.3″	−0.66″	45°31′05.64″	S_1	1 127.232	−0.58	1 127.226
4	77°27′25.0″	−0.68″	77°27′24.32″	S_1	1 178.081	−0.82	1 178.073
				S_1	1 133.165	−0.59	1 133.159

②权的确定

取 $\sigma_0 = \sigma_\beta = \pm 1''$,则有

$$p_\beta = 1$$

$$p_s = \frac{\sigma_\beta^2}{\sigma_s^2} = 2$$

③条件方程式和权函数式的列立

为了计算的方便,先设未观测的角度 $\angle ABD = \beta_1$,$\angle ADB = \beta_2$。

4 个条件方程为

$$v_2 + v_3 + v_4 + w_1 = 0$$

$$\sin(4)v_{s_2} - \sin(2)v_{s_4} + \frac{s_2}{\rho''}\cos(4)v_4'' - \frac{s_4}{\rho''}\cos(2)v_2'' + w_2 = 0$$

$$\sin(2)v_{s_1} - \sin(3)v_{s_2} + \frac{s_1}{\rho''}\cos(2)v_2'' - \frac{s_2}{\rho''}\cos(3)v_3'' + w_3 = 0$$

$$v_1'' - \frac{\rho''}{h_1}v_{s_1} + \frac{\rho''}{h_1}\cos\beta_2 v_{s_3} + \frac{\rho''}{h_1}\cos\beta_1 v_{s_5} + w_4 = 0$$

方程中

$$w_1 = (2) + (3) + (4) - 180$$
$$w_2 = s_2\sin(4) - s_4\sin(2)$$
$$w_3 = s_1\sin(2) - s_2\sin(3)$$
$$w_4 = A - A'$$

(本例中：$A' = \arccos\dfrac{s_3^2 + s_5^2 - s_1^2}{2s_3s_5}$；$h = s_3\sin\beta_2 = s_5\sin\beta_1$)

以观测值代入上面各式,计算后,得出 4 个条件方程及权函数式。

其方程为

$$v_2'' + v_3'' + v_4'' + 3.0 = 0$$
$$0.976v_{s_2} - 0.839v_{s_4} + 0.107v_4'' - 0.311v_2'' - 2.302 = 0$$
$$0.839v_{s_1} - 0.713v_{s_2} + 0.227v_2'' - 0.344v_3'' - 0.044 = 0$$
$$-1.974v_{s_1} + 0.740v_{s_3} + 0.764v_{s_5} + v_1'' + 4.9 = 0$$

权函数式为

$$\Delta F = v_{s_3}$$

④根据条件方程式及角度和边长的权可列出法方程

$$\begin{pmatrix} 3.000 & -0.204 & -0.117 & 0 \\ -0.204 & 0.937 & -0.419 & 0 \\ -0.117 & -0.419 & 0.776 & -0.829 \\ 0 & 0 & -0.829 & 3.514 \end{pmatrix} \begin{pmatrix} k_a \\ k_b \\ k_c \\ k_d \end{pmatrix} + \begin{pmatrix} 3.0 \\ -2.302 \\ -0.044 \\ 4.9 \end{pmatrix} = 0$$

解之,得

$$\begin{pmatrix} k_a \\ k_b \\ k_c \\ k_d \end{pmatrix} = \begin{pmatrix} -0.893\,6 \\ +1.956\,6 \\ -0.683\,5 \\ -1.555\,7 \end{pmatrix}$$

⑤将联系数代入改正数方程式计算改正数

其计算见表 4-7 中。将改正数代入条件方程式中检核(略)。

⑥计算平差值

按公式 $\hat{L}_i = L_i + v_i$ 计算,其结果也填入表 4-7 中。

⑦计算各待定点坐标(略)

⑧评定精度

a. 单位权中误差

$$\sigma_0 = \pm\sqrt{\frac{[pvv]}{r}} = \pm\sqrt{\frac{14.806}{4}} = \pm1.92''$$

b. 计算 AD 边中误差

计算得

$$\frac{1}{p_F} = 0.763\,6$$

AD 边的中误差为

$$\sigma_{s_3} = \sigma_0 \sqrt{\frac{1}{p_F}} = \pm 1.92 \sqrt{0.763\,6} \text{ cm} = \pm 1.68 \text{ cm}$$

c. 计算 AD 边相对中误差

$$\frac{\sigma_{s_3}}{\hat{S}_3} = \frac{1.68}{112\,723} = \frac{1}{67\,000}$$

五、单导线条件平差举例

例 4-13 如图 4-40 所示，A、B、C、D 为已知点，2、3、4 为待定点，观测了 5 个左角和 4 条边，起始数据和观测值见表 4-8。其测角中误差的预期值为 $\sigma_\beta = \pm 2.5''$，测边中误差的预期值按所用测距仪的标称精度公式 $\sigma_D = \pm(5 + 5 \times D \text{ km}) \text{ mm}$ 计算。试按条件平差法平差计算此导线，并评定 3 号点的精度。

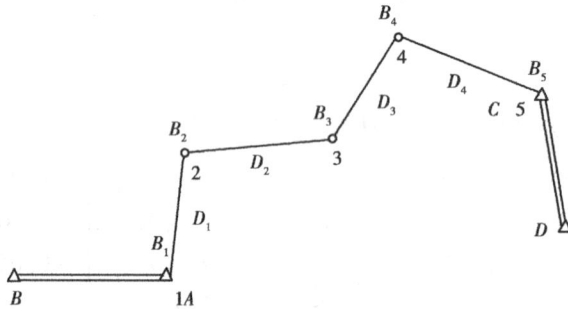

图 4-40

表 4-8 **起始数据和观测值**

点　号	已知坐标		至　点	已知坐标方位角
	x	y		
A	187 396.252	29 505 530.009	B	341°44′07.2″
C	184 817.605	29 509 341.482	D	249°30′27.9″

角　号	观测值	边　号	边长 /m
1	85°30′21.1″	1	1 474.444
2	254°32′32.2″	2	1 424.717
3	131°04′33.3″	3	1 749.322
4	272°20′20.2″	4	1 950.412
5	244°18′30.0″		

解　①确定条件方程个数

对于单导线，其条件方程式个数等于 3，其中，两个坐标条件，一个方位角条件。

②组成条件方程式和权函数式

条件方程式：

坐标方位角条件

$$v_{\beta_1} + v_{\beta_2} + v_{\beta_3} + v_{\beta_4} + v_{\beta_5} + w_\alpha = 0$$

纵横坐标条件

$$\left.\begin{array}{l}\displaystyle\sum_1^4 \cos\alpha_i v_{D_i} - \frac{1}{\rho}\sum_1^4 (y_5^0 - y_i^0)v_{\beta_i} + w_x = 0 \\[2mm] \displaystyle\sum_1^4 \sin\alpha_i v_{D_i} + \frac{1}{\rho}\sum_1^4 (x_5^0 - x_i^0)v_{\beta_i} + w_y = 0\end{array}\right\}$$

式中

$$w_\alpha = \alpha_{AB} + \sum_{i=1}^5 \beta_i + 4\times180° - \alpha_{CD}$$

$$\begin{cases} w_x = x_5^0 - x_5 \\ w_y = y_5^0 - y_5 \end{cases}$$

3 号点纵横坐标权函数式

$$\left.\begin{array}{l}\displaystyle V_{Fx3} = \sum_{j=1}^2 \cos\alpha_j^0 v_{D_j} - \frac{1}{\rho}\sum_{j=1}^2 (y_3^0 - y_j^0)v_{\beta_j} \\[2mm] \displaystyle V_{Fy3} = \sum_{j=1}^2 \sin\alpha_j^0 v_{D_j} + \frac{1}{\rho}\sum_{j=1}^2 (x_3^0 - x_j^0)v_{\beta_j}\end{array}\right\}$$

③计算条件方程式和权函数式的系数和条件式闭合差

因条件方程式和权函数式系数都要用到导线边的近似方位角和导线点的近似坐标,故需先将其算出,其结果见表4-9。计算条件方程式和权函数式的系数和闭合差时,应注意使改正数与常数项的单位保持一致。本题中,坐标条件闭合差以 cm 为单位。系数计算时,坐标近似值以 m 为单位,这时,ρ 值为 2 062.65。

$$w_\alpha = 249°30'23.8'' - 249°30'27.9'' = -4.1''$$

$$\left.\begin{array}{l} w_x = 184\ 817.615\ \text{cm} - 184\ 817.605\ \text{cm} = 1.0\ \text{cm} \\ w_y = 9\ 341.468\ \text{cm} - 9\ 341.482\ \text{cm} = -1.4\ \text{cm} \end{array}\right\}$$

④计算边角观测值的权

设单位权中误差 $\sigma_0 = \pm2.5''$,边长取平均值 $D = 1.649\ 5$ km,算得边长中误差预期值为

$$\sigma_D = \pm 13.2\ \text{mm}$$

则角度观测值和边长观测值的权为

$$p_\beta = 1$$

$$p_D = \frac{\sigma_0^2}{\sigma_D^2} = \frac{2.5^2}{1.3^2}\ \text{s}^2/\text{cm}^2 = 3.70\ \text{s}^2/\text{cm}^2$$

必须指出的是:计算观测值的权时,由于测角中误差以 s 为单位,将测角中误差作为单位权中误差。此时,为了使边长观测值的权与角度观测值的权不至于相差太大,应注意选择边长中误差的单位。比如,本例若选取边长中误差的单位为 mm,则边长观测值的权为

$$p_D = \frac{\sigma_0^2}{\sigma_D^2} = \frac{2.5^5}{13^2}\ \text{s}^2/\text{mm}^2 = 0.037\ 0\ \text{s}^2/\text{mm}^2$$

可见,这样就使得边长观测值的权与角度观测值的权相差太大,便不合适,故本例取边长观测值中误差的单位为 cm。另外,还必须使所取观测值中误差的单位与条件方程式改正数的

表4-9 条件方程式系数和闭合差计算

点　号	边长观测值 /m	近似方位角	cos α^0	sin α^0	近似坐标 x^0 /m
B		161°44′07.2″			
1(A)	1 474.444	67°14′28.3″	0.386 85	0.922 14	187 396.252
2	1 424.717	141°47′00.5″	−0.785 68	0.618 64	187 966.641
3	1 749.322	92°51′33.8″	−0.049 89	0.998 75	186 847.269
4	1 950.412	185°11′53.8″	−0.995 89	−0.090 60	186 760.004
5(C)		249°30′23.8″			184 817.615
D					

点　号	近似坐标 y^0 /m	$-\dfrac{y_5^0 - y_i^0}{2\,062.65}$	$\dfrac{x_5^0 - x_i^0}{2\,062.65}$	$-\dfrac{y_3^0 - y_i^0}{2\,062.65}$	$\dfrac{x_3^0 - x_i^0}{2\,062.65}$
B					
1(A)	5 530.009	−1.847 9	−1.250 2	−1.086 5	−0.266 1
2	6 889.653	−1.188 7	−1.526 7	−0.427 3	−0.542 7
3	7 771.040	−0.761 4	−0.984 5		
4	9 518.175	+0.085 7	−0.941 7		
5(C)	9 341.468				
D					

单位和闭合差的单位相一致。例如,若取测角中误差的单位为 s,则条件方程式中角度改正数和坐标方位角条件式闭合差的单位也应为 s;若取测边中误差的单位为 mm,条件方程式中边长观测值的改正数及坐标闭合差的单位也必须以 mm 为单位。至于坐标值的单位,应以计算方便为原则,可取 m 为单位,也可取 km 为单位,只是此时应注意 ρ 的取值。

⑤法方程式的组成和解算

组成法方程为

$$
\begin{pmatrix}
5.000\,0 & -3.713\,2 & -4.719\,3 \\
-3.713\,2 & 5.890\,4 & 4.768\,5 \\
-4.719\,3 & 4.768\,5 & 6.385\,2
\end{pmatrix}
\begin{pmatrix}
k_a \\ k_b \\ k_c
\end{pmatrix}
+
\begin{pmatrix}
-4.1 \\ 1.0 \\ -1.4
\end{pmatrix}
=
\begin{pmatrix}
0 \\ 0 \\ 0
\end{pmatrix}
$$

求得

$$
\begin{pmatrix}
k_a \\ k_b \\ k_c
\end{pmatrix}
=
\begin{pmatrix}
3.320 \\ -0.609 \\ 3.128
\end{pmatrix}
$$

⑥计算导线点的坐标平差值

首先将联系数代入改正数方程。求出观测值改正数,其计算结果见表4-10。然后再计算角度和边长平差值,将结果填入表4-11中,最后根据这些平差值计算导线点坐标平差值,见表4-11中。计算到最后若有残差,应该进行分配。

表 4-10　条件方程式和权函数式系数

点号 边号	条件方程式			权函数式		$\dfrac{1}{P}$	改正数	平差值
	a	b	C	f_{x_3}	f_{y_3}			
1	1	-1.8479	-1.2502	-1.0865	-0.2661	1	0.53″	85°30′21.6″
2	1	-1.1887	-1.5267	-0.4273	-0.5427	1	-0.73″	254°32′31.5″
3	1	-0.7614	-0.9845			1	0.71″	131°04′34.0″
4	1	$+0.0867$	-0.9417			1	0.27″	272°20′20.5″
5	1					1	3.32″	244°18′33.3″
D_1		0.3868	0.9221	0.3868	0.9221	0.27	0.72	1 474.451
D_2		-0.7857	0.6186	-0.7857	0.6186	0.27	0.66	1 424.724
D_3		-0.0499	0.9988			0.27	0.86	1 749.331
D_4		-0.9959	-0.0906			0.27	0.24	1 950.415
$\sum$	5	-5.1570	-2.2704	-1.9127	0.7319			
w	-4.1″	1.0 cm	-1.4 cm					

表 4-11　导线平差值计算表

点　号	边长平差值 /m	坐标方位角平差值	坐标平差值/m	
			x	y
1(A)	1 474.451	67°14′28.8″	187 396.252	29 505 530.009
2	1 424.724	141°47′00.3″	187 966.644	29 506 889.663
3	1 749.331	92°51′34.3″	186 847.270	29 507 771.048
4	1 950.415	185°11′54.6″	186 759.999	29 509 518.201
5(B)			184 817.605	29 509 341.482

⑦评定精度

a. 单位权中误差

$$\sigma_0 = \pm\sqrt{\dfrac{18.6039}{3}} = \pm 2.49''$$

b. 点位中误差

由权倒数计算式求得 $\dfrac{1}{P_x} = 0.2895$，$\dfrac{1}{P_y} = 0.2905$，则

$$\sigma_{x_3} = \pm 2.49\sqrt{0.2895}\ \text{cm} = \pm 1.3\ \text{cm}$$

$$\sigma_{y_3} = \pm 2.49\sqrt{0.2905}\ \text{cm} = \pm 1.3\ \text{cm}$$

$$\sigma_3 = \pm\sqrt{1.3^2 + 1.3^2}\ \text{cm} = \pm 1.8\ \text{cm}$$

知识能力训练

4-1 条件方程式的个数如何确定？法方程个数是多少？改正数方程的个数是多少？

4-2 条件平差计算平差值的步骤有哪些？

4-3 确定如图 4-41 所示水准网的条件方程式个数。

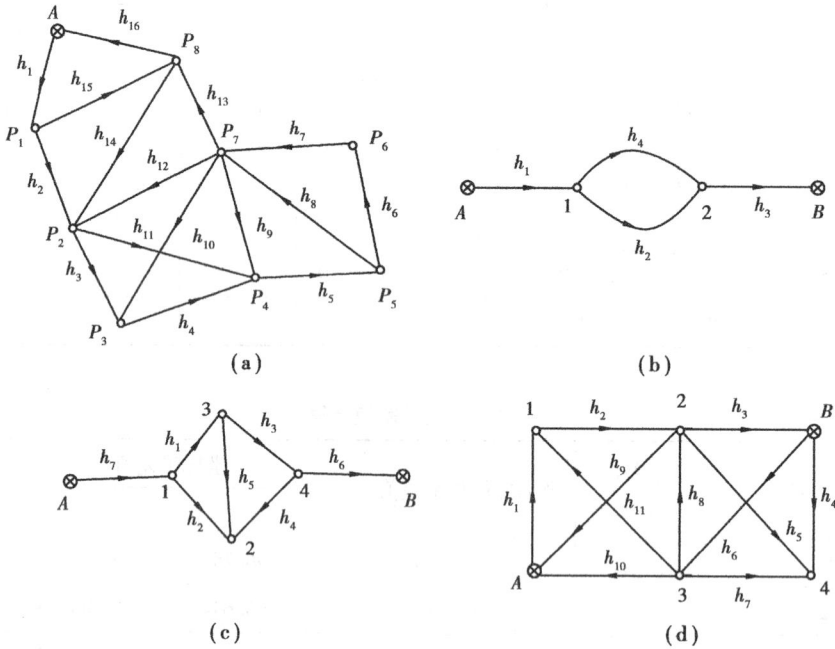

（a）

（b）

（c）

（d）

图 4-41

4-4 试确定如图 4-42 所示三角网的条件方程式的个数。

4-5 如何将非线性条件式线性化？

4-6 化下列非线性条件方程式为线性条件方程式。

① $\dfrac{\sin y_1 \sin y_3 \sin y_5}{\sin y_2 \sin y_4 \sin y_6} = 1$（式中，$y$ 为平差值，详细推导）

② $\dfrac{\sin(1)\sin(3)\sin(5)\sin(7)\sin(9)}{\sin(2)\sin(4)\sin(6)\sin(8)\sin(10)} = 1$（直接列出其线性函数式）

4-7 列出如图 4-43 所示水准网的条件方程式。

已知：$H_A = 4.000$ m，$H_B = 5.000$ m，$H_C = 4.000$ m；

观测高差：$h_1 = 1.359$ m，$h_2 = 2.008$ m，$h_3 = 0.353$ m，$h_4 = 1.000$ m，$h_5 = -0.657$ m，$h_6 = -0.998$ m，$h_7 = 1.357$ m，$h_8 = -0.696$ m，$h_9 = -1.654$ m。

4-8 有水准网如图 4-44 所示，试用条件平差法平差该水准网。求出该平差问题中各未知高程点的高程平差值，并求出 P_4 点高程平差值的中误差。

已知：$H_A = 31.100$ m，$H_B = 34.165$ m，认为无误差。

观测值：$h_1 = +1.001$ m，$s_1 = 1$ km；$h_5 = +0.500$ m，$s_5 = 2$ km；

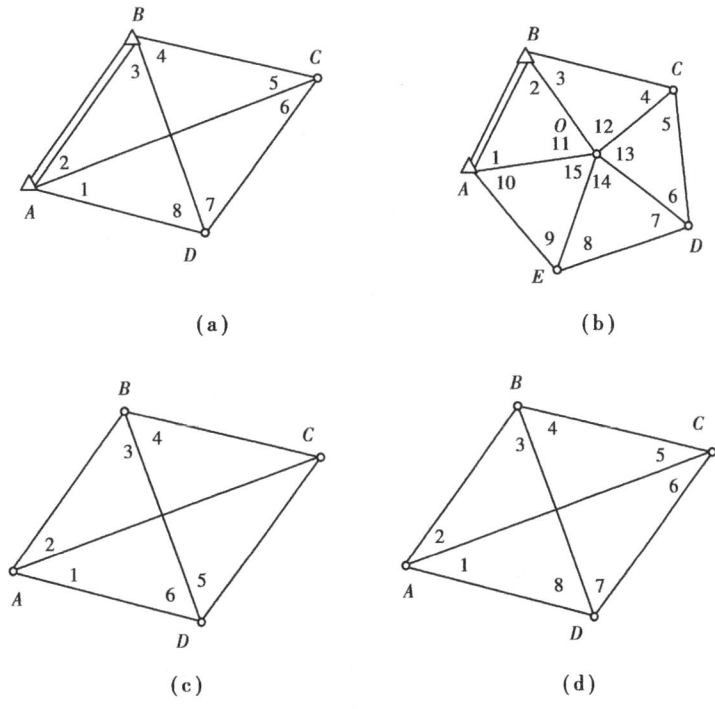

（a）　　　　　　　　　　　　（b）

（c）　　　　　　　　　　　　（d）

图 4-42

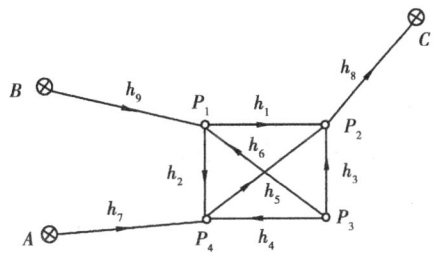

图 4-43

$h_2 = +1.002 \text{ m}, \ s_2 = 2 \text{ km}; h_6 = +0.560 \text{ m}, \ s_6 = 2 \text{ km};$

$h_3 = +0.060 \text{ m}, \ s_3 = 2 \text{ km}; h_7 = +0.504 \text{ m}, \ s_7 = 2.5 \text{ km};$

$h_4 = +1.000 \text{ m}, s_4 = 1 \text{ km}; \ h_8 = +1.064 \text{ m}, \ s_8 = 2.5 \text{ km}。$

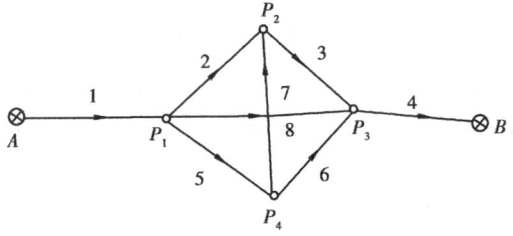

图 4-44

4-9　设有等精度观测的条件方程式为

$$\begin{cases} v_1 - v_2 + v_3 & + 2 = 0 \\ & + v_3 + v_4 & + v_7 + 1 = 0 \\ & + v_2 & + v_5 + v_6 + v_7 - 1 = 0 \end{cases}$$

试组成法方程。

4-10 设有条件方程为

$$\begin{cases} 1.00v_1 - 1.00v_2 & + 1.00v_5 & + 1.0v_7 - 1.00v_8 + 4.2 = 0 \\ 2.15v_1 - 3.26v_2 & + 0.79v_4 - 0.21v_5 + 1.6v_6 & - 2.32v_8 + 13.6 = 0 \\ 1.70v_1 + 2.31v_2 + 0.82v_3 & - 1.79v_5 & + 3.46v_7 + 1.56v_8 + 21.5 = 0 \end{cases}$$

各观测值的权倒数为

$$\frac{1}{p_1} = 0.61 \qquad \frac{1}{p_2} = 2.13 \qquad \frac{1}{p_3} = 1.78 \qquad \frac{1}{p_4} = 0.89$$

$$\frac{1}{p_5} = 1.44 \qquad \frac{1}{p_6} = 1.50 \qquad \frac{1}{p_7} = 2.57 \qquad \frac{1}{p_8} = 1.36$$

试组成法方程。

4-11 设某水准网有 4 个条件方程为

$$\begin{cases} v_2 & - v_5 & - v_7 & - 2 = 0 \\ v_3 & - v_6 + v_7 & + 4 = 0 \\ & - v_5 - v_6 & + v_8 + 4 = 0 \\ v_1 & + v_4 & + v_8 + 0 = 0 \end{cases}$$

各水准路线长为

$$s_1 = 1 \text{ km} \qquad s_2 = 2 \text{ km} \qquad s_3 = 2 \text{ km} \qquad s_4 = 1 \text{ km} \qquad s_5 = 2 \text{ km}$$

$$s_6 = 2 \text{ km} \qquad s_7 = 2.5 \text{ km} \qquad s_8 = 2.5 \text{ km}$$

设以 1 千米水准路线高差为单位权观测,试组成法方程。

4-12 解算下列法方程:

$$\left. \begin{array}{l} 3k_a + 2k_b + k_c - 14.00 = 0 \\ 2k_a + 4k_b + 2k_c - 20.00 = 0 \\ k_a + 2k_b + 3k_c - 14.00 = 0 \end{array} \right\}$$

4-13 解算下列法方程:

$$\left. \begin{array}{l} 12.00k_a + 2.00k_b - 8.00k_c - 9.34k_d - 0.87 = 0 \\ 2.00k_a + 12.00k_b + 2.00k_c - 3.56k_d - 1.12 = 0 \\ -8.00k_a + 2.00k_b + 12.00k_c + 9.59k_d + 0.41 = 0 \\ -9.34k_a - 3.56k_b + 9.59k_c + 196.81k_d + 7.00 = 0 \end{array} \right\}$$

4-14 条件平差最或然值如何求得? 如何将平差值的函数化成直接观测值的函数? 为什么要进行这种转化?

4-15 条件平差计算 $[pvv]$ 有几种计算方法?

4-16 条件平差时如何计算单位权中误差和平差值函数中误差?

4-17 何谓权函数式? 它有什么作用?

4-18 如何计算平差值函数的中误差?

4-19　如图 4-45 所示的水准网,测得各点间的高差为

$h_1 = 1.357$ m,$h_2 = 2.008$ m,$h_3 = 0.353$ m,$h_4 = 1.000$ m,$h_5 = -0.657$ m,$s_1 = s_2 = s_3 = s_4 = 1$ km,$s_5 = 2$ km。

设以 1 千米观测高差的权为单位权。试求:

(1)平差后 A、B 两点间高差的权倒数;

(2)平差后 A、C 两点间高差的权倒数。

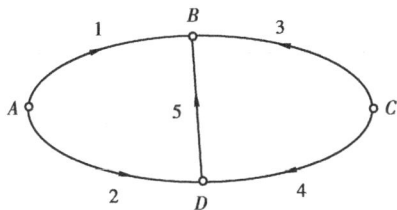

图 4-45

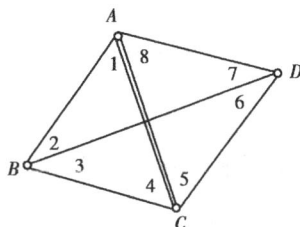

图 4-46

4-20　如图 4-46 所示的三角网,经观测得各角度值如下:

$L_1 = 63°14'25''$　　　　　$L_2 = 23°28'50''$

$L_3 = 23°31''29''$　　　　　$L_4 = 69°45'15''$

$L_5 = 61°40'57''$　　　　　$L_6 = 25°02'19''$

$L_7 = 27°24'09''$　　　　　$L_8 = 65°52'35''$

试列出差后 BD 边的权函数式。

4-21　今测得如图 4-47 所示三角网中的各角的值如下:

$L_1 = 61°07'57''$　　　　　$L_2 = 38°28'37''$

$L_3 = 38°22'21''$　　　　　$L_4 = 42°01'15''$

$L_5 = 29°14'35''$　　　　　$L_6 = 70°22'00''$

$L_7 = 49°26'16''$　　　　　$L_8 = 30°57'02''$

试求:

①平差后角 A 的中误差;

②平差后从 AB 边推算 CD 边边长的相对中误差。

4-22　有独立测边网如图 4-48 所示,边长观测值见表 4-12 中,试按条件平差法求出边长改正数的值和边长平差值。

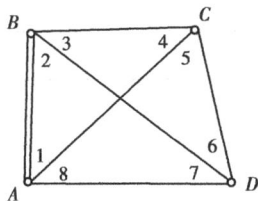

图 4-47

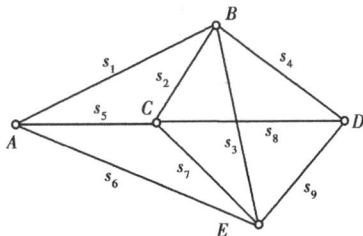

图 4-48

表 4-12　测边网观测值表

边　号	边长观测值/m	边　号	边长观测值/m
1	3 110. 398	6	3 813. 557
2	2 004. 401	7	2 526. 140
3	3 921. 397	8	3 588. 582
4	3 608. 712	9	2 540. 378
5	1 712. 624		

4-23　用条件平差法计算如图 4-49 所示附合导线,已知数见表 4-13,观测值见表 4-14。求各导线点坐标平差值并评定第 3 点的精度($\sigma_\beta = \pm 2.5''$;$\sigma_D = \pm (2 + 5 \times D \text{ km}) \text{mm}$)。

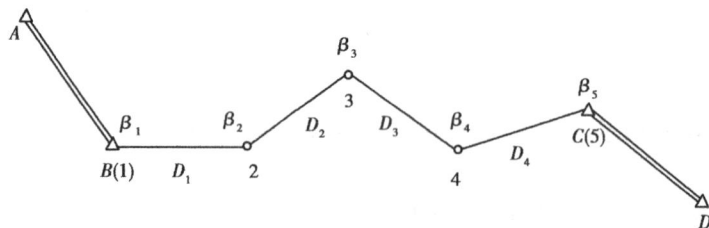

图 4-49

表 4-13　导线已知数据表

点　号	x/m	y/m	方位角	方　向
B	3 358 992. 328	68 225. 416	168°51′06. 3″	AB
C	3 351 256. 016	80 090. 289	184°09′55. 6″	CD

表 4-14　观测值表

点　号	角度观测值	边　号	边长观测值	Δx	Δy
1	167°43′17. 5″	D_1	2 555. 539		
2	130°47′41. 7″	D_2	4 409. 385		
3	197°18′17. 5″	D_3	3 038. 541		
4	174°51′42. 9″	D_4	4 760. 178		
5	244°37′49. 1″				

学习情境 **5**

间接平差

教学内容

主要介绍按间接平差法对测量数据进行处理的基本原理、方法和平差计算的步骤以及间接平差法误差方程式的列立与精度评定;同时,通过对多个测量平差问题的平差计算,全面展现了按间接平差法处理不同种类测量问题的步骤和方法。

知识目标

能正确陈述间接平差的原理和平差计算的步骤;能正确陈述误差方程式列立时独立未知数个数、误差方程的个数的确定方法以及误差方程式的最后形式;能正确陈述评定精度的内容、方法步骤。

技能目标

能利用间接平差法对高程网、平面控制网进行平差计算。

学习导入

间接平差和条件平差一样,也是按最小二乘的原理对测量中的观测数据进行处理的一种主要方法,但由于所用的数学原理与条件平差不一样,因此,间接平差的整个平差计算方法、过程和步骤与条件平差自然也就不同。

对测量问题按间接平差法进行平差计算,要搞清楚各种平差问题误差方程式的列立的特点、方法;由误差方程式组成法方程式并解算法方程式的方法,并可与条件平差法中的法方程式进行对比,找出其异同以利于对知识的掌握;对间接平差中的精度评定内容、方法也是和条件平差有区别的。未知数函数权倒数的计算也是间接平差评定精度的重要内容,在搞清楚方法的同时,对法方程系数阵的逆阵的计算和它的作用也要充分理解。

从用手算的工作量来说,条件平差和间接平差针对不同的平差问题是有选择的。从编程用计算机计算方面讲,现在平差计算中用两种方法所编的程序都有,故对于学习者来说,要从事测量工作,掌握间接平差的原理、方法和步骤也是非常重要的。

子情境 1　间接平差原理

一、间接平差问题引入

间接平差是针对具体平差问题,通过选择一定数量的未知数,将每个观测量的观测值加改正数分别表达成所选未知数的函数,再根据最小二乘原理,用求自由极值的方法解出未知数的最或然值,从而求得各观测量的平差值,并由此达到消除观测值之间的不符值的目的。

在间接平差中,若设未知数的个数为 t,观测值的个数为 n,当 $n = t$ 时,一般情况下 n 个观测值可确定 t 个未知数,这时无多余观测,也就不存在平差问题;而当 $n > t$ 时,有了多余观测,平差值之间也就产生了矛盾,便需要进行平差计算,以消除不符值。

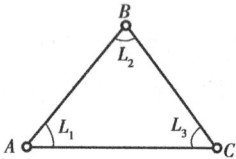

下面以一个简单例子来说明间接平差法的基本方法。

如图 5-1 所示为一平面三角形,等精度观测 3 个内角的值为

$$L_1 = 39°23'40''$$
$$L_2 = 88°33'06''$$
$$L_3 = 52°03'17''$$

图 5-1

按间接平差法求这 3 个角度的平差值。

对于平面三角形而言,确定其形状需要两个内角,因而必要观测数 $t = 2$,现选择两个独立观测量的平差值 $\hat{L}_1$、$\hat{L}_2$ 作为未知数并分别用 x_1、x_2 表示,观测量的平差值 $\hat{L}_i$ 与未知数 x 之间则存在如下函数关系,即

$$\left. \begin{aligned} \hat{L}_1 &= L_1 + v_1 = x_1 \\ \hat{L}_2 &= L_2 + v_2 = x_2 \\ \hat{L}_3 &= L_3 + v_3 = -x_1 - x_2 + 180° \end{aligned} \right\} \tag{5-1}$$

式(5-1)称为平差值方程。将式(5-1)稍加变形,可得

$$\left. \begin{aligned} v_1 &= x_1 - L_1 \\ v_2 &= x_2 - L_2 \\ v_3 &= -x_1 - x_2 + 180° - L_3 \end{aligned} \right\} \tag{5-2}$$

式(5-2)称为误差方程式。当式(5-2)中的一组未知数 x_1、x_2 确定后,与其对应的一组改正数 v 值即可确定。从式(5-2)中可知,对于任意的一组未知数,都可求得一组观测值改正数。只要求得了一组改正数,该平差问题中观测值之间的矛盾也就消除了。由此,虽然可以消除观测值之间的矛盾,但是,可以理解,随着未知数取值的不同,改正数的值也就不同,这样就使得式(5-2)的解是不定的,从而也就使得观测量的平差值是不定的。根据平差的第二原则,所求得的改正数 v 应满足 $[pv v] = $ 最小(此例中观测值是等精度的,故要求 $[vv] = $ 最小),符合这样要求的改正数才是平差结果所需要的改正数。间接平差也正是从这一点出发去求改正数的值

114

的。为此,组成新函数,即

$$[vv] = (x_1 - L_1)^2 + (x_2 - L_2)^2 + (-x_1 - x_2 + 180° - L_3)^2$$

从上式可知,$[vv]$ 是未知数的函数。

要使 $[vv]$ = 最小,必须按数学中求自由极值的原理对函数求极值。为此,将函数对各未知数求偏导数并令其为零,即

$$\left.\begin{array}{l} \dfrac{\partial[vv]}{\partial x_1} = 2(x_1 - L_1) - 2(-x_1 - x_2 + 180° - L_3) = 0 \\ \dfrac{\partial[vv]}{\partial x_2} = 2(x_2 - L_2) - 2(-x_1 - x_2 + 180° - L_3) = 0 \end{array}\right\} \tag{5-3}$$

将式(5-3)整理后得

$$\left.\begin{array}{l} 2x_1 + x_2 - L_1 + L_3 - 180° = 0 \\ x_1 + 2x_2 - L_2 + L_3 - 180° = 0 \end{array}\right\} \tag{5-4}$$

式(5-4)称为法方程式,其个数等于未知数的个数 t。解算此方程式,得未知数的值为

$$x_1 = 39°23'39'' \qquad x_2 = 88°33'05''$$

将未知数 x_1、x_2 的值代入式(5-2)中,求得观测值改正数的值为

$$\left.\begin{array}{l} v_1 = -1'' \\ v_2 = -1'' \\ v_3 = -1'' \end{array}\right\}$$

改正数加上相应的观测值即得到观测量的平差值为

$$\left.\begin{array}{l} \hat{L}_1 = L_1 + v_1 = 39°23'39'' \\ \hat{L}_2 = L_2 + v_2 = 88°33'05'' \\ \hat{L}_3 = L_3 + v_3 = 52°03'16'' \end{array}\right\}$$

至此,即完成了按间接平差法求最或然值的工作。

综上所述,间接平差的原理是:针对具体的平差问题,选择 t 个未知数,将每个观测值加上改正数都表达为所选未知数的函数,即列出 n 个平差值方程式,再将其转化成误差方程式,然后按求自由极值的方法解出使"$[pvv]$ = 最小"的 t 个未知数的值,进而求出观测量的最或然值。

二、间接平差原理

下面根据一般情况来推求平差问题按间接平差计算中的基本公式。设 n 个平差值方程为

$$\left.\begin{array}{l} L_1 + v_1 = a_1 x_1 + b_1 x_2 + \cdots + t_1 x_t + d_1 \\ L_2 + v_2 = a_2 x_1 + b_2 x_2 + \cdots + t_2 x_t + d_2 \\ \vdots \\ L_n + v_n = a_n x_1 + b_n x_2 + \cdots + t_n x_t + d_n \end{array}\right\} \tag{5-5}$$

式中,L_i 为观测值,d_i 为方程的常数。将式(5-5)中左端的观测值移至等式的右端,并令

$$l_i = d_i - L_i \qquad (i = 1,2,\cdots,n)$$

则得误差方程的一般形式为

$$
\left.
\begin{aligned}
v_1 &= a_1 x_1 + b_1 x_2 + \cdots + t_1 x_t + l_1 \\
v_2 &= a_2 x_1 + b_2 x_2 + \cdots + t_2 x_t + l_2 \\
&\qquad\qquad\qquad \vdots \\
v_n &= a_n x_1 + b_n x_2 + \cdots + t_n x_t + l_n
\end{aligned}
\right\}
\tag{5-6}
$$

将式(5-6)用矩阵形式表达为

$$
V = BX + l \tag{5-7}
$$

式中

$$
V_{n\times 1} = \begin{pmatrix} v_1 \\ v_2 \\ \vdots \\ v_n \end{pmatrix}, X_{t\times 1} = \begin{pmatrix} x_1 \\ x_2 \\ \vdots \\ x_t \end{pmatrix}, l_{n\times 1} = \begin{pmatrix} l_1 \\ l_2 \\ \vdots \\ l_n \end{pmatrix}, B_{n\times t} = \begin{pmatrix} a_1 & b_1 & \cdots & t_1 \\ a_2 & b_2 & \cdots & t_2 \\ \vdots & \vdots & & \vdots \\ a_n & b_n & \cdots & t_n \end{pmatrix}
$$

根据最小二乘原理,式(5-7)中的未知数必须能使 $[pvv] = V^{\mathrm{T}} P V = $ 最小,其中 P 为观测值的权阵,当 L 为独立观测值时,P 是对角阵,即

$$
P_{n\times n} = \begin{pmatrix} p_1 & 0 & \cdots & 0 \\ 0 & p_2 & \cdots & 0 \\ \vdots & \vdots & & \vdots \\ 0 & 0 & \cdots & p_n \end{pmatrix}
$$

根据平差的第二原则,组成 $[pvv]$ 并按数学中的方法求极值以确定未知数 X 的值,即使

$$
\frac{\partial V^{\mathrm{T}} P V}{\partial X} = 2 V^{\mathrm{T}} P \frac{\partial V}{\partial X} = 2 V^{\mathrm{T}} P B = 0
$$

将上式转置后得

$$
\underset{t\times n}{B^{\mathrm{T}}} \underset{n\times n}{P} \underset{n\times 1}{V} = 0 \tag{5-8}
$$

式(5-7)和式(5-8)中的未知数是 n 个改正数 v 和 t 个未知数 x,这 $n+t$ 个方程是间接平差中改正数 v 和未知数 x 的基础方程组。解算此方程组的方法是:将式(5-7)代入式(5-8)消去改正数得

$$
B^{\mathrm{T}} P B X + B^{\mathrm{T}} P l = 0 \tag{5-9}
$$

式(5-9)就是用以解算未知数的法方程式,令

$$
\underset{t\times t}{N_{bb}} = \underset{t\times n}{B^{\mathrm{T}}} \underset{n\times n}{P} \underset{n\times t}{B} \tag{5-10}
$$

$$
\underset{tr\times 1}{W} = \underset{t\times n}{B^{\mathrm{T}}} \underset{n\times n}{P} \underset{n\times 1}{l} \tag{5-11}
$$

则法方程式变为

$$
N_{bb} X + W = 0 \tag{5-12}
$$

根据式(5-12),则得未知数的解为

$$
X = - N_{bb}^{-1} W \tag{5-13}
$$

或者

$$
X = - (B^{\mathrm{T}} P B)^{-1} B^{\mathrm{T}} P l \tag{5-14}
$$

将式(5-14)代入式(5-7)可求得改正数的值,再将改正数加上观测值就得到观测量的平差值。

116

三、按间接平差法计算平差值的计算步骤

①根据平差问题的性质,确定必要观测的个数 t,并选定 t 个独立量作为未知数。

②将每个观测量的平差值表达成未知数的函数,即列出平差值方程式(5-5),并将其转化为误差方程式(5-6)。

③由误差方程式系数、常数项和观测值的权组成法方程式(5-9),法方程式的个数等于未知数的个数 t。

④解算法方程式,求出未知数 x 的值。

⑤将求出的未知数代入误差方程式(5-6),求得观测值改正数 v_i 的值,最后将观测值加上相应改正数得到观测量的平差值。

例 5-1 如图 5-2 所示的水准网,已知水准点 A 的高程为 $H_A =57.485$ m,经观测得到各条路线的观测高差及水准路线长度如表 5-1 所示,试按间接平差求出水准点 B、C、D 的高程平差值。

表 5-1 高差观测值表

水准路线	观测高差/m	水准路线长度/km
1	5.835	3.5
2	3.782	2.7
3	9.640	4.0
4	7.384	3.0
5	2.270	2.5

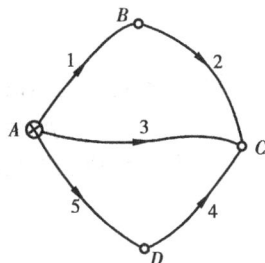

图 5-2

解 ①确定必要观测个数 t

根据题意得本平差问题的必要观测个数 $t=3$。在此选定未知高程点 B、C、D 的高程最或然值作为未知数,并设其分别为 x_1、x_2、x_3。

②列出误差方程式

列出 5 个平差值方程式为

$$\begin{cases} L_1 + v_1 = x_1 \quad\quad\quad\quad - H_A \\ L_2 + v_2 = -x_1 + x_2 \\ L_3 + v_3 = \quad\quad + x_2 \quad - H_A \\ L_4 + v_4 = \quad\quad + x_2 - x_3 \\ L_5 + v_5 = \quad\quad\quad\quad + x_3 - H_A \end{cases}$$

将以上平差值方程式转化为误差方程式,即

$$\left.\begin{aligned} v_1 &= x_1 \quad\quad\quad\quad - H_A - L_1 \\ v_2 &= -x_1 + x_2 \quad\quad - L_2 \\ v_3 &= \quad\quad + x_2 \quad - H_A - L_3 \\ v_4 &= \quad\quad + x_2 - x_3 - L_4 \\ v_5 &= + x_3 \quad\quad - H_A - L_5 \end{aligned}\right\}$$

将观测高差和已知点高程代入上式中,即可计算出误差方程式的常数项,这些常数项将具有 5~6 位数字,这对后面的计算十分不便,为了计算上的方便,可采用引入未知数的近似值的方法,可使误差方程式的常数项的数字位数大为减少。为此,令

117

$$x_1 = x_1^0 + \delta_{x_1} \qquad x_1^0 = H_A + L_1$$
$$x_2 = x_2^0 + \delta_{x_2} \qquad x_2^0 = H_A + L_3$$
$$x_3 = x_3^0 + \delta_{x_3} \qquad x_3^0 = H_A + L_5$$

将上式代入误差方程式,得

$$\left.\begin{array}{l} v_1 = \delta_{x_1} \qquad\qquad\quad\; + 0 \\ v_2 = -\delta_{x_1} + \delta_{x_2} \qquad + 23 \\ v_3 = \qquad\quad \delta_{x_2} \qquad + 0 \\ v_4 = \qquad\quad \delta_{x_2} - \delta_{x_3} - 14 \\ v_5 = \qquad\qquad\quad + \delta_{x_3} + 0 \end{array}\right\}$$

③定权,组成法方程式

取 10 km 路线长的观测高差为单位权观测,即 $C = 10$,则按

$$p_i = \frac{C}{s_i} = \frac{10}{s_i}$$

定权,得各观测高差的权分别为

$$p_1 = 2.9, p_2 = 3.7, p_3 = 2.5, p_4 = 3.3, p_5 = 4.0$$

按式(5-9)组成法方程式为

$$\left.\begin{array}{l} 6.6\delta_{x_1} - 3.7\delta_{x_2} \qquad\qquad - 85.1 = 0 \\ -3.7\delta_{x_1} + 9.5\delta_{x_2} - 3.3\delta_{x_3} + 38.9 = 0 \\ \qquad\quad -3.3\delta_{x_2} + 7.3\delta_{x_3} + 46.2 = 0 \end{array}\right\}$$

④解算法方程,得未知数的值

$$\delta_{x_1} = 11.75 \text{ mm}, \delta_{x_2} = -2.04 \text{ mm}, \delta_{x_3} = -7.25 \text{ mm}$$

⑤计算改正数和平差值

将未知数的值代入误差方程式求得改正数为

$$v_1 = 12 \text{ mm}, v_2 = 9 \text{ mm}, v_3 = -2 \text{ mm}, v_4 = -9 \text{ mm}, v_5 = -7 \text{ mm}$$

将改正数加上相应的观测值后得各观测路线高差的平差值,即

$$\hat{L}_1 = 5.847 \text{ m}, \hat{L}_2 = 3.791 \text{ m}, \hat{L}_3 = 9.638 \text{ m}$$
$$\hat{L}_4 = 7.375 \text{ m}, \hat{L}_5 = 2.263 \text{ m}$$

将未知数近似值加上法方程所解出的未知数的值后,便可计算出各未知高程点高程平差值为

$$\hat{H}_B = x_1 = x_1^0 + \delta_{x_1} = 63.330 \text{ m}$$
$$\hat{H}_C = x_2 = x_2^0 + \delta_{x_2} = 67.121 \text{ m}$$
$$\hat{H}_D = x_3 = x_3^0 + \delta_{x_3} = 59.746 \text{ m}$$

子情境 2　误差方程

按间接平差法进行平差计算,首先要列出误差方程式。为此,需要确定平差问题中未知数的个数,以及怎样选择未知数;然后要涉及平差值方程的列出,并如何将其转化为误差方程式,如何

引入未知数的近似值而得到误差方程式的最后形式。下面将就这些问题具体进行讨论。

一、未知数个数的确定与选择

间接平差中,未知数个数就等于必要观测的个数 t,而必要观测个数的确定方法在条件平差法中进行了较为详细的讨论,在此不再赘述。

间接平差中未知数的选择并不是唯一的,一个平差问题中未知数是有多种选择的。到底应该怎样选择未知数? 应该遵循以下 3 个原则:

①所选未知数的个数一定要等于必要观测个数 t,不能多,也不能少。

②所选定的未知数相互之间不应存在函数关系,即所选未知数应是独立的。当然要注意所选择的未知数应便于判断其是否独立。

在对水准网平差时,选择网中未知点的高程平差值作为未知数一定是相互独立的;三角形网平差时,选择未知点的平面坐标的平差值为未知数也一定是独立的;同样,导线平差,选择未知点的平面坐标平差值为未知数也是独立的。

③所选定的未知数应方便于平差计算,即应能较方便地列出误差方程式,或者列出的误差方程式应相对简单。

如图 5-2 所示的水准网,其必要观测数 $t=3$,这 3 个未知数有多种选择方法。既可以选择未知高程点的高程平差值作为未知数,也可以选择观测高差的平差值作为未知数。

若选择未知高程点高程平差值作为未知数,则不必考虑未知数相互之间的独立性,因为这样选择的结果是:未知数之间必然是独立的。

但是,若选择观测高差的平差值作为未知数时,一定要注意其独立性,即要选择相互之间不存在函数关系的量作为未知数。例如,可以选择以下任一组未知数,因组内各量相互间不存在函数关系

$$(1)\begin{cases}x_1=\hat{L}_1\\x_2=\hat{L}_3\\x_3=\hat{L}_5\end{cases}\quad(2)\begin{cases}x_1=\hat{L}_1\\x_2=\hat{L}_3\\x_3=\hat{L}_4\end{cases}\quad(3)\begin{cases}x_1=\hat{L}_2\\x_2=\hat{L}_4\\x_3=\hat{L}_5\end{cases}\quad(4)\begin{cases}x_1=\hat{L}_2\\x_2=\hat{L}_3\\x_3=\hat{L}_5\end{cases}$$

但不能选择以下的任一组未知数

$$(5)\begin{cases}x_1=\hat{L}_1\\x_2=\hat{L}_2\\x_3=\hat{L}_3\end{cases}\quad(6)\begin{cases}x_1=\hat{L}_3\\x_2=\hat{L}_4\\x_3=\hat{L}_5\end{cases}$$

因为从图 5-2 中可知,第(5)组未知数相互之间存在下列函数关系,即

$$x_1+x_2-x_3=0$$

而第(6)组未知数相互之间存在下列函数关系,即

$$x_1-x_2-x_3=0$$

即在这两组未知数中只要求得一组中任意两个未知数,则可按上述的函数关系式算得该组中第 3 个未知数,也就说明了第 3 个未知数与前两个未知数之间不独立。因而,选择这样的未知数从表面上看是 3 个未知数,实际上却只有两个,其结果是:平差以

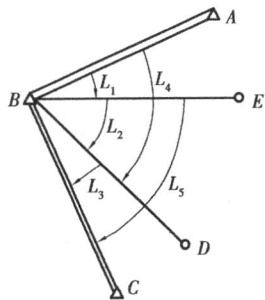

图 5-3

后仍不能消除矛盾。

如图 5-3 所示, ABC 为一固定角, BD 和 BE 为两个未知方向边,根据题意,该平差问题应选择两个未知数,则可选择

$$①\begin{cases} x_1 = \hat{L}_1 \\ x_2 = \hat{L}_2 \end{cases} \quad ②\begin{cases} x_1 = \hat{L}_1 \\ x_2 = \hat{L}_4 \end{cases} \quad ③\begin{cases} x_1 = \hat{L}_4 \\ x_2 = \hat{L}_5 \end{cases} \quad ④\begin{cases} x_1 = \hat{L}_1 \\ x_2 = \hat{L}_3 \end{cases}$$

这 4 组中的任意一组都可以,但不能选择以下的任一组未知数

$$⑤\begin{cases} x_1 = \hat{L}_3 \\ x_2 = \hat{L}_4 \end{cases} \quad ⑥\begin{cases} x_1 = \hat{L}_1 \\ x_2 = \hat{L}_5 \end{cases}$$

因为在⑤和⑥中都存在如下函数关系,即

$$x_1 + x_2 = \angle ABC$$

从上面两个例子可知,采用间接平差应选取刚好足数而又函数独立的一组量作为未知数,而在实际平差问题中,可供选择的独立未知数组合较多,至于究竟选取哪些量作为未知数,则可根据具体问题和是否便于计算而定。

二、误差方程式的列出

1. 误差方程的一般列法及最后形式

当一个平差问题的未知数被选定后,要列立误差方程式,首先要列出平差值方程式,再将平差值方程转化为误差方程式。平差值方程的列立方法是:根据平差问题的图形及其中各量之间的关系,将观测量的平差值(观测值加上改正数)表达成未知数的函数。要将平差值方程转化为误差方程式,只需将平差值方程中左端的观测值移到等式的右端即可。

(1)线性的误差方程式

根据不同的平差问题,所列出的平差值方程式的初始形式有线性方程和非线性方程两种。线性形式的平差值方程一般可写为

$$L_i + v_i = a_i x_1 + b_i x_2 + \cdots + t_i x_t + d_i \quad (i = 1, 2, \cdots, n) \tag{5-15}$$

在此基础上,只需将平差值方程中左端的观测值移到右端就是误差方程式,即

$$v_i = a_i x_1 + b_i x_2 + \cdots + t_i x_t + d_i - L_i \quad (i = 1, 2, \cdots, n)$$

此误差方程式是线性的,不需要再将其线性化。但这还不是误差方程式的最后形式,为了后续计算的方便,还要将未知数引入近似值,即将 $x_i = x_i^0 + \delta_{x_i}$ 代入上面的误差方程式,并经整理后得到误差方程式的最后形式,即

$$v_i = a_i \delta_{x_1} + b_i \delta_{x_2} + \cdots + t_i \delta_{x_t} + l_i \quad (i = 1, 2, \cdots, n) \tag{5-16}$$

式中

$$l_i = a_i x_1^0 + b_i x_2^0 + \cdots + t_i x_t^0 + d_i - L_i$$

(2)非线性误差方程式及其线性化

非线性平差值方程的一般形式为

$$L_i + v_i = f_i(x_1, x_2, \cdots, x_t) \quad (i = 1, 2, \cdots, n) \tag{5-17}$$

将其转化为误差方程式为

$$v_i = f_i(x_1, x_2, \cdots, x_t) - L_i \quad (i = 1, 2, \cdots, n) \tag{5-18}$$

显然,式(5-18)也是非线性的,与条件平差中要将非线性条件式化为线性形式一样,此处的非线性误差方程式也要线性化。方法同样是将其按台劳级数展开并代入近似值计算后,得

$$v_i = \left(\frac{\partial f_i}{\partial x_1}\right)_0 \delta_{x_1} + \left(\frac{\partial f_i}{\partial x_2}\right)_0 \delta_{x_2} + \cdots + \left(\frac{\partial f_i}{\partial x_t}\right)_0 \delta_{x_t} + f_i(x_1^0, x_2^0, \cdots, x_t^0) - L_i \qquad (5\text{-}19)$$

令

$$a_i = \left(\frac{\partial f_i}{\partial x_1}\right)_0, b_i = \left(\frac{\partial f_i}{\partial x_2}\right)_0, \cdots, t_i = \left(\frac{\partial f_i}{\partial x_t}\right)_0$$

$$l_i = f_i(x_1^0, x_2^0, \cdots, x_t^0) - L_i$$

则误差方程式(5-19)变成如下形式，即

$$v_i = a_i \delta_{x_1} + b_i \delta_{x_2} + \cdots + t_i \delta_{x_t} + l_i \qquad (i = 1, 2, \cdots, n) \qquad (5\text{-}20)$$

至此，已将非线性的误差方程式变成了线性方程式(5-20)，这已是误差方程式的最后形式。

式(5-16)与式(5-20)完全一样，它们都是误差方程的最后形式。这就完成了误差方程式的列立工作。最后的误差方程式，用矩阵形式表达为

$$\underset{n\times 1}{V} = \underset{n\times t}{B} \underset{t\times 1}{\delta_X} + \underset{n\times 1}{l}$$

2. 水准网的误差方程

水准网误差方程式中的未知数，可选择未知点的高程平差值，也可选择观测高差的平差值，但最好选择未知点的高程平差值为未知数，一是它们肯定是独立的；二是可以方便计算。若选择观测高差平差值，则一定要判断所选未知数是否独立。注意：对于闭合的水准路线，一定不能将闭合路线上每一段高差的平差值都选为未知数，因为它们相互之间不是独立的。水准网的误差方程式的最后形式，就是将观测高差的改正数表达为所选未知数的函数，并引入近似值后的形式。下面以具体的水准网例子来说明误差方程式的列立方法。

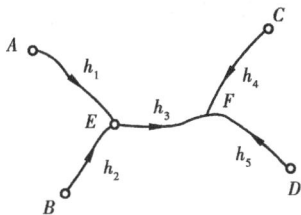

图 5-4

例 5-2　如图 5-4 所示，水准网中共观测了 5 条水准路线，其中 A、B、C、D 为已知水准点，其余为未知高程点，已知点高程及各条路线观测高差如下：

$$H_A = 5.000 \text{ m}, H_B = 3.953 \text{ m}, H_C = 7.650 \text{ m}, H_D = 4.852 \text{ m}$$

$$h_1 = 3.452 \text{ m}, h_2 = 4.501 \text{ m}, h_3 = -0.121 \text{ m}, h_4 = 0.683 \text{ m}, h_5 = 3.482 \text{ m}$$

试列出误差方程式。

解　本题中，必要观测数 $t = 2$，现选择点 E 和 F 两点高程平差值为未知数，即

$$x_1 = \hat{H}_E \qquad x_2 = \hat{H}_F$$

根据图 5-4 列出其平差值方程式为

$$\left.\begin{aligned} h_1 + v_1 &= x_1 & - H_A \\ h_2 + v_2 &= x_1 & - H_B \\ h_3 + v_3 &= -x_1 + x_2 \\ h_4 + v_4 &= x_2 & - H_C \\ h_5 + v_5 &= x_2 & - H_D \end{aligned}\right\}$$

将其转化为误差方程式为

$$\left.\begin{array}{l} v_1 = x_1 \qquad\quad - H_A - h_1 \\ v_2 = x_1 \qquad\quad - H_B - h_2 \\ v_3 = -x_1 + x_2 - h_3 \\ v_4 = \qquad x_2 - H_C - h_4 \\ v_5 = \qquad x_2 - H_D - h_5 \end{array}\right\}$$

引入近似值计算,令

$$\left.\begin{array}{l} x_1 = x_1^0 + \delta_{x_1} = H_A + h_1 + \delta_{x_1} = 8.452 + \delta_{x_1} \\ x_2 = x_2^0 + \delta_{x_2} = H_C + h_4 + \delta_{x_2} = 8.333 + \delta_{x_2} \end{array}\right\}$$

将其代入误差方程式并经整理后得误差方程的最终形式为

$$\left.\begin{array}{l} v_1 = \delta_{x_1} \\ v_2 = \delta_{x_1} \qquad\qquad - 2 \\ v_3 = -\delta_{x_1} + \delta_{x_2} + 2 \\ v_4 = \qquad\quad \delta_{x_2} \\ v_5 = \qquad\quad \delta_{x_2} - 1 \end{array}\right\}$$

式中常数项以 mm 为单位。误差方程式的矩形式为

$$\begin{pmatrix} v_1 \\ v_2 \\ v_3 \\ v_4 \\ v_5 \end{pmatrix} = \begin{pmatrix} 1 & 0 \\ 1 & 0 \\ -1 & 1 \\ 0 & 1 \\ 0 & 1 \end{pmatrix} \begin{pmatrix} \delta_{x_1} \\ \delta_{x_2} \end{pmatrix} + \begin{pmatrix} 0 \\ -2 \\ +2 \\ 0 \\ -1 \end{pmatrix}$$

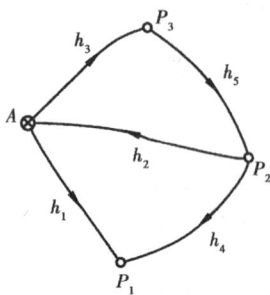

图 5-5

例 5-3 如图 5-5 所示的水准网,其中 A 点为已知水准点,其余为未知水准点。已知 $H_A = 10.000$ m,各观测高差为:$h_1 = 1.015$ m,$h_2 = -12.570$ m,$h_3 = 6.161$ m,$h_4 = -11.563$ m,$h_5 = 6.414$ m,试列出误差方程。

解 本题中,必要观测数 $t = 3$,现选择点 P_1、P_2 和 P_3 点高程平差值为未知数,即

$$x_1 = \hat{H}_{P_1} \qquad x_2 = \hat{H}_{P_2} \qquad x_3 = \hat{H}_{P_3}$$

根据图 5-5 列出该水准网的平差值方程式为

$$\left.\begin{array}{l} h_1 + v_1 = x_1 \qquad\qquad - H_A \\ h_2 + v_2 = \qquad -x_2 \qquad + H_A \\ h_3 + v_3 = \qquad\qquad x_3 - H_A \\ h_4 + v_4 = x_1 - x_2 \\ h_5 + v_5 = \qquad x_2 - x_3 \end{array}\right\}$$

将其转化为误差方程式

$$\left.\begin{array}{l} v_1 = x_1 \qquad\quad - H_A - h_1 \\ v_2 = \quad -x_2 \quad + H_A - h_2 \\ v_3 = \qquad\quad x_3 - H_A - h_3 \\ v_4 = x_1 - x_2 \qquad - h_4 \\ v_5 = \qquad x_2 - x_3 - h_5 \end{array}\right\}$$

引入近似值计算,令

$$\left.\begin{array}{l} x_1 = x_1^0 + \delta_{x_1} = H_A + h_1 + \delta_{x_1} = 11.015 + \delta_{x_1} \\ x_2 = x_2^0 + \delta_{x_2} = H_A - h_2 + \delta_{x_2} = 22.570 + \delta_{x_2} \\ x_3 = x_3^0 + \delta_{x_1} = H_A + h_3 + \delta_{x_3} = 16.161 + \delta_{x_3} \end{array}\right\}$$

将其代入误差方程并经整理后得误差方程的最终形式为

$$\left.\begin{array}{l} v_1 = \delta_{x_1} \\ v_2 = \quad -\delta_{x_2} \\ v_3 = \delta_{x_1} + \quad \delta_{x_3} \\ v_4 = \quad -\delta_{x_2} \qquad 78 \\ v_5 = \qquad \delta_{x_2} - \delta_{x_3} - 5 \end{array}\right\}$$

误差方程式中常数项单位为 mm。方程的矩阵形式为

$$V = \begin{pmatrix} 1 & 0 & 0 \\ 0 & -1 & 0 \\ 1 & 0 & 1 \\ 0 & -1 & 0 \\ 0 & 1 & -1 \end{pmatrix} \begin{pmatrix} \delta_{x_1} \\ \delta_{x_2} \\ \delta_{x_3} \end{pmatrix} + \begin{pmatrix} 0 \\ 0 \\ 0 \\ 78 \\ -5 \end{pmatrix}$$

从以上两个例子可知,水准网误差方程式的列立比较简单,不论是平差值方程式还是误差方程式,方程的初始形式都是线性的。要得到最后的误差方程形式,只需将未知数引入近似值计算后即可。

3. 测角网的误差方程式

(1)方程的列立及其线性化

如图 5-6 所示为两个方向间的一个角度,其观测值为 L_i。在此平差问题中,设 3 个点的坐标平差值为未知数,3 个点的坐标最或然值分别为 (x_j, y_j),(x_k, y_k),(x_h, y_h)。两条边的坐标方位角最或然值分别为 α_{jk}、α_{jh}。由图5-6可知,角度的平差值可用方位角表示为

$$L_i + v_i = \alpha_{jh} - \alpha_{jk} \qquad (5\text{-}21)$$

将其转化为误差方程式

$$v_i = \alpha_{jh} - \alpha_{jk} - L_i \qquad (5\text{-}22)$$

图中,边的坐标方位角与该边两端点坐标的关系式为

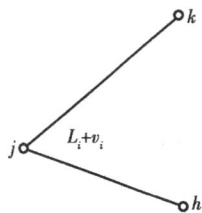

图 5-6

$$\left.\begin{array}{l} \alpha_{jh} = \arctan \dfrac{y_h - y_j}{x_h - x_j} \\[3mm] \alpha_{jk} = \arctan \dfrac{y_k - y_j}{x_k - x_j} \end{array}\right\} \tag{5-23}$$

将式(5-23)代入式(5-22),得

$$v_i = \arctan \frac{y_h - y_j}{x_h - x_j} - \arctan \frac{y_k - y_j}{x_k - x_j} - L_i \tag{5-24}$$

可见式(5-24)是一个非线性误差方程式,须将其线性化。

为了计算简单明了,其线性化的过程可做如此变通:先将两个坐标方位角表达式(5-23)线性化,再将其线性形式代入式(5-22),同样可得到误差方程式的线性形式。为此,将坐标方位角和 j、k、h 3 点坐标引入近似值,即

$$\left.\begin{array}{l} x_j = x_j^0 + \delta_{x_j},\ y_j = y_j^0 + \delta_{y_j} \\[2mm] x_k = x_k^0 + \delta_{x_k},\ y_k = y_k^0 + \delta_{y_k} \\[2mm] x_h = x_h^0 + \delta_{x_h},\ y_h = y_h^0 + \delta_{y_h} \end{array}\right\} \tag{5-25}$$

$$\left.\begin{array}{l} \alpha_{jh} = \alpha_{jh}^0 + \delta_{\alpha_{jh}} = \arctan \dfrac{y_h^0 - y_j^0}{x_h^0 - x_j^0} + \delta_{\alpha_{jh}} \\[4mm] \alpha_{jk} = \alpha_{jk}^0 + \delta_{\alpha_{jk}} = \arctan \dfrac{y_k^0 - y_j^0}{x_k^0 - x_j^0} + \delta_{\alpha_{jk}} \end{array}\right\} \tag{5-26}$$

将式(5-26)中第 1 式按台劳级数展开并取至一次项,得

$$\alpha_{jh} = \alpha_{jh}^0 + \delta_{\alpha_{jh}} = \arctan \frac{y_h^0 - y_j^0}{x_h^0 - x_j^0} + \left(\frac{\partial \alpha_{jh}}{\partial x_j}\right)_0 \delta_{x_j} + \left(\frac{\partial \alpha_{jh}}{\partial y_j}\right)_0 \delta_{y_j} + \left(\frac{\partial \alpha_{jh}}{\partial x_h}\right)_0 \delta_{x_h} + \left(\frac{\partial \alpha_{jh}}{\partial y_h}\right)_0 \delta_{y_h}$$

将上式左右两端比较而得

$$\alpha_{jh}^0 = \arctan \frac{y_h^0 - y_j^0}{x_h^0 - x_j^0}$$

$$\delta_{\alpha_{jh}} = \left(\frac{\partial \alpha_{jh}}{\partial x_j}\right)_0 \delta_{x_j} + \left(\frac{\partial \alpha_{jh}}{\partial y_j}\right)_0 \delta_{y_j} + \left(\frac{\partial \alpha_{jh}}{\partial x_h}\right)_0 \delta_{x_h} + \left(\frac{\partial \alpha_{jh}}{\partial y_h}\right)_0 \delta_{y_h} \tag{5-27}$$

式中

$$\left(\frac{\partial \alpha_{jh}}{\partial x_j}\right)_0 = \frac{\dfrac{y_h^0 - y_j^0}{(x_h^0 - x_j^0)^2}}{1 + \left(\dfrac{y_h^0 - y_j^0}{x_h^0 - x_j^0}\right)^2} = \frac{y_h^0 - y_j^0}{(x_h^0 - x_j^0)^2 + (y_h^0 - y_j^0)^2} = \frac{\Delta y_{jh}^0}{(s_{jh}^0)^2}$$

同理可得

$$\left(\frac{\partial \alpha_{jh}}{\partial y_j}\right)_0 = -\frac{\Delta x_{jh}^0}{(s_{jh}^0)^2}$$

$$\left(\frac{\partial \alpha_{jh}}{\partial x_h}\right)_0 = -\frac{\Delta y_{jh}^0}{(s_{jh}^0)^2}$$

$$\left(\frac{\partial \alpha_{jh}}{\partial y_h}\right)_0 = +\frac{\Delta x_{jh}^0}{(s_{jh}^0)^2}$$

将以上偏导数值代入式(5-27),得

$$\delta_{\alpha_{jh}} = \frac{\Delta y_{jh}^0}{(s_{jh}^0)^2}\delta_{x_j} - \frac{\Delta x_{jh}^0}{(s_{jh}^0)^2}\delta_{y_j} - \frac{\Delta y_{jh}^0}{(s_{jh}^0)^2}\delta_{x_h} + \frac{\Delta x_{jh}^0}{(s_{jh}^0)^2}\delta_{y_h}$$

上式左端是以 s 为单位,为使两端单位统一,将上式右端乘以 ρ'' 后得

$$\delta_{\alpha_{jh}} = \frac{\rho''\Delta y_{jh}^0}{(s_{jh}^0)^2}\delta_{x_j} - \frac{\rho''\Delta x_{jh}^0}{(s_{jh}^0)^2}\delta_{y_j} - \frac{\rho''\Delta y_{jh}^0}{(s_{jh}^0)^2}\delta_{x_h} + \frac{\rho''\Delta x_{jh}^0}{(s_{jh}^0)^2}\delta_{y_h} \tag{5-28}$$

同理可得

$$\delta_{\alpha_{jk}} = \frac{\rho''\Delta y_{jk}^0}{(s_{jk}^0)^2}\delta_{x_j} - \frac{\rho''\Delta x_{jk}^0}{(s_{jk}^0)^2}\delta_{y_j} - \frac{\rho''\Delta y_{jk}^0}{(s_{jk}^0)^2}\delta_{x_k} + \frac{\rho''\Delta x_{jk}^0}{(s_{jk}^0)^2}\delta_{y_k} \tag{5-29}$$

若用边长和坐标方位角表达坐标增量,即 $\Delta x_{jk}^0 = s_{jk}^0\cos\alpha_{jk}^0$, $\Delta y_{jk}^0 = s_{jk}^0\sin\alpha_{jk}^0$, $\Delta x_{jh}^0 = s_{jh}^0\cos\alpha_{jh}^0$, $\Delta y_{jh}^0 = s_{jh}^0\sin\alpha_{jh}^0$,将其代入式(5-28)和式(5-29),经整理后的方位角改正数方程为

$$\left.\begin{aligned}\delta_{\alpha_{jh}} &= \frac{\rho''\sin\alpha_{jh}^0}{s_{jh}^0}\delta_{x_j} - \frac{\rho''\cos\alpha_{jh}^0}{s_{jh}^0}\delta_{y_j} - \frac{\rho''\sin\alpha_{jh}^0}{s_{jh}^0}\delta_{x_h} + \frac{\rho''\cos\alpha_{jh}^0}{s_{jh}^0}\delta_{y_h}\\ \delta_{\alpha_{jk}} &= \frac{\rho''\sin\alpha_{jk}^0}{s_{jk}^0}\delta_{x_j} - \frac{\rho''\cos\alpha_{jk}^0}{s_{jk}^0}\delta_{y_j} - \frac{\rho''\sin\alpha_{jk}^0}{s_{jk}^0}\delta_{x_k} + \frac{\rho''\cos\alpha_{jk}^0}{s_{jk}^0}\delta_{y_k}\end{aligned}\right\} \tag{5-30}$$

在式(5-30)中,设 $a = \frac{\rho''\sin\alpha^0}{s^0}$, $b = -\frac{\rho''\cos\alpha^0}{s^0}$,则有

$$\left.\begin{aligned}\delta_{\alpha_{jh}} &= a_{jh}\delta_{x_j} + b_{jh}\delta_{y_j} - a_{jh}\delta_{x_h} - b_{jh}\delta_{y_h}\\ \delta_{\alpha_{jk}} &= a_{jk}\delta_{x_j} + b_{jk}\delta_{y_j} - a_{jk}\delta_{x_k} - b_{jk}\delta_{y_k}\end{aligned}\right\} \tag{5-31}$$

式(5-28)、式(5-29)、式(5-30)和式(5-31)都称为坐标方位角改正数方程。在平差计算中,根据其计算的方便程度自行选用即可。

将坐标方位角引入近似值代入式(5-22),得

$$v_i = \delta_{\alpha_{jh}} - \delta_{\alpha_{jk}} + \alpha_{jh}^0 - \alpha_{jk}^0 - L_i$$

令

$$l_i = \alpha_{jh}^0 - \alpha_{jk}^0 - L_i$$

则

$$v_i = \delta_{\alpha_{jh}} - \delta_{\alpha_{jk}} + l_i \tag{5-32}$$

将式(5-28)和式(5-29)代入式(5-30),得

$$v_i = \left(\frac{\rho''\Delta y_{jh}^0}{(s_{jh}^0)^2} - \frac{\rho''\Delta y_{jk}^0}{(s_{jk}^0)^2}\right)\delta_{x_j} - \left(\frac{\rho''\Delta x_{jh}^0}{(s_{jh}^0)^2} - \frac{\rho''\Delta x_{jk}^0}{(s_{jk}^0)^2}\right)\delta_{y_j} -$$

$$\frac{\rho''\Delta y_{jh}^0}{(s_{jh}^0)^2}\delta_{x_h} + \frac{\rho''\Delta x_{jh}^0}{(s_{jh}^0)^2}\delta_{y_h} + \frac{\rho''\Delta y_{jk}^0}{(s_{jk}^0)^2}\delta_{x_k} - \frac{\rho''\Delta x_{jk}^0}{(s_{jk}^0)^2}\delta_{y_k} + l_i \tag{5-33}$$

式(5-33)即为线性化后的误差方程式,也是误差方程式的最后形式。式中,常数项以 s 为单位,$\rho'' = 206\,265$,Δx^0、Δy^0、s^0、δ_x、δ_y 等量的单位应相同。

(2)测角网误差方程的几种情况

需要注意的是:在以上的推导中,都是假定图 5-6 中的 3 个点均为待定点,但是,在具体平差问题中,既有已知点,也有待定点。下面根据不同的几种情况,得出误差方程式不同的最后形式,即

①如果图 5-6 中 3 点均为未知点,则误差方程的最后形式就是式(5-33)。

②设图 5-6 中 j 点为坐标已知点,其他点为未知点,那么 j 点的坐标改正数则为零,即 $\delta_{x_j} = \delta_{y_j} = 0$,该点的坐标也就不是平差问题中的未知数,则相应的误差方程的最后形式为

$$v_i = -\frac{\rho \Delta y_{jh}^0}{(s_{jh}^0)^2}\delta_{x_h} + \frac{\rho \Delta x_{jh}^0}{(s_{jh}^0)^2}\delta_{y_h} + \frac{\rho \Delta y_{jk}^0}{(s_{jh}^0)^2}\delta_{x_k} - \frac{\rho \Delta x_{jk}^0}{(s_{jk}^0)^2}\delta_{y_k} + l_i \tag{5-34}$$

式中

$$l_i = \alpha_{jh}^0 - \alpha_{jk}^0 - L_i$$

③若 k 点为已知坐标点,其他点为坐标未知点,则 $\delta_{x_k} = \delta_{y_k} = 0$,相应的误差方程为

$$v_i = \left(\frac{\rho \Delta y_{jh}^0}{(s_{jh}^0)^2} - \frac{\rho \Delta y_{jk}^0}{(s_{jk}^0)^2}\right)\delta_{x_j} - \left(\frac{\rho \Delta x_{jh}^0}{(s_{jh}^0)^2} - \frac{\rho \Delta x_{jk}^0}{(s_{jk}^0)^2}\right)\delta_{y_j} - \frac{\rho \Delta y_{jh}^0}{(s_{jh}^0)^2}\delta_{x_h} + \frac{\rho \Delta x_{jh}^0}{(s_{jh}^0)^2}\delta_{y_h} + l_i \tag{5-35}$$

若 h 点为已知坐标点,其他点为坐标未知点,则 $\delta_{x_h} = \delta_{y_h} = 0$,误差方程为

$$v_i = \left(\frac{\rho \Delta y_{jh}^0}{(s_{jh}^0)^2} - \frac{\rho \Delta y_{jk}^0}{(s_{jk}^0)^2}\right)\delta_{x_j} - \left(\frac{\rho \Delta x_{jh}^0}{(s_{jh}^0)^2} - \frac{\rho \Delta x_{jk}^0}{(s_{jk}^0)^2}\right)\delta_{y_j} + \frac{\rho \Delta y_{jk}^0}{(s_{jh}^0)^2}\delta_{x_k} - \frac{\rho \Delta x_{jk}^0}{(s_{jk}^0)^2}\delta_{y_k} + l_i \tag{5-36}$$

④若点 k、h 均为坐标已知点,则 $\delta_{x_k} = \delta_{y_k} = 0$,$\delta_{x_h} = \delta_{y_h} = 0$,观测角的误差方程式为

$$v_i = \left(\frac{\rho \Delta y_{jh}^0}{(s_{jh}^0)^2} - \frac{\rho \Delta y_{jk}^0}{(s_{jk}^0)^2}\right)\delta_{x_j} - \left(\frac{\rho \Delta x_{jh}^0}{(s_{jh}^0)^2} - \frac{\rho \Delta x_{jk}^0}{(s_{jk}^0)^2}\right)\delta_{y_j} \tag{5-37}$$

⑤如果某一边的两个端点都为已知坐标点时,由于其坐标改正数都等于零,故该边的坐标方位角改正数也等于零,便不需写出其改正数方程。

如果某一边的两个端点都是坐标待定点时,该边的坐标方位角改正数方程如式(5-28)和式(5-29),两个端点的坐标改正数 δ_x 和 δ_y 前的系数,其绝对值相等,符号相反。

⑥同一条边的正、反坐标方位角改正数方程完全一样,即

$$\delta_{\alpha_{jh}} = \delta_{\alpha_{hj}} = \frac{\rho \Delta y_{jh}^0}{(s_{jh}^0)^2}\delta_{xj} - \frac{\rho \Delta x_{jh}^0}{(s_{jh}^0)^2}\delta_{yj} - \frac{\rho \Delta y_{jh}^0}{(s_{jh}^0)^2}\delta_{xh} + \frac{\rho \Delta x_{jh}^0}{(s_{jh}^0)^2}\delta_{yh} \tag{5-38}$$

(3)测角网按坐标平差误差方程式的列立步骤

①计算各坐标待定点的坐标近似值 x^0,y^0。

②由待定点的近似坐标和已知点的坐标计算各待定边的近似坐标方位角 α^0 和近似边长 s^0。

③列出各待定边的坐标方位角改正数方程,并计算出坐标改正数的系数。

④按上面(2)中的相应情况列出各观测角的误差方程式。

例 5-4 如图 5-7 所示的测角网,同精度观测得到网中 6 个角度,其观测值如表 5-2 所示,已知点 A、B、C 的起算数据列于表 5-3 中。试以待定点 D 的坐标平差值为未知数,按角度列出误差方程式。

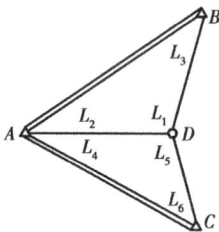

图 5-7

表 5-2 角度观测值表

角 号	观测值 L_i	角 号	观测值 L_i
1	106°50′42.2″	4	28°26′05.0″
2	30°52′44.0″	5	127°48′41.2″
3	42°16′39.14″	6	23°45′16.2″

表 5-3　已知数据表

点　名	坐标/m		坐标方位角 α	边长 s/m
	x	y		
B	13 737. 37	10 501. 92		
A	8 986. 68	5 705. 03	225°16′38. 1″	6 751. 24
C	6 642. 27	14 711. 75	104°35′24. 3″	9 306. 84

解　①计算未知点 D 的近似坐标。由已知点 B、A 和观测值 L_2、L_3 按余切公式计算

$$x_D^0 = \frac{x_A \cot L_3 + x_B \cot L_2 - y_B + y_A}{\cot L_2 + \cot L_3} = 10\ 122.\ 12 \text{ m}$$
$$y_D^0 = \frac{y_A \cot L_3 + y_B \cot L_2 + x_B - x_A}{\cot L_2 + \cot L_3} = 10\ 312.\ 47 \text{ m}$$

②由已知点坐标和待定点近似坐标计算待定边的近似方位角 α^0 和近似边长 S^0（计算结果见表 5-4 中）

表 5-4　待定边近似坐标方位角和近似边长

方　向	近似坐标方位角 α^0	近似边长 s^0/m
DA	256°09′22. 0″	4 745
DB	2°59′59. 0″	3 620
DC	128°20′39. 0″	5 609

③计算坐标方位角改正数方程的系数

计算中 s^0、Δx^0、Δy^0 均以 m 为单位,而 δ_x,δ_y 因其数值较小,采用 dm 为单位。对于本例而言,只有 3 条待定边,其坐标方位角改正数方程为

$$\delta_{\alpha_{DA}} = \frac{\rho'' \Delta y_{DA}^0}{(s_{DA}^0)^2 \cdot 10} \delta_{x_D} - \frac{\rho'' \Delta x_{DA}^0}{(s_{DA}^0)^2 \cdot 10} \delta_{y_D}$$
$$\delta_{\alpha_{DB}} = \frac{\rho'' \Delta y_{DB}^0}{(s_{DB}^0)^2 \cdot 10} \delta_{x_D} - \frac{\rho'' \Delta x_{DB}^0}{(s_{DB}^0)^2 \cdot 10} \delta_{y_D}$$
$$\delta_{\alpha_{DC}} = \frac{\rho'' \Delta y_{DC}^0}{(s_{DC}^0)^2 \cdot 10} \delta_{x_D} - \frac{\rho'' \Delta x_{DC}^0}{(s_{DC}^0)^2 \cdot 10} \delta_{y_D}$$

式中,坐标改正数 δ_{x_D},δ_{y_D} 系数的计算见表 5-5。

表 5-5　坐标改正数系数计算表

方　向	Δy^0/m	Δx^0/m	$(s^0)^2$	坐标改正数的系数/[(″)·dm^{-1}]	
				δ_{x_D}	δ_{y_D}
DA	−4 607	−1 135	$2\ 252 \times 10^4$	−4. 22	+1. 04
DB	189	3 615	$1\ 311 \times 10^4$	+0. 30	−5. 69
DC	4 399	−3 480	$3\ 146 \times 10^4$	+2. 88	+2. 28

根据表 5-5 中数据写出待定边的坐标方位角改正数方程为

$$\left.\begin{aligned}
\delta_{\alpha_{DA}} = \delta_{\alpha_{AD}} &= -4.22\delta_{x_D} + 1.04\delta_{y_D} \\
\delta_{\alpha_{DB}} = \delta_{\alpha_{BD}} &= +0.30\delta_{x_D} - 5.69\delta_{y_D} \\
\delta_{\alpha_{DC}} = \delta_{\alpha_{CD}} &= +2.88\delta_{x_D} + 2.28\delta_{y_D}
\end{aligned}\right\}$$

④参照图 5-7 列出误差方程式,即

$$
\left.\begin{aligned}
v_1 &= \alpha_{DB} - \alpha_{DA} - L_1 \\
v_2 &= \alpha_{AD} - \alpha_{AB} - L_2 \\
v_3 &= \alpha_{BA} - \alpha_{BD} - L_3 \\
v_4 &= \alpha_{AC} - \alpha_{AD} - L_4 \\
v_5 &= \alpha_{DA} - \alpha_{DC} - L_5 \\
v_6 &= \alpha_{CD} - \alpha_{CA} - L_6
\end{aligned}\right\}
\qquad
\left.\begin{aligned}
v_1 &= \delta_{\alpha_{DB}} - \delta_{\alpha_{DA}} + l_1 \\
v_2 &= \delta_{\alpha_{AD}} - \delta_{\alpha_{AB}} + l_2 \\
v_3 &= \delta_{\alpha_{BA}} - \delta_{\alpha_{BD}} + l_3 \\
v_4 &= \delta_{\alpha_{AC}} - \delta_{\alpha_{AD}} + l_4 \\
v_5 &= \delta_{\alpha_{DA}} - \delta_{\alpha_{DC}} + l_5 \\
v_6 &= \delta_{\alpha_{CD}} - \delta_{\alpha_{CA}} + l_6
\end{aligned}\right\}
$$

将坐标方位角改正数方程代入上式,并计算出常数项后得误差方程的最后形式,即

$$
\left.\begin{aligned}
v_1 &= 4.52\delta_{x_D} - 6.73\delta_{y_D} - 5.2 \\
v_2 &= -4.22\delta_{x_D} + 1.04\delta_{y_D} - 0.1 \\
v_3 &= -0.30\delta_{x_D} + 5.69\delta_{y_D} + 0.0 \\
v_4 &= 4.22\delta_{x_D} - 1.04\delta_{y_D} - 2.7 \\
v_5 &= -7.10\delta_{x_D} - 1.24\delta_{y_D} + 1.8 \\
v_6 &= 2.88\delta_{x_D} + 2.28\delta_{y_D} - 1.5
\end{aligned}\right\}
\qquad
\left.\begin{aligned}
l_1 &= \alpha_{DB}^0 - \alpha_{DA}^0 - L_1 = -5.2 \\
l_2 &= \alpha_{AD}^0 - \alpha_{AB}^0 - L_2 = -0.1 \\
l_3 &= \alpha_{BA}^0 - \alpha_{BD}^0 - L_3 = 0 \\
l_4 &= \alpha_{AC}^0 - \alpha_{AD}^0 - L_4 = -2.7 \\
l_5 &= \alpha_{DA}^0 - \alpha_{DC}^0 - L_5 = +1.8 \\
l_6 &= \alpha_{CD}^0 - \alpha_{CA}^0 - L_6 = -1.5
\end{aligned}\right\}
$$

误差方程式的矩阵形式为

$$
V = \begin{pmatrix}
4.52 & -6.73 \\
-4.22 & +1.04 \\
-0.30 & +5.69 \\
+4.22 & -1.04 \\
-7.10 & -1.24 \\
+2.88 & +2.28
\end{pmatrix}
\begin{pmatrix} \delta_{x_D} \\ \delta_{y_D} \end{pmatrix}
+ \begin{pmatrix}
-5.2 \\
-0.1 \\
0.0 \\
-2.7 \\
+1.8 \\
-1.5
\end{pmatrix}
$$

4. 测边网的误差方程式

(1)误差方程的列出及其线性化

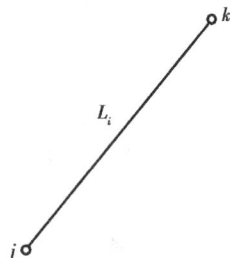

测边网即以边长为观测值的三角形网。测边网按间接平差一般也是以未知点的坐标平差值为误差方程式的未知数。下面以一条边为例来导出测边网观测值的误差方程式。如图 5-8 所示,测得待定点 j、k 之间的边长为 L_i,设待定点的坐标平差值 x_j、y_j、x_k、y_k 为未知数,令

$$x_j = x_j^0 + \delta_{x_j} \qquad y_j = y_j^0 + \delta_{y_j}$$

$$x_k = x_k^0 + \delta_{x_k} \qquad y_k = y_k^0 + \delta_{y_k}$$

图 5-8

式中,x_j^0、x_k^0、y_j^0、y_k^0 为坐标近似值。

根据距离公式得两点间边长的平差值为

$$L_i + v_i = \sqrt{(x_k - x_j)^2 + (y_k - y_j)^2} \tag{5-39}$$

可知,式(5-39)是非线性方程,必须将其线性化。按台劳级数将其展开,得

$$L_i + v_i = s_{jk}^0 + \left(\frac{\partial \hat{s}_{jk}}{\partial x_j}\right)_0 \delta_{x_j} + \left(\frac{\partial \hat{s}_{jk}}{\partial y_j}\right)_0 \delta_{y_j} + \left(\frac{\partial \hat{s}_{jk}}{\partial x_k}\right)_0 \delta_{x_k} + \left(\frac{\partial \hat{s}_{jk}}{\partial y_k}\right)_0 \delta_{y_k}$$

测边的误差方程式为

$$v_i = \left(\frac{\partial \hat{s}_{jk}}{\partial x_j}\right)_0 \delta_{x_j} + \left(\frac{\partial \hat{s}_{jk}}{\partial y_j}\right)_0 \delta_{y_j} + \left(\frac{\partial \hat{s}_{jk}}{\partial x_k}\right)_0 \delta_{x_k} + \left(\frac{\partial \hat{s}_{jk}}{\partial y_k}\right)_0 \delta_{y_k} + s_{jk}^0 - L_i \tag{5-40}$$

式中

$$s_{jk}^0 = \sqrt{(x_k^0 - x_j^0)^2 + (y_k^0 - y_j^0)^2}$$

$$\left(\frac{\partial \hat{s}_{jk}}{\partial x_j}\right)_0 = -\frac{2(x_k^0 - x_j^0)}{2\sqrt{(x_k^0 - x_j^0)^2 + (y_k^0 - y_j^0)^2}} = -\frac{\Delta x_{jk}^0}{s_{jk}^0} = -\cos\alpha_{jk}^0$$

同理可得

$$\left(\frac{\partial \hat{s}_{jk}}{\partial y_j}\right)_0 = -\frac{\Delta y_{jk}^0}{s_{jk}^0} = -\sin\alpha_{jk}^0$$

$$\left(\frac{\partial \hat{s}_{jk}}{\partial x_k}\right)_0 = +\frac{\Delta x_{jk}^0}{s_{jk}^0} = +\cos\alpha_{jk}^0$$

$$\left(\frac{\partial \hat{s}_{jk}}{\partial y_k}\right)_0 = +\frac{\Delta y_{jk}^0}{s_{jk}^0} = +\sin\alpha_{jk}^0$$

将偏导数值代入式(5-40),得

$$v_i = -\frac{\Delta x_{jk}^0}{s_{jk}^0}\delta_{x_j} - \frac{\Delta y_{jk}^0}{s_{jk}^0}\delta_{y_j} + \frac{\Delta x_{jk}^0}{s_{jk}^0}\delta_{x_k} + \frac{\Delta y_{jk}^0}{s_{jk}^0}\delta_{y_k} + s_{jk}^0 - L_i \tag{5-41}$$

再令

$$l_i = s_{jk}^0 - L_i \tag{5-42}$$

则测边的误差方程式的最后形式为

$$v_i = -\frac{\Delta x_{jk}^0}{s_{jk}^0}\delta_{x_j} - \frac{\Delta y_{jk}^0}{s_{jk}^0}\delta_{y_j} + \frac{\Delta x_{jk}^0}{s_{jk}^0}\delta_{x_k} + \frac{\Delta y_{jk}^0}{s_{jk}^0}\delta_{y_k} + l_i \tag{5-43}$$

根据上面各偏导数的两种不同的表达结果,测边的误差方程式也可表达为

$$v_i = -\cos\alpha_{jk}^0\delta_{x_j} - \sin\alpha_{jk}^0\delta_{y_j} + \cos\alpha_{jk}^0\delta_{x_k} + \sin\alpha_{jk}^0\delta_{y_k} + l_i \tag{5-44}$$

式(5-43)和式(5-44)都是测边网误差方程式的一般形式。

(2)不同情况下的测边误差方程

式(5-43)和式(5-44)是在两个端点都为待定点的情况下列出的。具体计算中,可视不同情况灵活运用。

①若某边两端点均为待定点,则式(5-43)或式(5-44)就是该观测边的误差方程式。式中,两端点的同名坐标改正数的系数绝对值相等,符号相反。常数项等于该边的近似值减其观测值。

②若 k 点为待定点,j 点为已知点,则 $\delta_{x_j}=0, \delta_{y_j}=0$,则其误差方程为

$$v_i = \frac{\Delta x_{jk}^0}{s_{jk}^0}\delta_{x_k} + \frac{\Delta y_{jk}^0}{s_{jk}^0}\delta_{y_k} + l_i \tag{5-45}$$

若 j 点为待定点，k 点为已知点，则 $\delta_{x_k}=0,\delta_{y_k}=0$，则其误差方程式为

$$v_i = -\frac{\Delta x_{jk}^0}{s_{jk}^0}\delta_{x_j} - \frac{\Delta y_{jk}^0}{s_{jk}^0}\delta_{y_j} + l_i \tag{5-46}$$

若该边两个端点都为已知点，则该边为固定边，不需要观测此边，故该边不存在误差方程式。

③因为观测边长与边的方向无关，故对于 $j-k$ 边而言，按 $j-k$ 方向列误差方程与按 $k-j$ 方向列误差方程，其结果是一样的。

按 $j-k$ 方向列出的误差方程

$$v_i = -\frac{\Delta x_{jk}^0}{s_{jk}^0}\delta_{x_j} - \frac{\Delta y_{jk}^0}{s_{jk}^0}\delta_{y_j} + \frac{\Delta x_{jk}^0}{s_{jk}^0}\delta_{x_k} + \frac{\Delta y_{jk}^0}{s_{jk}^0}\delta_{y_k} + l_i$$

按 $k-j$ 方向列出的误差方程

$$v_i = -\frac{\Delta x_{kj}^0}{s_{kj}^0}\delta_{x_k} - \frac{\Delta y_{kj}^0}{s_{kj}^0}\delta_{y_k} + \frac{\Delta x_{kj}^0}{s_{kj}^0}\delta_{x_j} + \frac{\Delta y_{kj}^0}{s_{kj}^0}\delta_{y_j} + l_i$$

两式常数项相等，系数中的增量有 $\Delta x_{jk}^0 = -\Delta x_{kj}^0$，$\Delta y_{jk}^0 = -\Delta y_{kj}^0$，则有

$$\frac{\Delta x_{jk}^0}{s_{jk}^0} = -\frac{\Delta x_{kj}^0}{s_{kj}^0} \qquad \frac{\Delta y_{jk}^0}{s_{jk}^0} = -\frac{\Delta y_{kj}^0}{s_{kj}^0}$$

比较后，可以看出两方程是相同的。

(3)测边的误差方程式列立步骤

①计算网中未知坐标点的近似坐标 (x^0,y^0)。

②根据已知点坐标和未知点的近似坐标计算各边的近似边长 s^0。

③按式(5-43)或式(5-44)计算误差方程式中各项的系数，按式(5-42)计算误差方程的常数项。

例5-5 如图5-9所示的测边网，对网中3条边长进行了同精度观测，其观测值为

$$L_1 = 387.363 \text{ m}, L_2 = 306.065 \text{ m}, L_3 = 354.862 \text{ m}$$

已知点 A、B、C 的起始数据列于表5-6中，试按坐标平差法列出误差方程式。

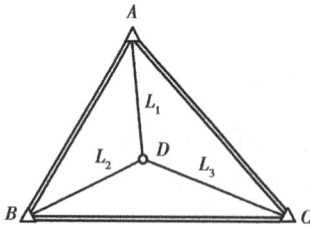

图5-9

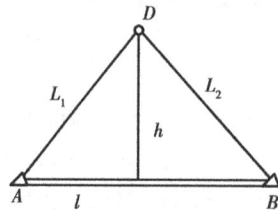

图5-10

解 ①计算待定点的近似坐标。

本题中必要观测数 $t=2$，选择待定点 D 的坐标平差值 x_D,y_D 为未知数，其近似值由已知点 A 和 B 的坐标以及观测边 L_1、L_2 交会计算而得。在图5-10中，设 h 为三角形 ABD 底边 AB 上的高，l 为 L_1 在 AB 上的投影。

表 5-6　已知数据表

点名	坐标/m		边长 s/m	方位角 α
	x	y		
A	2 692 . 201	5 203 . 153		
			603 . 608	186°44′26. 4″
B	2 092 . 765	5 132 . 304		
			545 . 984	77°32′13. 3″
C	2 210 . 593	5 665 . 422		
			667 . 562	316°10′25. 6″
D				

辅助量 l、h 以及已知边 AB 的坐标方位角的正、余弦计算为

$$l = \frac{L_1^2 + S_{AB}^2 - L_2^2}{2S_{AB}} = 348.502$$

$$h = \sqrt{L_1^2 - l^2} = 169.105$$

$$\cos \alpha_{AB} = \frac{x_B - x_A}{S_{AB}} = -0.993\ 088\ 2$$

$$\sin \alpha_{AB} = \frac{y_B - y_A}{S_{AB}} = -0.117\ 375\ 8$$

则未知点 D 的坐标近似值为

$$\left.\begin{array}{l} x_D^0 = x_A + l \cos \alpha_{AB} + h \sin \alpha_{AB} = 2\ 326.259\ \text{m} \\ y_D^0 = y_A + l \sin \alpha_{AB} - h \cos \alpha_{AB} = 5\ 330.184\ \text{m} \end{array}\right\}$$

②计算误差方程式系数和常数项，其计算结果如表 5-7 所示。

表 5-7　误差方程式系数、常数项计算

方向	Δx^0/m	Δy^0/m	s^0/m	$\dfrac{\Delta x^0}{s^0}$	$\dfrac{\Delta y^0}{s^0}$	l
AD	− 365 . 942	127 . 031	387 . 363	− 0 . 944 7	0 . 327 9	0
BD	233 . 494	197 . 880	306 . 065	0 . 762 9	0 . 646 5	0
CD	115 . 666	− 335 . 238	354 . 631	0 . 326 2	− 0 . 945 3	− 0 . 231

③列出误差方程式。

根据表 5-7 中数据列出各观测边的误差方程式为

$$\left.\begin{array}{l} v_1 = -0.944\ 7\delta_{x_D} + 0.327\ 9\delta_{y_D} \\ v_2 = 0.762\ 9\delta_{x_D} + 0.646\ 5\delta_{y_D} \\ v_3 = 0.326\ 2\delta_{x_D} - 0.945\ 3\delta_{y_D} - 0.231 \end{array}\right\}$$

误差方程的矩阵形式为

$$V = \begin{pmatrix} -0.944\ 7 & 0.327\ 9 \\ 0.762\ 9 & 0.646\ 5 \\ 0.326\ 2 & -0.945\ 3 \end{pmatrix} \begin{pmatrix} \delta_{x_D} \\ \delta_{y_D} \end{pmatrix} + \begin{pmatrix} 0 \\ 0 \\ -0.231 \end{pmatrix}$$

5. 边角同测网的误差方程式

边角同测网有两类观测值,即角度观测值和边长观测值。按坐标平差时,其误差方程式有两种方程,即观测边的误差方程式和观测角的误差方程式,而这两种方程中的未知数都是未知坐标点的坐标平差值。这两种方程的组成方法在前面的内容中已有叙述。在此仅作提示。

边角同测网中角度的误差方程式的列立,可以式(5-33)为基础,并根据测角网误差方程的几种情况,与欲组成误差方程角度相关3点的(点是已知,还是未知点)具体情况对照后,按其对应的方程形式进行组成即可。

边角同测网中边的误差方程式可按式(5-43)或者式(5-44)进行列立,同时考虑该边两端点是已知点或者待定点的几种情况,灵活应用其公式。

导线网也和边角同测网一样,也有两种误差方程式。对导线网进行间接平差,因其误差方程式和边角同测网一样,故可按边角同测网坐标平差法进行平差计算,下面以附合导线的实例来说明其误差方程式的组成。

例5-6 如图5-11所示,附合导线中共观测了3条边长和4个角度,其已知数和观测值分别见表5-8、表5-9中,按坐标平差法列出其误差方程式。

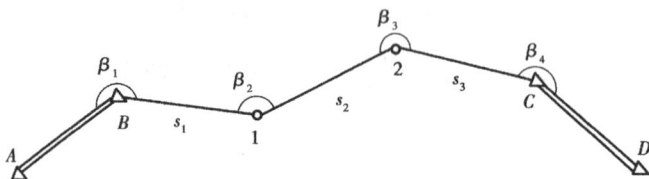

图 5-11

表 5-8　已知数据表

点　名	坐标/m		方位角
	x	y	
B	1 200.00	1 200.00	$\alpha_{AB}=45°00'00''$
C	1 157.370	1 756.06	$\alpha_{CD}=116°44'48''$

表 5-9　观测值表

角　号	角度观测值	角　号	角度观测值	边号	边观测值/m	边号	边观测值/m
1	239°29'45''	3	214°49'45''	1	297.260	3	93.140
2	147°44'15''	4	189°41'15''	2	187.810		

解　本附合导线中,必要观测数 $t=4$,选定待定导线点坐标平差值为未知数,即

$$\hat{X} = \begin{pmatrix} \hat{x}_1 & \hat{y}_1 & \hat{x}_2 & \hat{y}_2 \end{pmatrix}^T$$

①计算待定点近似坐标,见表5-10。

②由近似坐标和已知点坐标计算各边坐标方位角改正数方程中的系数及边长改正数方程中的系数,δ_x 以 mm 为单位,其计算结果如表5-11所示。

表 5-10 近似坐标方位角和近似坐标表

点 名 (角号)	角度观测值	近似方位角值	边观测值 /m	坐标/m	
				x^0	y^0
A		45°00′00″			
B	239°29′45″			1 200.00	1 200.00
		104°29′45″	297.240		
1	147°44′15″			1 125.598	1 487.778
		72°14′00″	187.785		
2	214°49′45″			1 182.899	1 666.607
		107°03′45″			

表 5-11 坐标方位角改正数方程和边长误差方程系数表

方 向	近似方位角值	近似边长 /m	$\sin \alpha_{jk}^0$	$\cos \alpha_{jk}^0$	$a_{jk}/[('') \cdot mm^{-1}]$ $\left(\dfrac{\rho \sin \alpha^0}{s_{jk}^0 \times 1\ 000}\right)$	$b_{jk}/[('') \cdot mm^{-1}]$ $\left(\dfrac{-\rho \cos \alpha^0}{s_{jk}^0 \times 1\ 000}\right)$
B1	104°29′45″	297.240	0.968 2	−0.250 3	0.672	0.174
12	72°14′00″	187.785	0.952 3	+0.305 1	1.046	−0.335
2C	107°03′45″	93.025	0.956 0	−0.293 4	2.120	0.651

坐标方位角改正数方程为

$$\alpha_{\alpha_{jk}} = \frac{\rho'' \sin \alpha_{jk}^0}{s_{jk}^0 \times 1\ 000} \delta_{x_j} - \frac{\rho'' \cos \alpha_{jk}^0}{s_{jk}^0 \times 1\ 000} \delta_{y_j} - \frac{\rho'' \sin \alpha_{jk}^0}{s_{jk}^0 \times 1\ 000} \delta_{x_k} + \frac{\rho'' \cos \alpha_{jk}^0}{s_{jk}^0 \times 1\ 000} \delta_{y_k}$$

边长误差方程式为

$$v_i = -\cos \alpha_{jk}^0 \delta_{x_j} - \sin \alpha_{jk}^0 \delta_{y_j} + \cos \alpha_{jk}^0 \delta_{x_k} + \sin \alpha_{jk}^0 \delta_{y_k} + l_i$$

③计算误差方程式的系数和常数项。

角的误差方程式常数项 $l_i = \alpha_{jh}^0 - \alpha_{jk}^0 - L_i$；边的误差方程式常数项 $l_i = s_{jk}^0 - L_i$。

根据表 5-12 中的系数组成的误差方程式为

表 5-12 误差方程式系数、常数项表

项 目		δ_{x_1}	δ_{y_1}	δ_{x_2}	δ_{y_2}	l
角	1	−0.672	−0.174			0
	2	1.718	−0.161	−1.046	0.335	0
	3	−1.046	0.335	3.166	0.316	0
	4			−2.120	−0.651	−12

续表

项　目		δ_{x_1}	δ_{y_1}	δ_{x_2}	δ_{y_2}	l
边	1	− 0.250 3	0.968 2			0
	2	− 0.305 1	− 0.952 3	0.305 1	0.952 3	0
	3			0.293 4	− 0.956 0	− 115

$$V = \begin{pmatrix} -0.672 & -0.174 & 0 & 0 \\ +1.718 & -0.161 & -1.046 & +0.335 \\ -1.046 & +0.335 & +3.166 & +0.316 \\ 0 & 0 & -2.120 & -0.651 \\ -0.250\,3 & +0.968\,2 & 0 & 0 \\ -0.305\,1 & -0.952\,3 & +0.305\,1 & +0.952\,3 \\ 0 & 0 & +0.293\,4 & -0.956\,0 \end{pmatrix} \begin{pmatrix} \delta_{x_1} \\ \delta_{y_1} \\ \delta_{x_2} \\ \delta_{y_2} \end{pmatrix} + \begin{pmatrix} 0 \\ 0 \\ 0 \\ -12 \\ 0 \\ 0 \\ -115 \end{pmatrix} = 0$$

子情境 3　间接平差的法方程式

一、法方程的组成

间接平差中,当误差方程式列出经检查无误后,应根据误差方程式的系数、常数项和各观测值的权来组成法方程式,即

$$B^{\mathrm{T}}PBX + B^{\mathrm{T}}Pl = 0 \tag{5-47}$$

或

$$N_{bb}X + W = 0$$

其纯量形式为

$$\begin{cases} [paa]\delta_{x_1} + [pab]\delta_{x_2} + \cdots + [pat]\delta_{x_t} + [pal] = 0 \\ [pab]\delta_{x_1} + [pbb]\delta_{x_2} + \cdots + [pbt]\delta_{x_t} + [pbl] = 0 \\ \qquad\qquad\qquad\vdots \\ [pat]\delta_{x_1} + [pbt]\delta_{x_2} + \cdots + [ptt]\delta_{x_t} + [ptl] = 0 \end{cases} \tag{5-48}$$

从式(5-48)可知,间接平差的法方程式和条件平差的法方程式一样,具有固定的形式,组成法方程式只需要将其中的系数和常数项计算出来放到相应的位置上即可。法方程未知数的系数阵和常数项矩阵为

$$N_{bb} = B^{\mathrm{T}}PB \qquad W = B^{\mathrm{T}}Pl$$

法方程式组成的传统方法是在表格中进行,也可用矩阵进行运算。目前,在计算机应用很广泛的情况下,平差计算已有多种专用程序。当然对于一些简单的平差问题,不借助平差程

序,用手工计算也应该有一定的现实意义。下面以实例来说明法方程式的组成。

例5-7　在例5-3的水准网中其路线长为 $s_1 = s_3 = s_4 = 1$ km, $s_2 = s_5 = 2$ km,根据已有的误差方程式组成法方程式。误差方程式为

$$V = \begin{pmatrix} 1 & 0 & 0 \\ 0 & -1 & 0 \\ 1 & 0 & 1 \\ 0 & -1 & 0 \\ 0 & 1 & -1 \end{pmatrix} \begin{pmatrix} \delta_{x_1} \\ \delta_{x_2} \\ \delta_{x_3} \end{pmatrix} + \begin{pmatrix} 0 \\ 0 \\ 0 \\ 78 \\ -5 \end{pmatrix}$$

解　误差方程式中,未知数的系数阵、常数项矩阵分别为

$$B = \begin{pmatrix} 1 & 0 & 0 \\ 0 & -1 & 0 \\ 1 & 0 & 1 \\ 0 & -1 & 0 \\ 0 & 1 & -1 \end{pmatrix} \qquad l = \begin{pmatrix} 0 \\ 0 \\ 0 \\ 78 \\ -5 \end{pmatrix}$$

根据路线长按 $p_i = \dfrac{c}{S_i}$ 定权,取 $c = 2$ km,则观测值的权阵为

$$P = \begin{pmatrix} 2 & 0 & 0 & 0 & 0 \\ 0 & 1 & 0 & 0 & 0 \\ 0 & 0 & 2 & 0 & 0 \\ 0 & 0 & 0 & 2 & 0 \\ 0 & 0 & 0 & 0 & 1 \end{pmatrix}$$

法方程系数阵为

$$N_{bb} = B^{\mathrm{T}}PB = \begin{pmatrix} 1 & 0 & 1 & 0 & 0 \\ 0 & -1 & 0 & -1 & 1 \\ 0 & 0 & 1 & 0 & -1 \end{pmatrix} \begin{pmatrix} 2 & 0 & 0 & 0 & 0 \\ 0 & 1 & 0 & 0 & 0 \\ 0 & 0 & 2 & 0 & 0 \\ 0 & 0 & 0 & 2 & 0 \\ 0 & 0 & 0 & 0 & 1 \end{pmatrix} \begin{pmatrix} 1 & 0 & 0 \\ 0 & -1 & 0 \\ 1 & 0 & 1 \\ 0 & -1 & 0 \\ 0 & 1 & -1 \end{pmatrix}$$

$$= \begin{pmatrix} 4 & 0 & 2 \\ 0 & 4 & -1 \\ 2 & -1 & 3 \end{pmatrix}$$

法方程的常数项为

$$W = B^{\mathrm{T}}Pl = \begin{pmatrix} 1 & 0 & 1 & 0 & 0 \\ 0 & -1 & 0 & -1 & 1 \\ 0 & 0 & 1 & 0 & -1 \end{pmatrix} \begin{pmatrix} 2 & 0 & 0 & 0 & 0 \\ 0 & 1 & 0 & 0 & 0 \\ 0 & 0 & 2 & 0 & 0 \\ 0 & 0 & 0 & 2 & 0 \\ 0 & 0 & 0 & 0 & 1 \end{pmatrix} \begin{pmatrix} 0 \\ 0 \\ 0 \\ 78 \\ -5 \end{pmatrix} = \begin{pmatrix} 0 \\ -161 \\ 5 \end{pmatrix}$$

法方程式为

$$\begin{pmatrix} 4 & 0 & 2 \\ 0 & 4 & -1 \\ 2 & -1 & 3 \end{pmatrix} \begin{pmatrix} \delta_{x_1} \\ \delta_{x_2} \\ \delta_{x_3} \end{pmatrix} + \begin{pmatrix} 0 \\ -161 \\ 5 \end{pmatrix} = 0$$

法方程式的纯量形式为

$$\left. \begin{aligned} 4\delta_{x_1} \quad\quad\quad + 2\delta_{x_3} + 0 &= 0 \\ 4\delta_{x_2} - \delta_{x_3} \quad - 161 &= 0 \\ 2\delta_{x_1} - \delta_{x_2} + 3\delta_{x_3} + 5 \quad &= 0 \end{aligned} \right\}$$

例 5-8 根据如图 5-7 所示三角网的误差方程式组成法方程。误差方程式为

$$V = \begin{pmatrix} 4.52 & -6.77 \\ -4.22 & +1.04 \\ -0.30 & +5.69 \\ +4.22 & -1.04 \\ -7.10 & -1.24 \\ +2.88 & +2.28 \end{pmatrix} \begin{pmatrix} \delta_{x_D} \\ \delta_{y_D} \end{pmatrix} + \begin{pmatrix} -5.2 \\ -0.1 \\ 0.0 \\ -2.7 \\ +1.8 \\ -1.5 \end{pmatrix}$$

解 三角网各角是等精度观测的,故观测值的权均为 1,组成法方程式的系数阵为

$$B^\mathrm{T}PB = B^\mathrm{T}B = \begin{pmatrix} 4.52 & -4.22 & -0.30 & 4.22 & -7.1 & 2.88 \\ -6.77 & 1.04 & 5.69 & -1.04 & -1.24 & 2.28 \end{pmatrix} \begin{pmatrix} 4.52 & -6.77 \\ -4.22 & +1.04 \\ -0.30 & +5.69 \\ +4.22 & -1.04 \\ -7.10 & -1.24 \\ +2.88 & +2.28 \end{pmatrix}$$

$$= \begin{pmatrix} 114.84 & -25.53 \\ -25.53 & 86.57 \end{pmatrix}$$

法方程式的常数项组成为

$$W = B^\mathrm{T}Pl = B^\mathrm{T}l = \begin{pmatrix} 4.52 & -4.22 & -0.30 & 4.22 & -7.1 & 2.88 \\ -6.77 & 1.04 & 5.69 & -1.04 & -1.24 & 2.28 \end{pmatrix} \begin{pmatrix} -5.2 \\ -0.1 \\ 0.0 \\ -2.7 \\ +1.8 \\ -1.5 \end{pmatrix} = \begin{pmatrix} -51.68 \\ +32.05 \end{pmatrix}$$

由此,组成法方程为

$$\begin{pmatrix} 114.84 & -25.53 \\ -25.53 & 86.57 \end{pmatrix} \begin{pmatrix} \delta_{x_D} \\ \delta_{y_D} \end{pmatrix} + \begin{pmatrix} -51.68 \\ +32.05 \end{pmatrix} = 0$$

该法方程的纯量形式为

$$\left. \begin{aligned} 114.84\delta_{x_D} - 25.53\delta_{y_D} - 51.68 &= 0 \\ -25.53\delta_{x_D} + 86.57\delta_{y_D} + 32.05 &= 0 \end{aligned} \right\}$$

如果由手算直接组成法方程式,一定要注意各系数的检核,如果法方程式组成错误,则由

此所解算的结果也一定是错的,当然也就达不到平差的目的,或者说,完不成平差的任务。

二、法方程式的解算

间接平差的法方程式的解算和条件平差法方程式的解算一样,可用解算方程的任何方法。用矩阵表示的法方程为

$$N_{bb}\delta_x + W = 0$$

由此可得法方程的解为

$$\delta_x = - N_{bb}^{-1}W$$

由其解的表达式可知,要求法方程中未知数的值,只要先求出法方程系数阵的逆阵,再左乘以取负值的法方程常数项阵即可。

例 5-9　设有法方程如下,求方程中未知数的值。

$$\left.\begin{array}{l} 3\delta_{x_1} + 2\delta_{x_2} + \delta_{x_3} - 14 = 0 \\ 2\delta_{x_1} + 4\delta_{x_2} + 2\delta_{x_3} - 20 = 0 \\ \delta_{x_1} + 2\delta_{x_2} + 3\delta_{x_3} - 14 = 0 \end{array}\right\}$$

解　将法方程用矩阵形式表为

$$\begin{pmatrix} 3 & 2 & 1 \\ 2 & 4 & 2 \\ 1 & 2 & 3 \end{pmatrix}\begin{pmatrix} \delta_{x_1} \\ \delta_{x_2} \\ \delta_{x_3} \end{pmatrix} + \begin{pmatrix} -14 \\ -20 \\ -14 \end{pmatrix} = 0$$

求得系数阵的逆阵为

$$N_{bb}^{-1} = \begin{pmatrix} 0.5 & -0.25 & 0 \\ -0.25 & 0.5 & -0.25 \\ 0 & -0.25 & 0.5 \end{pmatrix}$$

未知数的值为

$$\begin{pmatrix} \delta_{x_1} \\ \delta_{x_2} \\ \delta_{x_3} \end{pmatrix} = -\begin{pmatrix} 0.5 & -0.25 & 0 \\ -0.25 & 0.5 & -0.25 \\ 0 & -0.25 & 0.5 \end{pmatrix}\begin{pmatrix} -14 \\ -20 \\ -14 \end{pmatrix} = \begin{pmatrix} 2 \\ 3 \\ 2 \end{pmatrix}$$

例 5-10　解算例 5-7 中的法方程,并计算出观测值改正数及高差平差值。

解　根据法方程的系数阵求得其逆阵为

$$N_{bb} = \begin{pmatrix} 4 & 0 & 2 \\ 0 & 4 & -1 \\ 2 & -1 & 3 \end{pmatrix}$$

$$N_{bb}^{-1} = \begin{pmatrix} +0.3929 & -0.0714 & -0.2857 \\ -0.0714 & +0.2857 & +0.1429 \\ -0.2857 & +0.1429 & +0.5714 \end{pmatrix}$$

未知数的解为

$$\delta_x = -N_{bb}^{-1}W = -\begin{pmatrix} 0.3929 & -0.0714 & -0.2857 \\ -0.0714 & 0.2857 & 0.1429 \\ -0.2857 & 0.1429 & 0.5714 \end{pmatrix}\begin{pmatrix} 0 \\ -161 \\ 5 \end{pmatrix} = \begin{pmatrix} -10.1 \\ 45.3 \\ 20.1 \end{pmatrix}$$

根据误差方程式求得改正数的值为

$$V = \begin{pmatrix} 1 & 0 & 0 \\ 0 & -1 & 0 \\ 1 & 0 & 1 \\ 0 & -1 & 0 \\ 0 & 1 & -1 \end{pmatrix} \begin{pmatrix} -10.1 \\ +45.3 \\ +20.1 \end{pmatrix} + \begin{pmatrix} 0 \\ 0 \\ 0 \\ +78 \\ -5 \end{pmatrix} = \begin{pmatrix} -10.1 \\ -45.3 \\ +10.0 \\ +32.7 \\ +0.2 \end{pmatrix}$$

求得改正数后,只需将其加到相应的观测值上就可求得平差值。根据例 5-3 中的观测值计算平差值为

$$\hat{L} = \begin{pmatrix} \hat{h}_1 \\ \hat{h}_2 \\ \hat{h}_3 \\ \hat{h}_4 \\ \hat{h}_5 \end{pmatrix} = \begin{pmatrix} h_1 \\ h_2 \\ h_3 \\ h_4 \\ h_5 \end{pmatrix} + \begin{pmatrix} v_1 \\ v_2 \\ v_3 \\ v_4 \\ v_5 \end{pmatrix} = \begin{pmatrix} 1.015 \\ -12.570 \\ 6.161 \\ -11.563 \\ 6.414 \end{pmatrix} \text{m} + \begin{pmatrix} -10.1 \\ -45.3 \\ 10.0 \\ 32.7 \\ 20.2 \end{pmatrix} \text{mm} = \begin{pmatrix} 1.0049 \\ -12.6153 \\ 6.171 \\ -11.5303 \\ 6.4342 \end{pmatrix} \text{m}$$

子情境 4　间接平差的精度评定

一、单位权中误差和 $[pvv]$ 的计算

1. 单位权中误差计算公式

间接平差计算单位权中误差的公式和条件平差中的计算公式一样,仍然为

$$\sigma_0 = \pm \sqrt{\frac{[pvv]}{n-t}} = \pm \sqrt{\frac{[pvv]}{r}} \tag{5-49}$$

式中　n——观测值的个数;

　　　t——必要观测数。

2. $V^{\mathrm{T}}PV$ 的计算

在式(5-49)中 $[pvv]$(矩阵形式为 $V^{\mathrm{T}}PV$)的计算,在间接平差中可用如下两种计算方法:

(1)直接用权乘以观测值改正数的平方后求和得到

当法方程解算完毕得到未知数的值后,将未知数的值代入误差方程,即

$$v_i = a_i \delta_{x_1} + b_i \delta_{x_2} + \cdots + t_i \delta_{x_t} + l_i \quad (i = 1, 2, \cdots, n)$$

求各观测值改正数 v_i 后,则可计算 $[pvv]$,即

$$[pvv] = p_1 v_1^2 + p_2 v_2^2 + \cdots + p_n v_n^2 \tag{5-50}$$

(2)用法方程式的常数项、未知数的值和 $[pll]$ 计算

从前面的内容(误差方程式的列立)中已知 $V = B\delta_x + l$,将其代入 $V^{\mathrm{T}}PV$,即

$$V^{\mathrm{T}}PV = (B\delta_x + l)^{\mathrm{T}}PV = \delta_x^{\mathrm{T}}B^{\mathrm{T}}PV + l^{\mathrm{T}}PV$$

由式(5-8)可知

$$\underset{t \times n}{B^{\mathrm{T}}} \underset{n \times n}{P} \underset{n \times 1}{V} = 0$$

故

$$V^{\mathrm{T}}PV = l^{\mathrm{T}}PV = l^{\mathrm{T}}P(B\delta_x + l) = l^{\mathrm{T}}Pl + l^{\mathrm{T}}PB\delta_x \qquad (5\text{-}51)$$

式(5-51)的纯量形式为

$$[pvv] = [pll] + [pal]\delta_{x_1} + [pbl]\delta_{x_2} + \cdots + [ptl]\delta_{x_t} \qquad (5\text{-}52)$$

当法方程中的未知数 $\delta_{x_1}, \delta_{x_2}, \cdots, \delta_{x_t}$ 计算出来后,即可用式(5-52)计算$[pvv]$。式中,$[pal], [pbl], \cdots, [ptl]$为法方程中各式的常数项,$[pll]$是由误差方程式中的常数和观测值的权一起组成的一个数,可在组成法方程常数项时一并组成。

二、未知数函数的中误差

1. 未知数函数中误差的计算公式

$$\sigma_\phi = \sigma_0 \sqrt{\frac{1}{p_\phi}} \qquad (5\text{-}53)$$

式中　σ_0——单位权中误差;

$\dfrac{1}{p_\phi}$——函数 ϕ 的权倒数。

2. 未知数的函数

在间接平差中,解算法方程首先得到的是 t 个未知数的值。有了这些未知数的值,即可用它们计算该平差问题中任意一个量的平差值(最或然值)。如图 5-12 所示的水准网,已知 A 点的高程为 H_A。若平差时选定 AP_1、AP_2、P_3P_1 等 3 条路线高差的平差值作为未知数 x_1、x_2、x_3,则在平差后不但求得了未知数,即 AP_1、AP_2、P_3P_1 等 3 条路线高差的平差值,而且可根据这些未知数求出其他各观测高差或者待定点高程的平差值。例如,P_1P_2 高差的平差值为

$$\hat{h}_2 = -x_1 + x_2$$

P_3 点的高程平差值为

$$H_{P_3} = H_A + x_1 - x_3$$

以上所求 P_1P_2 高差的平差值和 P_3 点的高程平差值的函数关系式,从上面两式可知,它们都是未知数的线性函数。

又如,在图 5-7 中,求得 D 点坐标平差值后,即可计算任何一条边的边长或坐标方位角的平差值。如 AD 间边长平差值为

$$s_{AD} = \sqrt{(x_D - x_A)^2 + (y_D - y_A)^2}$$

AD 边坐标方位角的平差值为

$$\alpha_{AD} = \arctan\frac{y_D - y_A}{x_D - x_A}$$

以上两式中的边长和坐标方位角的平差值是未知数的非线性函数。

以上说明了在间接平差中,某平差问题中任一个量的平差值都可由该平差问题中的未知数求得,或者说,都可表达成未知数的函数。

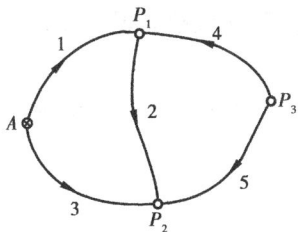

图 5-12

139

3. 未知数函数的权倒数

从式(5-53)可知,要求得一个量的中误差,首先必须计算出该量的权倒数,为此,下面将从一般情况来讨论如何求得未知数函数的权倒数问题。设有未知数的线性函数为

$$\phi = f_1x_1 + f_2x_2 + \cdots + f_tx_t + f_0 \tag{5-54}$$

令有矩阵

$$f_{t\times1} = \begin{pmatrix} f_1 \\ f_2 \\ \vdots \\ f_t \end{pmatrix} \qquad X_{t\times1} = \begin{pmatrix} x_1 \\ x_2 \\ \vdots \\ x_t \end{pmatrix}$$

则未知数函数的矩阵表达式为

$$\phi = f^T X + f_0 \tag{5-55}$$

将式(5-55)运用协因数传播律,有

$$\frac{1}{p_\phi} = f^T Q_{xx} f \tag{5-56}$$

式(5-56)为计算未知数函数的权倒数的第一公式,式中,Q_{xx}为法方程中未知数的协因数阵。

在已知观测值权的情况下,为了用观测值的权计算未知数函数的权倒数$\frac{1}{p_\phi}$,必须将式(5-55)化成独立观测值的线性函数。由式(5-14)有

$$X = -(B^TPB)^{-1}B^TPl = -N_{bb}^{-1}B^TPl$$

将其代入未知数的函数中,得

$$\phi = -f^T(B^TPB)^{-1}B^TPl + f_0 = -f^TN_{bb}^{-1}B^TPl + f_0$$

又因$l_i = d_i - L_i$,故上式又可写为

$$\phi = f^TN_{bb}^{-1}B^TPL - f^TN_{bb}^{-1}B^TPd + f_0 \tag{5-57}$$

式(5-57)中,右端第2、第3项都是和观测值无关的常数项,第1项中的L为观测值列阵。至此,已将式(5-55)化成了直接观测值的线性函数,对式(5-57)应用协因数传播律,得函数的权倒数为

$$\frac{1}{p_\phi} = f^TN_{bb}^{-1}B^TPP^{-1}(f^TN_{bb}^{-1}B^TP)^T = f^TN_{bb}^{-1}f \tag{5-58}$$

式中,N_{bb}^{-1}是法方程系数阵的逆阵。将式(5-58)与式(5-56)相比较,有

$$\frac{1}{p_\phi} = f^TN_{bb}^{-1}f = f^TQ_{xx}f$$

可知$N_{bb}^{-1} = Q_{xx}$,即N_{bb}^{-1}就是未知数的协因数阵,或称为未知数的权系数阵。因法方程的系数阵N_{bb}是对称方阵,故N_{bb}^{-1}也是对称方阵,即

$$N_{bb}^{-1} = Q_{xx} = \begin{pmatrix} Q_{11} & Q_{12} & \cdots & Q_{1t} \\ Q_{21} & Q_{22} & \cdots & Q_{2t} \\ \vdots & \vdots & & \vdots \\ Q_{t1} & Q_{t2} & \cdots & Q_{tt} \end{pmatrix} = \begin{pmatrix} Q_{x_1x_1} & Q_{x_1x_2} & \cdots & Q_{x_1x_t} \\ Q_{x_2x_1} & Q_{x_2x_2} & \cdots & Q_{x_2x_t} \\ \vdots & \vdots & & \vdots \\ Q_{x_tx_1} & Q_{x_tx_2} & \cdots & Q_{x_tx_t} \end{pmatrix} \tag{5-59}$$

式(5-59)右端矩阵中主对角线上的元素$Q_{x_ix_i}$就是未知数x_i的协因数(权倒数)。

在式(5-58)中,若记

$$\underset{1\times t}{q^{\mathrm{T}}} = \underset{1\times t}{f^{\mathrm{T}}} \underset{t\times t}{N^{-1}}$$

则式(5-58)变为

$$\frac{1}{p_\phi} = q^{\mathrm{T}} B^{\mathrm{T}} P P^{-1} (q^{\mathrm{T}} B^{\mathrm{T}} P)^{\mathrm{T}} = q^{\mathrm{T}} B^{\mathrm{T}} P B q = q^{\mathrm{T}} N_{bb} q$$

即

$$\frac{1}{p_\phi} = q^{\mathrm{T}} N_{bb} q \tag{5-60}$$

式(5-60)是计算权倒数的第二公式。

再将式 $q = N_{bb}^{-1} f$ 代入式(5-60),得

$$\frac{1}{p_\phi} = f^{\mathrm{T}} q \tag{5-61}$$

式(5-61)是计算权倒数的第三公式。其纯量形式为

$$\frac{1}{p_\phi} = f_1 q_1 + f_2 q_2 + \cdots + f_t q_t \tag{5-62}$$

由式(5-62)可知,该公式中的 f_i 是式(5-54)中未知数的系数,只要函数形式是线性的,其 f_i 很容易得到。若用式(5-61)计算未知数函数的权倒数,只需解算出 q 阵即可。q 为转换系数列矩阵,其中的元素称为转换系数,可由如下方程解出

$$N_{bb} q - f = 0 \tag{5-63}$$

该式称为转换系数方程组。它与法方程组比较:其系数与法方程组中未知数的系数完全一样,仅未知数与常数项不同,其常数项则为式(5-54)中未知数系数的反号。

当求得未知数的权倒数 $\dfrac{1}{p_\phi}$ 后,即可按式(5-53)计算函数 ϕ 的中误差。

图 5-13

例 5-11　如图 5-13 所示的水准网,A、B 为已知水准点,其高程 H_A、H_B,设为无误差,各观测路线的长度为

$$s_1 = s_4 = 4 \text{ km}, s_2 = s_3 = 2 \text{ km}$$

试求未知高程点 P_2 平差后高程的权倒数。

解　①列出误差方程式和未知数函数式。本题中 $t = 2$,选择未知点 P_1、P_2 点高程平差值为未知数,设为 x_1、x_2,根据图 5-13 组成误差方程式为

$$\left. \begin{array}{l} v_1 = \delta_{x_1} + l_1 \\ v_2 = -\delta_{x_1} + \delta_{x_2} + l_2 \\ v_3 = -\delta_{x_1} + \delta_{x_2} + l_3 \\ v_4 = -\delta_{x_2} + l_4 \end{array} \right\}$$

其矩阵形式为

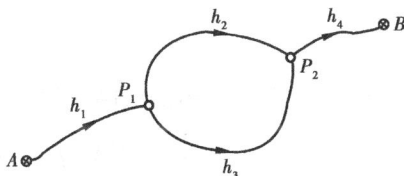

$$V = \begin{pmatrix} 1 & 0 \\ -1 & 1 \\ -1 & 1 \\ 0 & -1 \end{pmatrix} \begin{pmatrix} \delta_{x_1} \\ \delta_{x_2} \end{pmatrix} + \begin{pmatrix} l_1 \\ l_2 \\ l_3 \\ l_4 \end{pmatrix}$$

令 $C = 4$，即以 4 km 观测高差为单位权观测值，由 $P_i = \dfrac{C}{s_i}$，确定各条路线的权为

$$P_1 = P_4 = 1, P_2 = P_3 = 2$$

P_2 点高程平差值的函数式为

$$\phi = x_2$$

由此得

$$f_1 = 0, f_2 = 1$$

②组成法方程系数为

$$N_{bb} = \begin{pmatrix} 1 & -1 & -1 & 0 \\ 0 & 1 & 1 & -1 \end{pmatrix} \begin{pmatrix} 1 & 0 & 0 & 0 \\ 0 & 2 & 0 & 0 \\ 0 & 0 & 2 & 0 \\ 0 & 0 & 0 & 1 \end{pmatrix} \begin{pmatrix} 1 & 0 \\ -1 & 1 \\ -1 & 1 \\ 0 & -1 \end{pmatrix} = \begin{pmatrix} 5 & -4 \\ -4 & 5 \end{pmatrix}$$

③计算权倒数

方法 1：根据式（5-56）计算。

由法方程系数矩阵求逆可得

$$N_{bb}^{-1} = Q_{xx} = \begin{pmatrix} 0.56 & 0.44 \\ 0.44 & 0.56 \end{pmatrix}$$

求得 P_2 高程平差值的权倒数为

$$\frac{1}{p_\phi} = f^{\mathrm{T}} N_{bb}^{-1} f = \begin{pmatrix} 0 & 1 \end{pmatrix} \begin{pmatrix} 0.56 & 0.44 \\ 0.44 & 0.56 \end{pmatrix} \begin{pmatrix} 0 \\ 1 \end{pmatrix} = 0.56$$

方法 2：按式（5-60）计算。

根据法方程系数和未知数函数式中的 f 值，组成转换系数方程组为

$$N_{bb} q - f = 0$$

即

$$\begin{pmatrix} 5 & -4 \\ -4 & 5 \end{pmatrix} \begin{pmatrix} q_1 \\ q_2 \end{pmatrix} - \begin{pmatrix} f_1 \\ f_2 \end{pmatrix} = 0$$

解此方程组，得转换系数为

$$\begin{pmatrix} q_1 \\ q_2 \end{pmatrix} = \begin{pmatrix} 0.44 \\ 0.56 \end{pmatrix}$$

则权倒数为

$$\frac{1}{p_\phi} = q^{\mathrm{T}} N_{bb} q = \begin{pmatrix} 0.44 & 0.56 \end{pmatrix} \begin{pmatrix} 5 & -4 \\ -4 & 5 \end{pmatrix} \begin{pmatrix} 0.44 \\ 0.56 \end{pmatrix} = 0.56$$

方法 3：根据式（5-61）计算。

其权倒数为

$$\frac{1}{p_\phi} = f^{\mathrm{T}} q = (0 \quad 1)\begin{pmatrix} 0.44 \\ 0.56 \end{pmatrix} = 0.56$$

在实际平差计算中,选用其中之一计算权倒数即可,至于用哪一个公式,则看其计算的方便,一般来说,当法方程式系数阵的逆阵求出后,用式(5-56)应较方便。

以上所述是当未知数函数为线性函数的情况,若未知数函数为非线性函数时如何求其权倒数呢?下面予以简单讨论。

设间接平差问题中有 t 个未知数,未知数的函数式为

$$\varphi = \phi(x_1, x_2, \cdots, x_t) \tag{5-64}$$

将式(5-64)按台劳级数展开,取至一次项,得

$$\varphi = \phi(x_1^0, x_2^0, \cdots, x_t^0) + \left(\frac{\partial \phi}{\partial x_1}\right)_0 \delta_{x_1} + \left(\frac{\partial \phi}{\partial x_2}\right)_0 \delta_{x_2} + \cdots + \left(\frac{\partial \phi}{\partial x_t}\right)_0 \delta_{x_t}$$

令上式中

$$f_i = \left(\frac{\partial \phi}{\partial x_i}\right)_0 \qquad (i = 1, 2, \cdots, t)$$

$$f_0 = \phi(x_1^0, x_2^0 \cdots, x_t^0)$$

为此,未知数函数可写为

$$\varphi = f_1 \delta_{x_1} + f_2 \delta_{x_2} + \cdots + f_t \delta_{x_t} + f_0 \tag{5-65}$$

也可通过对式(5-64)求全微分,得

$$d\varphi = f_1 \delta_{x_1} + f_2 \delta_{x_2} + \cdots + f_t \delta_{x_t} \tag{5-66}$$

至此,已将非线性函数化为了线性函数,比较式(5-65)和式(5-54)可知,两式完全一样,但在计算函数式(5-65)的权倒数之前,还要求出式(5-66)中的 f 值,然后按3种求权倒数的方法之一计算即可。

其实,要求式(5-65)中的 f 值,只要对式(5-64)求全微分也能得到,式(5-66)就是其全微分式,式中 f 值和式(5-65)中的 f 值完全一样,故式(5-66)称为权函数式。

例 5-12　试求如图 5-7 所示的三角网,平差后 DA 边坐标方位角的权倒数。

解　该题的误差方程式在前面的例 5-4 中已列出,法方程也在例 5-8 中组成,在此略。

①列出 DA 边坐标方位角平差值的函数关系式及权函数式

$$\alpha_{DA} = \arctan \frac{y_A - y_D}{x_A - x_D}$$

式中,A 点坐标为已知,对该函数全微分后,得权函数式为

$$\delta_{\alpha_{DA}} = \frac{\rho'' \Delta y_{DA}^0}{(s_{DA}^0)^2 \cdot 10} \delta_{x_D} - \frac{\rho'' \Delta x_{DA}^0}{(s_{DA}^0)^2 \cdot 10} \delta_{y_D}$$

将例 5-4 中数据代入,即得其权函数式的最后形式为

$$\delta_{\alpha_{DA}} = -4.22 \delta_{x_D} + 1.04 \delta_{y_D}$$

这个权函数式实际上就是 DA 边的坐标方位角改正数方程式,由权函数式可得

$$f^{\mathrm{T}} = (-4.22 \quad +1.04)$$

②组成法方程系数阵

在例 5-8 中已算出该平差问题的法方程式系数阵为

$$N_{bb} = \begin{pmatrix} 114.84 & -25.53 \\ -25.53 & 86.57 \end{pmatrix}$$

③计算 DA 边坐标方位角的权倒数

方法1：按式(5-56)计算。

计算法方程系数矩阵的逆阵，得

$$N_{bb}^{-1} = \begin{pmatrix} 0.009\ 3 & 0.002\ 7 \\ 0.002\ 7 & 0.012\ 4 \end{pmatrix}$$

DA 边坐标方位角的权倒数为

$$\frac{1}{p_{\alpha_{DA}}} = f^{\mathrm{T}} N_{BB}^{-1} f = (-4.22 \quad +1.04) \begin{pmatrix} 0.009\ 3 & 0.002\ 7 \\ 0.002\ 7 & 0.012\ 4 \end{pmatrix} \begin{pmatrix} -4.22 \\ +1.04 \end{pmatrix} = 0.16$$

方法2：按式(6-60)计算

由法方程系数阵和 f 值组成转换系数方程组为

$$\begin{pmatrix} 114.84 & -25.53 \\ -25.53 & 86.57 \end{pmatrix} \begin{pmatrix} q_1 \\ q_2 \end{pmatrix} - \begin{pmatrix} -4.22 \\ +1.04 \end{pmatrix} = 0$$

解之，得

$$\begin{pmatrix} q_1 \\ q_2 \end{pmatrix} = \begin{pmatrix} -0.036\ 4 \\ +0.001\ 2 \end{pmatrix}$$

由计算权倒数的第二公式(5-60)，得

$$\frac{1}{p_{\alpha_{DA}}} = q^{\mathrm{T}} N_{bb} q = (-0.036\ 4 \quad +0.001\ 2) \begin{pmatrix} 114.84 & -25.53 \\ -25.53 & 86.57 \end{pmatrix} \begin{pmatrix} -0.036\ 4 \\ +0.001\ 2 \end{pmatrix} = 0.16$$

方法3：由权倒数的第三公式(5-61)，得

$$\frac{1}{p_{\alpha_{DA}}} = f^{\mathrm{T}} q = (-4.22 \quad +1.04) \begin{pmatrix} -0.036\ 4 \\ +0.001\ 2 \end{pmatrix} = 0.16$$

三、未知数的权倒数及权系数阵

在间接平差中，未知数本身就是某些量的最或然值，在已知单位权中误差时，要计算这些最或然值中误差，就必须求出这些最或然值(未知数)的权倒数。

设有未知数函数为 $\phi = x_i$，这时求得的 $\dfrac{1}{p_\phi}$ 就是未知数 x_i 的权倒数，因此，求未知数的权倒数，只不过是求未知数函数的权倒数的一种特例。

设有 t 个未知数的平差问题，未知数函数为

$$\phi = x_1$$

这时，$f_1 = 1$，其余 $f_i = 0$。则该函数中未知数系数的矩阵为

$$f = \begin{pmatrix} 1 \\ 0 \\ \vdots \\ 0 \end{pmatrix}$$

根据式(5-56)得未知数 x_1 的权倒数为

$$\frac{1}{p_\phi} = \frac{1}{p_{x_1}} = f^{\mathrm{T}} Q_{xx} f = \begin{pmatrix} 1 & 0 & \cdots & 0 \end{pmatrix} \begin{pmatrix} Q_{11} & Q_{12} & \cdots & Q_{1t} \\ Q_{21} & Q_{22} & \cdots & Q_{2t} \\ \vdots & \vdots & & \vdots \\ Q_{t1} & Q_{t2} & \cdots & Q_{tt} \end{pmatrix} \begin{pmatrix} 1 \\ 0 \\ \vdots \\ 0 \end{pmatrix} = Q_{11} = Q_{x_1 x_1}$$

由此得出 Q_{11} 是第一个未知数的权倒数。同理,当 $\phi = x_i$ 时,未知数 x_i 的权倒数为

$$\frac{1}{p_\phi} = \frac{1}{p_{x_i}} = Q_{ii} = Q_{x_i x_i}$$

由此可知,未知数协因数 Q_{xx} 主对角线上的元素就是相应未知数的权倒数,其中第 i 行第 i 列的元素 Q_{ii} 就是第 i 个未知数的权倒数。通常将这些主对角线上的元素称为未知数的权倒数,即自乘权系数。并把 Q_{xx} 阵称为权系数阵(或协因数阵),它是法方程系数阵的逆阵,即

$$N_{bb}^{-1} = Q_{xx} = \begin{pmatrix} Q_{11} & Q_{12} & \cdots & Q_{1t} \\ Q_{21} & Q_{22} & \cdots & Q_{2t} \\ \vdots & \vdots & & \vdots \\ Q_{t1} & Q_{t2} & \cdots & Q_{tt} \end{pmatrix} = \begin{pmatrix} Q_{x_1 x_1} & Q_{x_1 x_2} & \cdots & Q_{x_1 x_t} \\ Q_{x_2 x_1} & Q_{x_2 x_2} & \cdots & Q_{x_2 x_t} \\ \vdots & \vdots & & \vdots \\ Q_{x_t x_1} & Q_{x_t x_2} & \cdots & Q_{x_t x_t} \end{pmatrix}$$

若要求平差问题中所有未知数的权倒数,只需要对该平差问题中的法方程系数阵求其逆矩阵,即可得到上面的权系数阵,每个未知数的权倒数也就可从其主对角线上得到了。

例 5-13   如图 5-2 所示的水准网,已知数据见例 5-1,试求未知高程点的高程平差值中误差。

解   ①由例 5-1 可得,误差方程式、权阵为

$$V = \begin{pmatrix} 1 & 0 & 0 \\ -1 & 1 & 0 \\ 0 & 1 & 0 \\ 0 & 1 & -1 \\ 0 & 0 & 1 \end{pmatrix} \begin{pmatrix} \delta_{x_1} \\ \delta_{x_2} \\ \delta_{x_3} \end{pmatrix} + \begin{pmatrix} 0 \\ +23 \\ 0 \\ -14 \\ 0 \end{pmatrix}$$

$$P = \begin{pmatrix} 2.9 & 0 & 0 & 0 & 0 \\ 0 & 3.7 & 0 & 0 & 0 \\ 0 & 0 & 2.5 & 0 & 0 \\ 0 & 0 & 0 & 3.3 & 0 \\ 0 & 0 & 0 & 0 & 4.0 \end{pmatrix}$$

②组成的法方程式

$$\begin{pmatrix} 6.6 & -3.7 & 0 \\ -3.7 & 9.5 & -3.3 \\ 0 & -3.3 & 7.3 \end{pmatrix} \begin{pmatrix} \delta_{x_1} \\ \delta_{x_2} \\ \delta_{x_3} \end{pmatrix} + \begin{pmatrix} -85.1 \\ +38.9 \\ +46.2 \end{pmatrix} = 0$$

③解算法方程式并求系数阵的逆阵

$$N_{bb}^{-1} = \begin{pmatrix} 0.204\ 5 & 0.094\ 5 & 0.042\ 7 \\ 0.094\ 5 & 0.168\ 5 & 0.076\ 2 \\ 0.042\ 7 & 0.076\ 2 & 0.171\ 4 \end{pmatrix}$$

$$\begin{pmatrix} \delta_{x_1} \\ \delta_{x_2} \\ \delta_{x_3} \end{pmatrix} = \begin{pmatrix} +11.75 \\ -2.04 \\ -7.25 \end{pmatrix} \text{mm}$$

④计算 $[pvv]$ 和单位权中误差 σ_0

$$[pvv] = l^T Pl + l^T PB\delta_x = 2\,604.1 + (-85.1 \quad 38.9 \quad 46.2) \begin{pmatrix} 11.75 \\ -2.04 \\ -7.25 \end{pmatrix} = 1\,190$$

$$\sigma_0 = \pm\sqrt{\frac{[pvv]}{n-t}} = \pm\sqrt{\frac{1\,190}{5-3}} \text{ mm} = \pm 24.4 \text{ mm}$$

⑤计算 B、C、D 点高程平差值的中误差

$$\left.\begin{array}{l} \sigma_{H_B} = \sigma_0 \sqrt{Q_{11}} \pm 24.4 \sqrt{0.204\,5} \text{ mm} = \pm 11.0 \text{ mm} \\ \sigma_{H_C} = \sigma_0 \sqrt{Q_{22}} \pm 24.4 \sqrt{0.168\,5} \text{ mm} = \pm 10.0 \text{ mm} \\ \sigma_{H_D} = \sigma_0 \sqrt{Q_{33}} \pm 24.4 \sqrt{0.171\,4} \text{ mm} = \pm 10.1 \text{ mm} \end{array}\right\}$$

子情境5　间接平差算例

一、水准网平差算例

例5-14　如图5-14所示的水准网,A、B 为已知高程点,其余为高程未知点。已知点高程、观测高差和路线长见表5-13。试按间接平差求:

表5-13　已知数据及观测数据表

线路编号	观测高差/m	路线长度/km	已知点高程/m
1	+1.359	1.1	$H_A = 15.016$
2	+2.009	1.7	$H_B = 16.016$
3	+0.363	2.3	
4	+1.012	2.7	
5	+0.657	2.4	
6	-0.357	4.0	

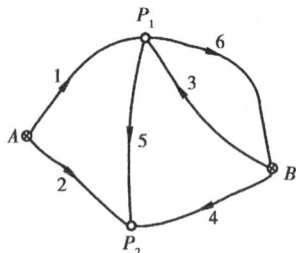

图5-14

①P_1、P_2 点的高程平差值;

②P_1 至 P_2 点间高差平差值的中误差;

③待定点 P_1、P_2 高程平差值的中误差。

解　①设定未知数

本平差问题中 $t=2$,设 P_1、P_2 点高程平差值为未知数,即

$$x_1 = \hat{H}_{P_1} \qquad x_2 = \hat{H}_{P_2}$$

②列误差方程式和权函数式

给未知数引入近似值

$$x_1^0 = H_A + h_1 = 16.375 \text{ m}$$
$$x_2^0 = H_A + h_2 = 17.025 \text{ m}$$

其误差方程为

$$\left.\begin{array}{l} v_1 = \delta_{x_1} \qquad + 0 \\ v_2 = \qquad + \delta_{x_2} + 0 \\ v_3 = \delta_{x_1} \qquad - 4 \\ v_4 = \qquad + \delta_{x_2} - 3 \\ v_5 = -\delta_{x_1} + \delta_{x_2} - 7 \\ v_6 = -\delta_{x1} \qquad - 2 \end{array}\right\}$$

式中,常数项以 mm 为单位。

误差方程式的矩阵形式为

$$V = \begin{pmatrix} 1 & 0 \\ 0 & 1 \\ 1 & 0 \\ 0 & 1 \\ -1 & 1 \\ -1 & 0 \end{pmatrix} \begin{pmatrix} \delta_{x_1} \\ \delta_{x_2} \end{pmatrix} + \begin{pmatrix} 0 \\ 0 \\ -4 \\ -3 \\ -7 \\ -2 \end{pmatrix}$$

P_1 至 P_2 点间高差平差值的函数式和权函数式为

$$\phi = \hat{h}_5 = -x_1 + x_2$$
$$\Delta\phi = \delta_{\hat{h}_5} = -\delta_{x_1} + \delta_{x_2}$$

由此得 f 阵(计算 P_1 至 P_2 点间高差平差值权倒数所用)为

$$f^{\text{T}} = (\ -1 \quad +1\ )$$

③组成法方程

a. 定权

设 $c = 1$ km,定权公式为 $P_i = \dfrac{1}{s_i}$,各高差观测值相互独立,得各观测高差的权阵为

$$P = \begin{pmatrix} 0.91 & 0 & 0 & 0 & 0 & 0 \\ 0 & 0.59 & 0 & 0 & 0 & 0 \\ 0 & 0 & 0.43 & 0 & 0 & 0 \\ 0 & 0 & 0 & 0.37 & 0 & 0 \\ 0 & 0 & 0 & 0 & 0.42 & 0 \\ 0 & 0 & 0 & 0 & 0 & 0.25 \end{pmatrix}$$

b. 组成法方程为

$$\begin{pmatrix} +2.01 & -0.42 \\ -0.42 & +1.38 \end{pmatrix} \begin{pmatrix} \delta_{x_1} \\ \delta_{x_2} \end{pmatrix} + \begin{pmatrix} +1.72 \\ -4.05 \end{pmatrix} = 0$$

④解算法方程,得未知数的值为

$$\delta_x = \begin{pmatrix} \delta_{x_1} \\ \delta_{x_2} \end{pmatrix} = \begin{pmatrix} -0.3 \\ +2.9 \end{pmatrix}$$

P_1、P_2 点高差平差值为

$$\begin{pmatrix} \hat{H}_{P_1} \\ \hat{H}_{P_2} \end{pmatrix} = \begin{pmatrix} 16.375 \\ 17.025 \end{pmatrix}\text{m} + \begin{pmatrix} -0.3 \\ +2.9 \end{pmatrix}\text{mm} = \begin{pmatrix} 16.374\ 7 \\ 17.027\ 9 \end{pmatrix}\text{m}$$

⑤计算观测值改正数和平差值

由误差方程计算得观测值改正数以及平差值为

$$\left.\begin{aligned} v_1 &= -0.3\ \text{mm} \\ v_2 &= +2.9\ \text{mm} \\ v_3 &= -4.3\ \text{mm} \\ v_4 &= -0.1\ \text{mm} \\ v_5 &= -3.9\ \text{mm} \\ v_6 &= -1.7\ \text{mm} \end{aligned}\right\} \qquad \left.\begin{aligned} \hat{L}_1 &= 1.359\ \text{m} \\ \hat{L}_2 &= 2.012\ \text{m} \\ \hat{L}_2 &= 0.359\ \text{m} \\ \hat{L}_4 &= 1.012\ \text{m} \\ \hat{L}_5 &= 0.653\ \text{m} \\ \hat{L}_6 &= -0.359\ \text{m} \end{aligned}\right\}$$

⑥评定精度

通过对法方程的系数阵求逆,得未知数的协因数阵为

$$N_{BB}^{-1} = Q_{xx} = \begin{pmatrix} 0.533\ 6 & 0.161\ 7 \\ 0.161\ 7 & 0.773\ 9 \end{pmatrix}$$

a. 单位权中误差的计算。根据改正数和权直接计算的 $[pvv] = 19.76$

$$\sigma_0 = \pm\sqrt{\frac{19.76}{4}}\ \text{mm} = \pm 2.2\ \text{mm}$$

b. 待定点高程平差值的中误差为

$$\sigma_{P1} = \sigma_0 \sqrt{\frac{1}{p_{x_1}}} = \pm 2.2\ \sqrt{0.53}\ \text{mm} = \pm 1.6\text{mm}$$

$$\sigma_{P2} = \sigma_0 \sqrt{\frac{1}{p_{x_2}}} = \pm 2.2\ \sqrt{0.77}\text{mm} = \pm 1.9\text{mm}$$

c. 根据式(5-56)计算 P_1 至 P_2 点间高差平差值的权倒数为

$$\frac{1}{p_{\hat{h}_5}} = f^{\text{T}} N_{bb}^{-1} f = (-1 \quad +1)\begin{pmatrix} 0.533\ 6 & 0.161\ 7 \\ 0.161\ 7 & 0.773\ 9 \end{pmatrix}\begin{pmatrix} -1 \\ +1 \end{pmatrix} = 0.984\ 1$$

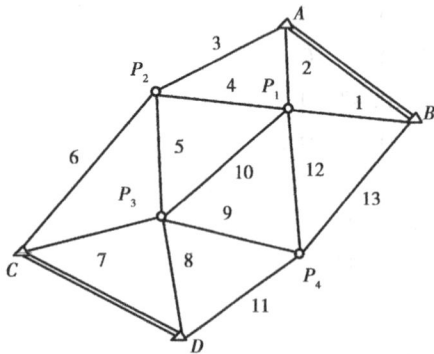

图 5-15

P_1 至 P_2 点间高差平差值中误差为

$$\sigma_{\hat{h}_5} = \sigma_0 \sqrt{\frac{1}{p_{\hat{h}_5}}} = \pm 2.2\ \sqrt{0.984\ 1}\ \text{mm} = \pm 2.2\ \text{mm}$$

二、测边网坐标平差算例

例5-15 如图 5-15 所示的测边网,网中 A、B、C、D 为已知点,P_1、P_2、P_3 和 P_4 为待定点,同精度观测了 13 条边长。起算数据及观测值见表 5-14。试按坐标平差法求待定点的坐标平差值及其中误差。

解 ①计算待定点的近似坐标

按子情境 2 中例 5-5 的计算公式,分别计算各待定点的坐标近似值。首先由已知点 B、A 和观测值 L_1、L_2 交会计算待定点 P_1 的近似坐标;再由 P_1、A 和观测值 L_4、L_3 计算 P_2 点的近似坐标;由 P_1、P_2 和 L_{10}、L_5 计算 P_3 点的近似坐标;最后由 P_1、P_3 和 L_{12}、L_9 计算 P_4 点的近似坐标。其计算结果为

表 5-14　已知数据和观测数据表

点　名	坐标/m		边长/m	坐标方位角
	x	y		
A	53 743.136	61 003.826	7 804.558	138°00′08.6″
B	47 943.002	66 225.854		
C	40 049.229	53 782.790	7 889.381	113°19′50.8″
D	36 924.728	61 027.086		

编　　号	边观测值/m	编　号	边观测值/m	编　号	边观测值/m
1	5 760.706	6	8 720.162	11	5 487.073
2	5 187.342	7	5 598.570	12	8 884.587
3	7 838.880	8	7 494.881	13	7 228.367
4	5 483.158	9	7 493.323		
5	5 731.788	10	5 438.382		

$$x_1^0 = 48\ 580.270\ \text{m} \left.\right\} \qquad x_2^0 = 48\ 681.390\ \text{m} \left.\right\}$$
$$y_1^0 = 60\ 500.505\ \text{m} \qquad\qquad y_2^0 = 55\ 018.279\ \text{m}$$
$$x_3^0 = 43\ 767.223\ \text{m} \left.\right\} \qquad x_4^0 = 40\ 843.219\ \text{m} \left.\right\}$$
$$y_3^0 = 57\ 968.593\ \text{m} \qquad\qquad y_4^0 = 64\ 867.875\ \text{m}$$

表 5-15　误差方程式系数及常数项

边　号	方　　　向	$\Delta x^0/\text{m}$	$\Delta y^0/\text{m}$	s^0/m	$a = -\dfrac{\Delta x^0}{s^0}$	$b = -\dfrac{\Delta y^0}{s^0}$	$l = s^0 - L/\text{dm}$
1	$P_1 B$	− 637.268	5 725.349	5 760.706	0.110 6	− 0.993 9	0.001 7
2	$P_1 A$	5 162.866	503.321	5 187.342	− 0.995 3	− 0.097 0	− 0.000 3
3	$P_2 A$	5 061.746	5 985.547	7 838.880	− 0.645 7	− 0.763 6	− 0.003 7
4	$P_2 P_1$	− 101.120	5 482.226	5 483.158	0.018 4	− 0.999 8	− 0.005 0
5	$P_2 P_3$	− 4 914.167	2 950.314	5 781.788	0.857 4	− 0.154 7	0.003 2
6	$P_2 C$	− 8 632.161	− 1 235.489	8 720.128	0.989 9	0.141 7	0.337 6
7	$P_3 C$	− 3 717.994	− 4 185.803	5 598.609	0.664 1	0.747 7	− 0.393 0
8	$P_3 D$	− 6 842.495	3 058.493	7 494.939	0.912 9	− 0.408 1	− 0.584 4
9	$P_3 P_4$	− 2 924.004	6 899.282	7 493.323	0.390 2	− 0.920 7	− 0.001 3
10	$P_3 P_1$	4 813.047	2 531.912	5 438.382	− 0.885 0	− 0.465 6	− 0.000 9
11	$P_4 D$	− 3 918.491	− 3 840.789	5 486.915	0.714 2	0.700 0	1.584 0
12	$P_4 P_1$	7 737.051	− 4 367.370	8 884.587	− 0.870 8	0.491 6	0.004 1
13	$P_4 B$	7 099.783	1 357.979	7 228.487	− 0.982 2	− 0.187 9	− 1.200 9

②计算误差方程式的系数及常数项

由已知点坐标及待定点近似坐标计算系数及常数,其结果如表5-15所示。

根据表5-15中的 a、b 系数及常数项可列出测边网的13个误差方程式,用矩阵表达为

$$V = B\delta_x + l$$

式中各矩阵分别为

$$V = (v_1 \quad v_2 \quad v_3 \quad v_4 \quad v_5 \quad v_6 \quad v_7 \quad v_8 \quad v_9 \quad v_{10} \quad v_{11} \quad v_{12} \quad v_{13})^{\mathrm{T}}$$

$$B = \begin{pmatrix}
+0.110\,6 & -0.993\,9 & 0 & 0 & 0 & 0 & 0 & 0 \\
-0.995\,3 & -0.097\,0 & 0 & 0 & 0 & 0 & 0 & 0 \\
0 & 0 & -0.645\,7 & -0.763\,6 & 0 & 0 & 0 & 0 \\
-0.018\,4 & +0.999\,8 & +0.018\,4 & -0.999\,8 & 0 & 0 & 0 & 0 \\
0 & 0 & +0.857\,4 & -0.514\,7 & -0.857\,4 & 0.514\,7 & 0 & 0 \\
0 & 0 & +0.989\,9 & -0.141\,7 & 0 & 0 & 0 & 0 \\
0 & 0 & 0 & 0 & +0.664\,1 & +0.747\,7 & 0 & 0 \\
0 & 0 & 0 & 0 & +0.912\,9 & -0.408\,1 & 0 & 0 \\
0 & 0 & 0 & 0 & +0.390\,2 & -0.920\,7 & -0.390\,2 & +0.920\,7 \\
+0.885\,0 & +0.465\,6 & 0 & 0 & -0.885 & -0.465\,6 & 0 & 0 \\
0 & 0 & 0 & 0 & 0 & 0 & +0.714\,2 & +0.700\,0 \\
+0.870\,8 & -0.491\,6 & 0 & 0 & 0 & 0 & -0.870\,8 & +0.491\,6 \\
0 & 0 & 0 & 0 & 0 & 0 & -0.982\,2 & -0.187\,9
\end{pmatrix}$$

$$\delta_x = \begin{pmatrix} \delta_{x_1} \\ \delta_{y_1} \\ \delta_{x_2} \\ \delta_{y_2} \\ \delta_{x_3} \\ \delta_{y_3} \\ \delta_{x_4} \\ \delta_{y_4} \end{pmatrix} \qquad l = \begin{pmatrix} -0.001\,7 \\ +0.000\,3 \\ +0.003\,7 \\ +0.005\,0 \\ -0.003\,2 \\ -0.337\,6 \\ +0.393\,0 \\ +0.584\,4 \\ +0.001\,3 \\ +0.000\,9 \\ -1.584\,0 \\ -0.004\,1 \\ +1.200\,9 \end{pmatrix}$$

③组成法方程

因为边长值都是等精度观测值,故根据上面的误差方程式的系数阵和常数项阵即可直接组成法方程式为

$$N_{bb}\delta_x + W = 0$$

式中

$$N_{bb} = \begin{pmatrix} 2.544\ 7 & -0.047\ 8 & -0.000\ 3 & 0.018\ 4 & -0.783\ 2 & -0.412\ 1 & -0.758\ 3 & 0.428\ 1 \\ -0.047\ 8 & 2.455\ 3 & 0.018\ 4 & -0.999\ 6 & -0.412\ 1 & -0.216\ 8 & 0.428\ 1 & -0.241\ 7 \\ -0.000\ 3 & 0.018\ 4 & 2.132\ 3 & 0.173\ 6 & -0.735\ 1 & 0.441\ 3 & 0 & 0 \\ 0.018\ 4 & -0.999\ 6 & 0.173\ 6 & 1.867\ 7 & 0.441\ 3 & -0.264\ 9 & 0 & 0 \\ -0.783\ 2 & -0.412\ 1 & -0.735\ 1 & 0.441\ 3 & 2.945\ 0 & -0.264\ 5 & -0.152\ 3 & 0.359\ 3 \\ -0.412\ 1 & -0.216\ 8 & 0.441\ 3 & -0.264\ 9 & -0.264\ 5 & 2.055\ 0 & 0.359\ 3 & -0.847\ 7 \\ -0.758\ 3 & 0.428\ 1 & 0 & 0 & -0.152\ 3 & 0.359\ 3 & 2.385\ 3 & -0.102\ 8 \\ 0.428\ 1 & -0.241\ 7 & 0 & 0 & 0.359\ 3 & -0.847\ 7 & -0.102\ 8 & 1.614\ 7 \end{pmatrix}$$

$$W = \begin{pmatrix} -0.003\ 4 \\ 0.009\ 1 \\ -0.339\ 2 \\ -0.054\ 0 \\ 0.796\ 9 \\ 0.052\ 1 \\ -2.307\ 8 \\ -1.335\ 3 \end{pmatrix}$$

④解算法方程,即可求得法方程中未知数的值,并将其代入误差方程式中计算观测边的改正数 $v_i (i = 1, 2, \cdots, 13)$,则

$$\delta_x = \begin{pmatrix} \delta_{x_1} \\ \delta_{y_1} \\ \delta_{x_2} \\ \delta_{y_2} \\ \delta_{x_3} \\ \delta_{y_3} \\ \delta_{x_4} \\ \delta_{y_4} \end{pmatrix} = \begin{pmatrix} 0.042\ 6 \\ -0.067\ 0 \\ -0.012\ 1 \\ 0.105\ 6 \\ -0.346\ 5 \\ 0.211\ 4 \\ 0.984\ 6 \\ 1.056\ 4 \end{pmatrix} \text{dm} \qquad V = \begin{pmatrix} 0.07 \\ -0.04 \\ -0.07 \\ -0.17 \\ 0.34 \\ -0.33 \\ 0.32 \\ 0.18 \\ 0.26 \\ 0.22 \\ -0.14 \\ -0.27 \\ 0.04 \end{pmatrix} \text{dm}$$

用矩阵求逆的方法求出法方程系数矩阵的逆阵为

$$N_{bb}^{-1} = \begin{pmatrix} 0.540\ 1 & -0.041\ 3 & 0.078\ 0 & -0.083\ 2 & 0.201\ 5 & -0.006\ 6 & 0.185\ 0 & -0.185\ 9 \\ -0.041\ 3 & 0.634\ 0 & -0.094\ 8 & 0.388\ 1 & -0.017\ 9 & 0.249\ 1 & -0.155\ 6 & 0.230\ 7 \\ 0.078\ 0 & -0.094\ 8 & 0.593\ 5 & -0.181\ 3 & 0.190\ 2 & -0.209\ 4 & 0.077\ 7 & -0.182\ 2 \\ -0.083\ 2 & 0.388\ 1 & -0.181\ 3 & 0.836\ 1 & -0.151\ 1 & 0.279\ 3 & -0.137\ 0 & 0.251\ 7 \\ 0.201\ 5 & -0.017\ 9 & 0.190\ 2 & -0.151\ 1 & 0.483\ 7 & -0.053\ 2 & 0.098\ 2 & -0.185\ 4 \\ -0.006\ 6 & 0.249\ 1 & -0.209\ 4 & 0.279\ 3 & -0.053\ 2 & 0.803\ 1 & -0.151\ 2 & 0.462\ 8 \\ 0.185\ 0 & -0.155\ 6 & 0.077\ 7 & -0.137\ 0 & 0.098\ 2 & -0.151\ 2 & 0.529\ 0 & -0.139\ 9 \\ -0.185\ 9 & 0.230\ 7 & -0.182\ 2 & 0.251\ 7 & -0.185\ 4 & 0.462\ 8 & -0.139\ 9 & 0.978\ 5 \end{pmatrix}$$

⑤计算平差值

a. 坐标平差值

$$x_1 = x_1^0 + \delta_{x_1} = 48\ 580.274 \text{ m}, \qquad y_1 = y_1^0 + \delta_{y_1} = 60\ 500.498 \text{ m}$$

$$x_2 = x_2^0 + \delta_{x_2} = 48\ 681.389 \text{ m}, \qquad y_2 = y_2^0 + \delta_{y_2} = 55\ 018.290 \text{ m}$$

$$x_3 = x_3^0 + \delta_{x_3} = 43\ 767.188 \text{ m}, \qquad y_3 = y_3^0 + \delta_{y_3} = 57\ 968.614 \text{ m}$$

$$x_4 = x_4^0 + \delta_{x_4} = 40\ 843.318 \text{ m}, \qquad y_4 = y_4^0 + \delta_{y_4} = 64\ 867.981 \text{ m}$$

b. 观测边的平差值为

$$\hat{L} = L + V = \begin{pmatrix} 5\ 760.713 \\ 5\ 187.338 \\ 7\ 838.873 \\ 5\ 483.142 \\ 5\ 731.822 \\ 8\ 720.128 \\ 5\ 598.602 \\ 7\ 494.899 \\ 7\ 493.349 \\ 5\ 438.404 \\ 5\ 487.059 \\ 8\ 884.560 \\ 7\ 228.370 \end{pmatrix} \text{m}$$

c. 观测边的坐标方位角平差值、三边形的内角平差值

为了检核平差结果的正确性,由已知点 A、B 出发,利用边长平差值推算待定点及已知点的坐标。此外,按此坐标推算出待定边的坐标方位角;按边长平差值推算出三边形的内角。其计算结果列于表5-16 中。由检核结果可知,平差值间已消除了矛盾。

表 5-16　平差值表

三边形	点　号	坐标平差值/m		角度平差值	边平差值	边号	方位角平差值
		x	y				
1	B	47 943.002	66 225.854	41°39′03.96″	5 187.338	2	185°34′05.42″
	A	53 743.136	61 003.826	47°33′56.86″	5 760.713	1	276°21′04.60″
	P_1	48 580.274	60 500.498	90°46′59.18″	7 804.558	BA	
2	P_1			94°30′41.48″	7 838.873	3	229°46′48.12″
	A			44°12′42.69″	5 483.141	4	271°03′23.94″
	P_2	48 681.389	55 018.290	41°16′35.83″	5 187.338	2	
3	P_1			63°18′37.46″	5 731.822	5	149°01′14.80″
	P_2			57°57′50.86″	5 438.404	10	207°44′46.48″
	P_3	43 767.188	57 968.614	58°43′31.68″	5 483.141	4	

续表

三边形	点 号	坐标平差值/m		角度平差值	边平差值/m	边号	方位角平差值
		x	y				
4	P_3			100°37′59.17″	8 720.128	6	188°08′43.02″
	P_2			39°07′28.22″	5 598.602	7	228°23′15.62″
	C	40 049.229	53 782.790	40°14′32.61″	5 731.822	5	
5	P_3			42°56′58.01″	5 487.059	11	44°25′34.76″
	D			68°30′36.77″	7 493.349	9	112°57′59.98″
	P_4	40 843.318	64 867.981	68°32′25.22″	7 494.899	8	155°54′58.00″
6	P_3			85°13′13.51″	8 884.560	12	330°33′19.58″
	P_4			37°35′19.59″	5 438.404	10	27°44′46.48″
	P_1	48 580.274	60 500.498	57°11′26.90″	7 493.349	9	
7	P_1			54°12′14.97″	7 228.370	13	10°49′39.12″
	P_4			40°16′19.54″	5 760.713	1	96°21′04.61″
	B	47 943.002	66 225.854	85°31′25.49″	8 884.560	12	

⑥精度评定

a. 单位权中误差

因本例中设各边为同精度观测并设其权为1,故单位权中误差即为测边中误差,则

$$\sigma_0 = \pm \sqrt{\frac{[vv]}{13-8}} = \pm \sqrt{\frac{0.611}{5}} \text{ dm} = \pm 0.35 \text{ dm}$$

b. 待定点坐标中误差及点位中误差

从法方程系数阵的逆阵中可得各未知数的权倒数,可用以计算未知数的中误差及其未知点的点位中误差为

$$\sigma_{x_1} = \pm 0.35 \sqrt{0.540\ 1} \text{ dm} = \pm 0.26 \text{ dm}, \sigma_{y_1} = \pm 0.35 \sqrt{0.634} \text{ dm} = \pm 0.28 \text{ dm}$$

$$\sigma_{p_1} = \pm \sqrt{0.26^2 + 0.28^2} \text{ dm} = \pm 0.38 \text{ dm}$$

$$\sigma_{x_2} = \pm 0.35 \sqrt{0.593\ 5} \text{ dm} = \pm 0.27 \text{ dm}, \sigma_{y_2} = \pm 0.35 \sqrt{0.836\ 1} \text{ dm} = \pm 0.32 \text{ dm}$$

$$\sigma_{p_2} = \pm \sqrt{0.27^2 + 0.32^2} \text{ dm} = \pm 0.42 \text{ dm}$$

$$\sigma_{x_3} = \pm 0.35 \sqrt{0.483\ 7} \text{ dm} = \pm 0.24 \text{ dm}, \sigma_{y_3} = \pm 0.35 \sqrt{0.803\ 1} \text{ dm} = \pm 0.31 \text{ dm}$$

$$\sigma_{p_3} = \pm \sqrt{0.24^2 + 0.31^2} \text{ dm} = \pm 0.39 \text{ dm}$$

$$\sigma_{x_4} = \pm 0.35 \sqrt{0.529} \text{ dm} = \pm 0.25 \text{ dm}, \sigma_{y_4} = \pm 0.35 \sqrt{0.978\ 5} \text{ dm} = \pm 0.43 \text{ dm}$$

$$\sigma_{p_4} = \pm \sqrt{0.25^2 + 0.43^2} \text{ dm} = \pm 0.43 \text{ dm}$$

三、导线网坐标平差算例

例 5-16　如图 5-16 所示为单一附合导线,网中共观测了 4 个角度和 3 条边长。已知数据列于表 5-17,观测值均列于表 5-18 中,已知测角中误差 $\sigma_\beta = \pm 5″$,测边中误差 $\sigma_{s_i} = \pm 0.5 \sqrt{s_i}$ mm,s_i 以 m 为单位,试按间接平差法求:

(1)各导线点的坐标平差值及点位精度;

（2）各观测量的平差值。

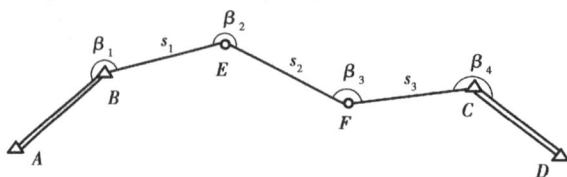

图 5-16

表 5-17　已知数据表

点　名	坐标/m		方位角
	x	y	
B	203 020.348	− 59 049.801	$\alpha_{AB} = 226°44'59''$
C	203 059.503	− 59 796.549	$\alpha_{CD} = 324°46'03''$

表 5-18　观测值表

角号	角度观测值	角号	角度观测值	边号	边观测值/m	边号	边观测值/m
1	230°32'37''	3	170°39'22''	1	204.952	3	345.153
2	180°00'42''	4	236°48'37''	2	200.130		

解　本附合导线中，必要观测数 $t=4$，选定待定导线点坐标平差值为未知数，即

$$\hat{X} = \begin{pmatrix} \hat{x}_E & \hat{y}_E & \hat{x}_F & \hat{y}_F \end{pmatrix}^{\mathrm{T}}$$

①计算待定点近似坐标，见表 5-19。

表 5-19　近似坐标方位角和近似坐标表

点　名（角号）	角度观测值	近似方位角值	边观测值/m	坐标/m	
				x^0	y^0
A					
		226°44'59''			
B	230°32'37''			203 020.348	− 59 059.801
		227°17'36''	204.952		
E	180°00'42''			203 046.366	− 59 253.095
		227°18'18''	200.130		
F	170°39'22''			203 071.813	− 59 451.601
		267°57'22''			
C					

注：$\alpha_{FC}^0 = 267°57'22''$ 是根据 F、C 点坐标计算而得。

②由近似坐标和已知点坐标计算各边坐标方位角改正数方程中的系数及边长改正数方程

中的系数,δ_x 以 mm 为单位,其计算结果见表 5-20。

表 5-20 坐标方位角改正数方程和边长改正数方程系数表

方 向	近似方位角值	近似边长/m	$\sin \alpha_{jk}^0$	$\cos \alpha_{jk}^0$	$\alpha_{jk}/[(")\cdot mm^{-1}]$ $\left(\dfrac{\rho \sin \alpha^0}{s_{jk}^0 \times 1\,000}\right)$	$b_{jk}/[(")\cdot mm^{-1}]$ $\left(-\dfrac{\rho \cos \alpha^0}{s_{jk}^0 \times 1\,000}\right)$
BE	277°17′36″	204.952	−0.992	0.127	−0.998	−0.128
EF	277°18′18″	200.130	−0.992	0.127	−1.022	−0.131
FC	267°57′22″	345.167	−0.999	−0.036	−0.597	0.021

坐标方位角改正数方程为

$$\delta_{\alpha''_{jk}} = \frac{\rho \sin \alpha_{jk}^0}{s_{jk}^0 \times 1\,000}\delta_{x_j} - \frac{\rho \cos \alpha_{jk}^0}{s_{jk}^0 \times 1\,000}\delta_{y_j} - \frac{\rho \sin \alpha_{jk}^0}{s_{jk}^0 \times 1\,000}\delta_{x_k} + \frac{\rho \cos \alpha_{jk}^0}{s_{jk}^0 \times 1\,000}\delta_{y_k}$$

可将上式表示为

$$\delta_{\alpha''_{jk}} = a_{jk}\delta_{x_j} + b_{jk}\delta_{y_j} - a_{jk}\delta_{x_k} - b_{jk}\delta_{y_k}$$

边长改正数方程为

$$\delta_{s_{jk}} = -\cos \alpha_{jk}^0 \delta_{x_j} - \sin \alpha_{jk}^0 \delta_{y_j} + \cos \alpha_{jk}^0 \delta_{x_k} + \sin \alpha_{jk}^0 \delta_{y_k}$$

③确定观测值的权

设单位权中误差 $\sigma_0 = \sigma_\beta = \pm 5''$,则角度观测值的权 $P_{\beta_i} = \dfrac{\sigma_0^2}{\sigma_{\beta_i}^2} = 1$,各观测边长的权为 $P_{s_i} = \dfrac{\sigma_0^2}{\sigma_{s_i}^2} = \dfrac{25}{0.25s_i}(s^2/mm^2)$,各观测值的权列于表 5-21 中的 P 列。

④计算误差方程式的系数和常数项(共 7 个观测值,故有误差方程),见表 5-21。

表 5-21

项 目		δ_{x_E}	δ_{y_E}	δ_{x_F}	δ_{y_F}	l	p
角	1	0.998	0.128			0	1
	2	−2.020	−0.259	1.022	0.131	0	1
	3	1.022	0.131	−1.619	−0.110	−18″	1
	4			0.597	−0.021	+4″	1
边	1	0.127	−0.992			0	0.49
	2	−0.127	0.992	0.127	−0.992	0	0.50
	3			0.036	0.999	+15	0.29

角度误差方程为

$$v_{\beta i} = \delta_{\alpha_{jk}} - \delta_{\alpha_{jh}} + l_i$$
$$l_i = \alpha_{jk}^0 - \alpha_{jh}^0 - L_i$$

边长误差方程为

$$v_{si} = \delta_{s_{jk}} + l_i$$
$$l_i = s_{jk}^0 - s_{jk}$$

式中 S_{jk}^0、S_{jk}——分别为边长近似值、边长观测值。

根据表 5-21 中数据,可得误差方程 $V = B\delta_x + l$ 的具体数据构成为

$$V = \begin{pmatrix} 0.998 & 0.128 & 0 & 0 \\ -2.020 & -0.259 & 1.022 & 0.131 \\ 1.022 & 0.131 & -1.619 & -0.110 \\ 0 & 0 & 0.597 & -0.021 \\ 0.127 & -0.992 & 0 & 0 \\ -0.127 & 0.992 & 0.127 & -0.992 \\ 0 & 0 & 0.036 & 0.999 \end{pmatrix} \begin{pmatrix} \delta_{x_E} \\ \delta_{y_E} \\ \delta_{x_F} \\ \delta_{y_F} \end{pmatrix} + \begin{pmatrix} 0 \\ 0 \\ -18 \\ +4 \\ 0 \\ 0 \\ +15 \end{pmatrix}$$

⑤组成法方程为

$$\begin{pmatrix} 6.137 & 0.660 & -3.727 & -0.314 \\ 0.660 & 1.075 & -0.414 & -0.540 \\ -3.727 & -0.414 & 4.030 & 0.247 \\ -0.314 & -0.540 & 0.247 & 0.811 \end{pmatrix} \begin{pmatrix} \delta_{x_E} \\ \delta_{y_E} \\ \delta_{x_F} \\ \delta_{y_F} \end{pmatrix} + \begin{pmatrix} 18.397 \\ 2.358 \\ -31.687 \\ -6.242 \end{pmatrix} = 0$$

⑥解算法方程,得未知数的值及未知数的协因数阵为

$$\delta_x = \begin{pmatrix} \delta_{x_E} \\ \delta_{y_E} \\ \delta_{x_F} \\ \delta_{y_F} \end{pmatrix} = \begin{pmatrix} -3.91 \\ -4.02 \\ -11.37 \\ -8.42 \end{pmatrix}$$

$$N_{BB}^{-1} = \begin{pmatrix} 0.383\,06 & -0.121\,60 & 0.344\,03 & -0.037\,41 \\ -0.121\,60 & 1.468\,91 & -0.019\,05 & 0.937\,27 \\ 0.344\,03 & -0.019\,05 & 0.567\,49 & -0.052\,21 \\ -0.037\,41 & 0.937\,27 & -0.052\,21 & 1.858\,60 \end{pmatrix}$$

未知点的坐标平差值为

$$\begin{pmatrix} \hat{x}_E \\ \hat{y}_E \\ \hat{x}_F \\ \hat{y}_F \end{pmatrix} = \begin{pmatrix} x_E^0 \\ y_E^0 \\ x_F^0 \\ y_F^0 \end{pmatrix} + \begin{pmatrix} \delta_{x_E} \\ \delta_{y_E} \\ \delta_{x_F} \\ \delta_{y_F} \end{pmatrix} = \begin{pmatrix} 203\,046.362 \\ -59\,253.099 \\ 203\,071.802 \\ -59\,451.609 \end{pmatrix} m$$

⑦计算改正数和平差值

将未知数的值代入误差方程中计算即可得到改正数的值;观测值加上改正数即为平差值 $\hat{L}$。

$$V = \begin{pmatrix} -4.41 \\ -3.79 \\ -3.18 \\ -2.61 \\ +3.49 \\ +3.42 \\ +6.17 \end{pmatrix} \qquad \hat{L} = L + V = \begin{pmatrix} \hat{\beta}_1 \\ \hat{\beta}_2 \\ \hat{\beta}_3 \\ \hat{\beta}_4 \\ \hat{S}_1 \\ \hat{S}_2 \\ \hat{S}_3 \end{pmatrix} = \begin{pmatrix} 230°32'33'' \\ 180°00'38'' \\ 179°39'19'' \\ 236°48'34'' \\ 204.955 \text{ m} \\ 200.133 \text{ m} \\ 345.159 \text{ m} \end{pmatrix}$$

⑧评定精度

a. 单位权中误差

$$\sigma_0 = \pm \sqrt{\frac{[pvv]}{n-t}} \pm \sqrt{\frac{73.6925}{7-4}} = \pm 4.96''$$

b. E 点坐标及点位中误差

$$\sigma_{x_E} = \sigma_0 \sqrt{Q_{x_E x_E}} = \pm 4.96 \sqrt{0.38306} \text{ mm} = \pm 3.07 \text{ mm}$$

$$\sigma_{y_E} = \sigma_0 \sqrt{Q_{y_E y_E}} = \pm 4.96 \sqrt{1.46891} \text{ mm} = \pm 6.01 \text{ mm}$$

$$\sigma_E = \pm \sqrt{3.07^2 + 6.01^2} \text{ mm} = \pm 6.75 \text{ mm}$$

c. F 点坐标及点位中误差

$$\sigma_{x_F} = \sigma_0 \sqrt{Q_{x_F x_F}} = \pm 4.96 \sqrt{0.56749} \text{ mm} = \pm 3.73 \text{ mm}$$

$$\sigma_{y_F} = \sigma_0 \sqrt{Q_{y_F y_F}} = \pm 4.96 \sqrt{1.85860} \text{ mm} = \pm 6.76 \text{ mm}$$

$$\sigma_F = \pm \sqrt{3.74^2 + 6.76^2} \text{ mm} = \pm 7.72 \text{ mm}$$

知识能力训练

5-1　间接平差中,未知数的个数、误差方程式的个数与法方程式的个数是根据什么确定的? 它们之间有什么关系?

5-2　间接平差计算平差值的步骤有哪些?

5-3　在一个三角形内,测得 3 内角的观测值分别为 $L_1 = 55°00'03''$, $L_2 = 59°00'05''$, $L_3 = 66°00'04''$。试用间接平差法求 3 内角的平差值。

5-4　设有一水准网,如图 5-17 所示。网中 A、B 两点高程为已知。其值为 $H_A = 76.372$ m, $H_B = 104.945$ m。测得各点间的高差及路线长为

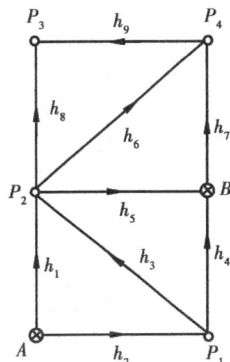

图 5-17

$$h_1 = 18.917 \text{ m} \qquad s_1 = 2.4 \text{ km}$$

$$h_2 = 8.010 \text{ m} \qquad s_2 = 2.8 \text{ km}$$

$$h_3 = 10.895 \text{ m} \qquad s_3 = 4.6 \text{ km}$$

$$h_4 = 20.574 \text{ m} \qquad s_4 = 3.7 \text{ km}$$

$$h_5 = 9.682 \text{ m} \qquad s_5 = 5.2 \text{ km}$$

$$h_6 = 15.573 \text{ m} \qquad s_6 = 5.8 \text{ km}$$

$$h_7 = 5.889 \text{ m} \qquad s_7 = 3.6 \text{ km}$$

$$h_8 = 17.485 \text{ m} \qquad s_8 = 6.3 \text{ km}$$

$$h_9 = 1.933 \text{ m} \qquad s_9 = 4.2 \text{ km}$$

请自行选择未知数并列出其误差方程式。

5-5 如图 5-18 所示,由高程已知的水准点 A、B、C 及 D 向待定点 P 进行水准测量,其已知高程点的高程为 $H_A = 3.520$ m,$H_B = 4.818$ m,$H_C = 3.768$ m,$H_D = 5.671$ m

各观测高差及路线长为

$$h_1 = 3.476 \text{ m}, h_2 = 2.198 \text{ m}, h_3 = 3.234 \text{ m}, h_4 = 1.328 \text{ m}$$

$s_1 = 1$ km,$s_2 = 2$ km,$s_3 = 2$ km,$s_4 = 1$ km。

请设未知数并组成误差方程式。

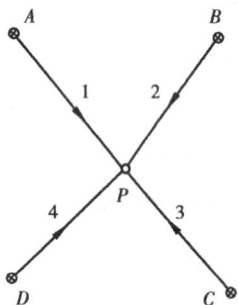

图 5-18

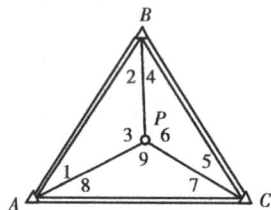

图 5-19

5-6 如图 5-19 所示的三角网,A、B、C 3 点为已知坐标点(见表 5-22),P 为待定点,为了确定 P 点坐标,对网中各角进行了观测,其观测值如表 5-23 所示,试列出按角度进行坐标平差时的误差方程式。

表 5-22　已知数据表

点　名	坐标/m		边长/m	坐标方位角	至点
	x	y			
A	4 899.84	50 130.81	4 001.12	14°00′36″	$A—B$
B	8 781.94	51 099.44	7 734.44	123°10′58″	$B—C$
C	4 548.79	57 572.62	7 450.09	92°42′03″	$A—C$

表 5-23　观测值表

角　号	观测角值	角号	观测角值	角号	观测角值
1	48°05′09″	4	33°03′03″	7	14°32′00″
2	37°46′35″	5	15°56′54″	8	30°36′19″
3	94°08′12″	6	131°00′06″	9	134°51′47″

5-7　如图 5-20 所示的测边网,其中 A、B、C 为已知坐标点,P 为坐标未知点,已知点坐标及观测边长见表中,另外,经计算已经得到未知点 P 的近似坐标为

$$x_p^0 = 57\ 578.916\ \text{m} \qquad y_p^0 = 70\ 998.206\ \text{m}$$

试列出该测边网按坐标平差时的误差方程式。

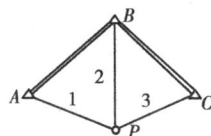

图 5-20

表 5-24　已知数据及观测数据见表

点　号	坐标/m		方位角	边长 /m	边　号	边长观测值 /m
	x	y				
A	60 509.596	69 902.525	117°18′34″	4 949.186	1	3 128.86
B	58 238.935	74 300.086	187°59′34″	6 354.379	2	3 367.20
C	51 946.286	73 416.515			3	6 129.88

5-8　有单一附合导线,如图 5-21 所示。其中,A、B、C、D 为已知坐标点,E 点为待定点。起算数据和观测数据均列于表 5-25 中,试按坐标平差法列出其误差方程式。

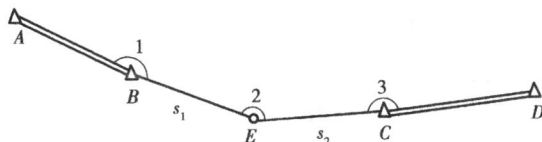

图 5-21

表 5-25　观测值和已知点坐标表

点　名	角度观测值	坐标方位角	边长观测值/m	已知坐标/m	
				x	y
A		226°44′59″			
B	230°32′37″			203 020.348	40 950.199
			204.925		
E	180°00′42″				
			200.130		
C	170°39′22″			203 071.802	40 548.391
		267°57′29″			
D					

5-9　根据下列误差方程式和观测值的权组成法方程

$$\begin{cases} v_1 = \delta_{x_1} & P_1 = 1 \\ v_2 = \quad + \delta_{x_2} & P_2 = 1 \\ v_3 = \delta_{x_1} \quad - 4 & P_3 = 0.5 \\ v_4 = \quad - \delta_{x_3} & P_4 = 0.5 \\ v_5 = -\delta_{x_1} + \delta_{x_2} \quad - 7 & P_5 = 1 \\ v_6 = \delta_{x_1} \quad - \delta_{x_3} - 1 & P_6 = 1 \\ v_7 = \quad \delta_{x_2} - \delta_{x_3} - 1 & P7 = 0.67 \end{cases}$$

5-10　在某平差问题中,各观测值的精度相等。根据该问题所列的误差方程式为

$$\begin{cases} v_1 = \delta_{x_1} \\ v_2 = \quad \delta_{x_2} \\ v_3 = -\delta_{x_1} + \delta_{x_2} \quad - 8 \\ v_4 = \quad \delta_{x_2} \quad - \delta_{x_3} - 7 \\ v_5 = \delta_{x_1} \quad + \delta_{x_2} + \delta_{x_3} + 6 \end{cases}$$

试求:

①x_1 的权倒数 $\dfrac{1}{p_{x_1}}$;

②未知数函数 $\varPhi = x_2 + x_3$ 的权倒数 $\dfrac{1}{p_\varPhi}$。

5-11　如图 5-22 所示的水准网,A、B 为已知水准点,P_1、P_2 为待定点。设 P_1、P_2 点的高程最或然值为未知数 x_1 和 x_2,已列出法方程为

$$\begin{cases} 5\delta_{x_1} - 4\delta_{x_2} + 2.5 = 0 \\ -4\delta_{x_1} + 5\delta_{x_2} - 1.2 = 0 \end{cases}$$

试求 P_1 至 P_2 点间高差最或然值的权倒数。

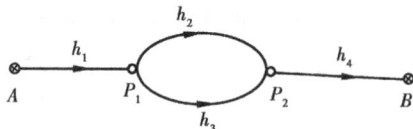

图 5-22

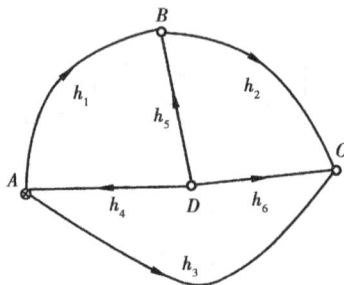

图 5-23

5-12　如图 5-23 所示的水准网,A 点为已知高程点,其高程为 $H_A = 100.000$ m,各观测高差为

$$h_1 = 0.023 \text{ m} \qquad s_1 = 5 \text{ km}$$

$$h_2 = 1.114 \text{ m} \qquad s_2 = 5 \text{ km}$$
$$h_3 = 1.142 \text{ m} \qquad s_3 = 5 \text{ km}$$
$$h_4 = 0.078 \text{ m} \qquad s_4 = 2 \text{ km}$$
$$h_5 = 0.099 \text{ m} \qquad s_5 = 2 \text{ km}$$
$$h_6 = 1.216 \text{ m} \qquad s_6 = 2 \text{ km}$$

试求：

① B、C、D 点高程最或然值；

② C、D 点高程之中误差；

③ B、C 两点间高差之中误差。

5-13 某水准网如图 5-24 所示,已知 A,B 的高程,$H_A = 5.000$ m,$H_B = 6.000$ m,为确定网中未知点的高程进行了水准测量。其观测结果为

$$h_1 = 1.357 \text{ m} \qquad s_1 = 1 \text{ km}$$
$$h_2 = 2.009 \text{ m} \qquad s_2 = 1 \text{ km}$$
$$h_3 = 0.363 \text{ m} \qquad s_3 = 2 \text{ km}$$
$$h_4 = 0.640 \text{ m} \qquad s_4 = 2 \text{ km}$$
$$h_5 = 0.657 \text{ m} \qquad s_5 = 1 \text{ km}$$
$$h_6 = 1.000 \text{ m} \qquad s_6 = 1 \text{ km}$$
$$h_7 = 1.650 \text{ m} \qquad s_7 = 1.5 \text{ km}$$

试用间接平差法求：

① 网中各未知高程点的高程平差值；

② 计算 P_2、P_3 两点间高差平差值的中误差。

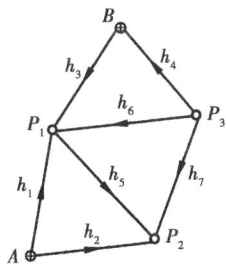

图 5-24

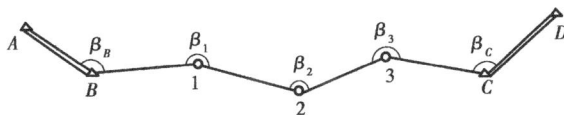

图 5-25

5-14 如图 5-25 所示的附合导线,已知测角中误差 $\sigma_\beta = \pm 5''$,测边中误差 $\sigma_{s_i} = \pm (5 \text{ mm} + 2 \times 10^{-6} \times D \text{ km})$,观测值及已知点坐标如表 5-26 所示。试按间接平差法求：

① 各导线点的坐标平差值及其点位精度；

② 各观测值的平差值。

表5-26 观测值和已知点坐标表

点 名	角度观测值	边长观测值/m	已知坐标	
			x/m	y/m
A			5 560.706	4 750.418
B	130°56′18″		5 060.690	4 006.327
		310.713		
1	195°17′30″			
		296.684		
2	156°18′46″			
		298.413		
3	220°46′54″			
		305.850		
C	110°35′17″		3 943.255	3 668.412
D			3 510.195	3 918.330

学习情境 **6**

误差椭圆

教学内容

主要介绍点位真误差和点位误差、任意方向上的位差、待定点的误差曲线与误差椭圆以及点与点之间的相对误差椭圆。

知识目标

能正确陈述点位真误差和点位误差及其计算方法;能正确陈述任意方向上的位差及其位差的极值;能正确陈述误差曲线和误差椭圆;能基本正确陈述相对误差椭圆。

技能目标

能正确计算点在任意方向上的位差,能正确计算位差的极值方向和极值;能正确绘制误差曲线和误差椭圆,能根据误差椭圆求点在任意方向上的位差,能计算点与点之间的相对误差椭圆参数并绘制相对误差椭圆。

学习导入

测量平差的任务之一是评定精度,即可以求出待定点 p 的坐标中误差 σ_x、σ_y 和点位中误差 σ_p。而这些精度指标是有缺陷的,即它仅能代表 p 点在 x 轴和 y 轴上的中误差大小,而不能代表该点在某一任意方向上的误差大小。在工程中,往往需要知道点位在某些特殊方向上的误差大小,同时还要了解点位在哪一个方向上的误差最大,在哪一个方向上的误差最小,以便指导工程的设计和施工。因此,本学习情境,不但能解决点位在任意方向误差大小的计算方法,同时通过计算数据能绘制未知点的误差椭圆。在待定点的误差椭圆上,不但可以求得点在任意方向上的位差,同时,它还较精确地、形象而全面地反映待定点在各个方向上的误差分布情况。

子情境1 点位真误差及点位误差

一、点位真误差

在测量工作中,通过野外所进行的一系列的观测,然后对观测数据进行平差处理便可得到点的平面坐标平差值($\hat{x}$,$\hat{y}$)。但是,观测值总是带有观测误差的,而由观测值所计算的平差值虽然较观测值更合理、可靠,但是,它是不可能消除误差的,即待定点坐标的平差值($\hat{x}$,$\hat{y}$),不是待定点坐标的真值($\bar{x}$,$\bar{y}$),这两者之间是有差异的。

如图 6-1 所示,A 为已知点,假定其坐标是不带误差的数值。P 点为待定点的真位置,P' 点为经过平差后所得的点位,两者之间距离为 ΔP,称之为点位真误差简称真误差。由图 6-1 可知,在待定点的这两对坐标之间存在着误差 Δx、Δy,则

$$\left.\begin{array}{l} \Delta x = \bar{x} - \hat{x} \\ \Delta y = \bar{y} - \hat{y} \end{array}\right\} \tag{6-1}$$

且有

$$\Delta P^2 = \Delta x^2 + \Delta y^2 \tag{6-2}$$

式中,Δx、Δy 为真误差在 x 轴和 y 轴上的两个位差分量,也可理解为真误差在坐标轴上的投影。设 Δx、Δy 的中误差为 σ_x、σ_y,考虑 Δx 与 Δy 互相独立,对式(6-2)运用误差传播定律,可得点 P 真位差的方差为

$$\sigma_P^2 = \sigma_x^2 + \sigma_y^2 \tag{6-3}$$

式中　σ_P^2——P 的点位方差;

　　σ_P——点位中误差。

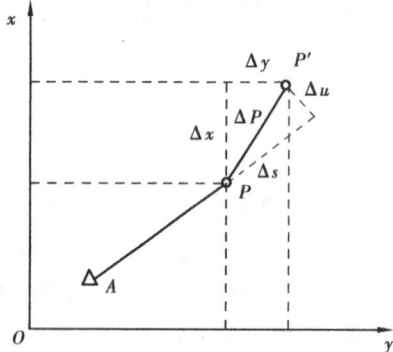

图 6-1

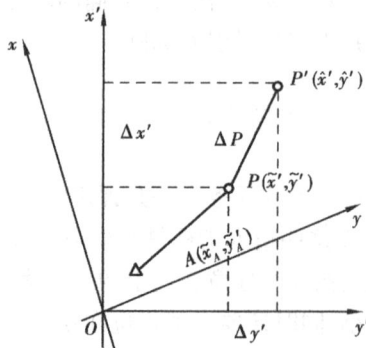

图 6-2

如果将图 6-1 中的坐标系按某一角度予以旋转后,即以 $x'Oy'$ 为坐标系,如图 6-2 所示,则可以看出 ΔP 的大小将不受坐标轴的变动而发生变化,此时 $\Delta P^2 = \Delta x'^2 + \Delta y'^2$,仿式(6-3)可得

$$\sigma_P^2 = \sigma_{x'}^2 + \sigma_{y'}^2 \tag{6-4}$$

这说明,尽管点位真误差 ΔP 在不同坐标系的两个坐标轴上的投影长度不相等,但点位方差 σ_P^2 总是等于两个相互垂直的方向上的坐标方差之和,即点位方差的大小与坐标系的选择无关。

如果再将点 P 的真误差 ΔP 投影于 AP 方向和垂直于 AP 的方向上,则得 Δs 和 Δu,Δs、Δu 为点 P 的纵向误差和横向误差,此时有

$$\Delta P^2 = \Delta s^2 + \Delta u^2 \tag{6-5}$$

据式(6-3)又可写出

$$\sigma_P^2 = \sigma_s^2 + \sigma_u^2 \tag{6-6}$$

通过纵、横向误差来求得点位误差,这在测量工作中也是一种常用方法。

上述的 σ_x、σ_y 分别为点在 x 轴和 y 轴方向上的中误差,或称为 x 轴和 y 轴方向上的位差。同样,σ_s 和 σ_u 是点沿 AP 边方向(纵向)和垂直于 AP 边方向(横向)上的位差。为了衡量待定点的精度,一般总是要求出未知点的点位中误差 σ_P。为此,可求出未知点在任意两个相互垂直方向上的位差,则可由式(6-3)和式(6-6)计算点位中误差。

二、点位误差及其计算

点位误差就是点位中误差,可用式(6-3)计算,将权的定义式稍作变化即可得到点坐标未知数的方差的计算式,即

$$\sigma_x^2 = \sigma_0^2 \frac{1}{P_x} = \sigma_0^2 Q_{xx}$$
$$\sigma_y^2 = \sigma_0^2 \frac{1}{P_y} = \sigma_0^2 Q_{yy} \tag{6-7}$$

将式(6-7)代入式(6-3),可得

$$\sigma_P^2 = \sigma_x^2 + \sigma_y^2 = \sigma_0^2(Q_{xx} + Q_{yy}) \tag{6-8}$$

可见,只要算出单位权方差 σ_0^2 和点的坐标未知数的协因数 Q_{xx}、Q_{yy} 即可方便地计算出 σ_P^2。

关于单位权方差,从前面的平差方法中,无论是条件平差还是间接平差要完成平差中的精度评定这一任务首先必须计算单位权中误差,故 σ_0^2 的计算是不难的。在间接平差中,进行坐标平差时,是以未知点的坐标为参数的,通过平差解算法方程后得到的法方程系数阵的逆阵,就是未知参数的协因数阵 $Q_{\hat{x}\hat{x}}$,当平差问题中只有一个未知点时,有

$$Q_{\hat{x}\hat{x}} = (B^{\mathrm{T}}PB)^{-1} = \begin{pmatrix} Q_{xx} & Q_{xy} \\ Q_{yx} & Q_{yy} \end{pmatrix} \tag{6-9}$$

可见,式(6-9)中主对角线上的元素 Q_{xx}、Q_{yy} 即为计算点位误差所需要的权倒数,而 Q_{xy}、Q_{yx} 则是未知数 x、y 的相关权倒数。

当测量问题中有多个未知点,如 s 个未知点时,则未知参数的协因数阵为

$$Q_{\hat{x}\hat{x}} = (B^{\mathrm{T}}PB)^{-1} = \begin{pmatrix} Q_{x_1x_1} & Q_{x_1y_1} & \cdots & Q_{x_1x_i} & Q_{x_1y_i} & \cdots & Q_{x_1x_s} & Q_{x_1y_s} \\ Q_{y_1x_1} & Q_{y_1y_1} & \cdots & Q_{y_1x_i} & Q_{y_1y_i} & \cdots & Q_{y_1x_s} & Q_{y_1y_s} \\ \vdots & \vdots & & \vdots & \vdots & & \vdots & \vdots \\ Q_{x_sx_1} & Q_{x_sy_1} & \cdots & Q_{x_sx_i} & Q_{x_sy_i} & \cdots & Q_{x_sx_s} & Q_{x_sy_s} \\ Q_{y_sx_1} & Q_{y_sy_1} & \cdots & Q_{y_sx_i} & Q_{y_sy_i} & \cdots & Q_{y_sx_s} & Q_{y_sy_s} \end{pmatrix} \tag{6-10}$$

未知点坐标的权倒数仍为协因数阵中主对角线上的元素,要确定某一特定未知数的权倒数,只要根据该未知数的排序找到主对角线上相应位置上的元素即可,而相关权倒数则位于相应权倒数连线的两侧。

三、任意方向上的位差

平差计算中的精度评定,一般只求待定点坐标的中误差和点位中误差。点位中误差虽然可用来评定待定点的点位精度,但是它确不能代表该点在某一任意方向上的位差大小。而上面提到的σ_x、σ_y、σ_s 和σ_u 等,也只能代表待定点在x 轴、y 轴方向上以及AP 边的纵向和横向上的位差。但在有些情况下,往往需要研究点位在某些特殊方向上的位差大小。此外,还要了解点位在哪一个方向上的位差最大,在哪一个方向上的位差最小。例如,在工程放样工作中,就经常需要关心任意方向上的位差问题。

1. 用方位角表示任意方向的位差

如图6-3 所示,P 为待定点的无误差的位置,P' 点为经过平差后所得的点位,为了求得P

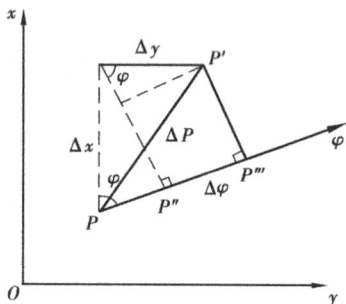

图 6-3

点在某一方向φ 上的位差,需先找出待定点P 在φ 方向上的真误差$\Delta\varphi$ 与纵、横坐标的真误差Δx、Δy 的函数关系,然后再求出该方向的位差。由图可知,点位真误差PP' 在φ 方向上的投影长度为PP''',且$\Delta\varphi$ 与Δx、Δy 的关系为

$$\Delta\varphi = \overline{PP'''} = \overline{PP''} + \overline{P''P'''} = \cos\varphi\Delta x + \sin\varphi\Delta y \tag{6-11}$$

根据协因数传播律得

$$Q_{\varphi\varphi} = Q_{xx}\cos^2\varphi + Q_{yy}\sin^2\varphi + Q_{xy}\sin2\varphi \tag{6-12}$$

而待定点P 在φ 方向上的位差可用下式求得

$$\sigma_\varphi^2 = \sigma_0^2 Q_{\varphi\varphi} = \sigma_0^2(Q_{xx}\cos^2\varphi + Q_{yy}\sin^2\varphi + Q_{xy}\sin2\varphi) \tag{6-13}$$

式(6-13)即为P 点在给定方向φ 上位差的计算式。式中,单位权方差为常量,σ_φ^2 的大小取决于$Q_{\varphi\varphi}$,而$Q_{\varphi\varphi}$ 是φ 的函数。若想求得与φ 方向的垂直方向(即$\varphi+90°$方向)上的位差,可用$\varphi+90°$代入式(6-13)得

$$\begin{aligned}\sigma_{\varphi+90°}^2 &= \sigma_0^2[Q_{xx}\cos^2(\varphi+90°) + Q_{yy}\sin^2(\varphi+90°) + Q_{xy}\sin2(\varphi+90°)]\\ &= \sigma_0^2[Q_{xx}\sin^2\varphi + Q_{yy}\cos^2\varphi - Q_{xy}\sin2\varphi]\end{aligned} \tag{6-14}$$

将式(6-13)与式(6-14)相加,即得

$$\sigma_\varphi^2 + \sigma_{\varphi+90°}^2 = \sigma_0^2(Q_{xx} + Q_{yy}) = \sigma_P^2 \tag{6-15}$$

这又一次表明:任何一点的点位方差总是等于两个相互垂直方向上的方差分量之和。

2. 位差的极值和极值方向

计算位差的极值,根本在于计算点的极值方向协因数。由式(6-13)可知σ_φ^2 的大小取决于$Q_{\varphi\varphi}$,而$Q_{\varphi\varphi}$ 的大小又与φ 有关。当方向φ 从坐标纵轴0°起到360°范围内取任意值时,必然取得相应的协因数$Q_{\varphi\varphi}$,而φ 的取值有无穷多个,这样也就有无穷多个相应的$Q_{\varphi\varphi}$,在这无穷多个$Q_{\varphi\varphi}$ 中必然有一对$Q_{\varphi\varphi}$ 取得极大值和极小值,设Q_{EE} 为极大协因数,Q_{FF} 为极小协因数,而与Q_{EE} 和Q_{FF} 对应的方向分别设为φ_E 和φ_F,其中在φ_E 方向上的位差具有极大值,而在φ_F 方向上

的位差具有极小数值,很显然 φ_E 和 φ_F 两方向之差为90°。

为求 Q_{EE} 和 Q_{FF},可利用式(6-9)中的协因数阵,因为 Q_{EE} 和 Q_{FF} 就是这个协因数阵特征值的两个根。由线性代数中特征方程求特征根的方法,可求得

$$Q_{EE} = \frac{1}{2}(Q_{xx} + Q_{yy} + k) \qquad (6-16)$$

$$Q_{FF} = \frac{1}{2}(Q_{xx} + Q_{yy} - k) \qquad (6-17)$$

位差的极大值和极小值为

$$E^2 = \sigma_0^2 Q_{EE} = \frac{1}{2}\sigma_0^2(Q_{xx} + Q_{yy} + k) \qquad (6-18)$$

$$F^2 = \sigma_0^2 Q_{FF} = \frac{1}{2}\sigma_0^2(Q_{xx} + Q_{yy} - k) \qquad (6-19)$$

式(6-16)至式(6-19)中的 k 为

$$k = \sqrt{(Q_{xx} + Q_{yy})^2 - 4(Q_{xx}Q_{yy} - Q_{xy}^2)} = \sqrt{(Q_{xx} - Q_{yy})^2 + 4Q_{xy}^2} \qquad (6-20)$$

由式(6-18)和式(6-19)可得

$$E = \sigma_0 \sqrt{Q_{EE}} \qquad (6-21)$$

$$F = \sigma_0 \sqrt{Q_{FF}} \qquad (6-22)$$

因为两个极值方向相互垂直,因此将式(6-21)、式(6-22)两式平方后求和,可得

$$E^2 + F^2 = \sigma_0^2(Q_{EE} + Q_{FF}) = \sigma_0^2(Q_{xx} + Q_{yy}) = \sigma_P^2 \qquad (6-23)$$

仅知道极大值和极小值是不够的,在实际工作中,还需知道在哪一个方向上位差取得极大值,哪一个方向的位差取得极小值。为此,必须计算极大值方向 φ_E 和极小值方向 φ_F。根据协因数阵、协因数阵的特征值及对应的特征向量之间的关系式,可得出 φ_E、φ_F 的计算式为

$$\tan \varphi_E = \frac{Q_{EE} - Q_{xx}}{Q_{xy}} = \frac{Q_{xy}}{Q_{EE} - Q_{yy}} \qquad (6-24)$$

$$\tan \varphi_F = \frac{Q_{FF} - Q_{xx}}{Q_{xy}} = \frac{Q_{xy}}{Q_{FF} - Q_{yy}} \qquad (6-25)$$

例6-1　已知某平面控制网中待定点 P 的协因数阵为

$$Q_{\hat{x}\hat{x}} = \begin{pmatrix} 2.10 & -0.25 \\ -0.25 & 1.60 \end{pmatrix}$$

其单位为 $\mathrm{dm^2/s^2}$,单位权方差 $\sigma_0^2 = 1.0(s^2)$,试求 E、F 和 φ_E 的值。

解

$$k = \sqrt{(Q_{xx} - Q_{yy})^2 + 4Q_{xy}^2} = 0.707$$

$$Q_{EE} = \frac{1}{2}(Q_{xx} + Q_{yy} + k) = 2.20$$

$$Q_{FF} = \frac{1}{2}(Q_{xx} + Q_{yy} - k) = 1.50$$

$$E = \sigma_0 \sqrt{Q_{EE}} = 1.45 \text{ dm}$$

$$F = \sigma_0 \sqrt{Q_{FF}} = 1.26 \text{ dm}$$

$$\tan \varphi_E = \frac{Q_{EE} - Q_{xx}}{Q_{xy}} = -0.4$$

$$\varphi_E = 158° \text{ 或者 } \varphi_E = 338°$$

$$\tan \varphi_F = \frac{Q_{FF} - Q_{xx}}{Q_{xy}} = 2.4$$

$$\varphi_F = 68° \text{ 或者 } \varphi_F = 248°$$

3. 用极值 E、F 表示任意方向上的位差

式(6-13)是用方位角和协因数来表示点的位差,但它并不是唯一表达位差的方式。在工程上,为了计算和使用的方便,需要利用极值 E、F 表示任意方向上的位差。由式(6-13)计算任意方向 φ 上的位差时,φ 是从纵坐标 x 轴顺时针方向起算转至某方向的方位角。利用极值 E、F 表示任意方向上的位差,就要推导出以 E 轴(即以方位角 φ_E 方向为纵轴)为起算的任意方向,这个任意方向用 ψ 表示,如图 6-4 所示。然后导出用 ψ、E、F 表示的任意方向上的位差。

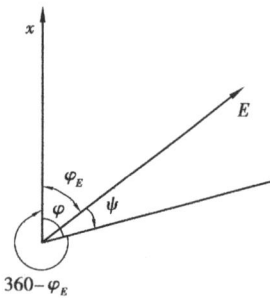

图 6-4

以 E 轴为坐标轴,计算任意方向 ψ 上的位差,必须先找出方向 ψ 上误差 $\Delta\psi$ 与 ΔE、ΔF 之间的关系式,仿照式(6-11)的做法可得到它们之间的关系式为

$$\Delta\psi = \cos\psi\Delta E + \sin\psi\Delta F$$

再应用协因数传播律,可得方向 ψ 上的协因数为

$$Q_{\psi\psi} = Q_{EE}\cos^2\psi + Q_{FF}\sin^2\psi + Q_{EF}\sin2\psi \qquad (6-26)$$

式中,Q_{EF} 为两个极值方向位差的互协因数,可证明其值 $Q_{EF} = 0$,也即在 E、F 方向上的平差后坐标是不相关的。因此,式(6-26)中的协因数可写为

$$Q_{\psi\psi} = Q_{EE}\cos^2\psi + Q_{FF}\sin^2\psi \qquad (6-27)$$

以极值 E、F 表示任意方向 ψ 上的位差公式为

$$\sigma_\psi^2 = \sigma_0^2 Q_{\psi\psi} = \sigma_0^2(Q_{EE}\cos^2\psi + Q_{FF}\sin^2\psi) \qquad (6-28)$$

$$\sigma_\psi^2 = E^2\cos^2\psi + F^2\sin^2\psi \qquad (6-29)$$

例 6-2 数据同例 6-1,试计算当 $\psi = 12°$ 时的位差。

解 由例 6-1 算出 $E^2 = 2.20$,$F^2 = 1.50$,代入式(6-29),即得

$$\sigma_\psi^2 = 2.20\cos^2 12° + 1.50\sin^2 12° = 2.17 \text{ dm}$$

$$\sigma_\psi = \pm 1.47 \text{ dm}$$

<h2 style="text-align:center">子情境 2　误差曲线和误差椭圆</h2>

从前面的学习内容中已知,点在任意方向上的位差可由式(6-13)、式(6-29)计算出来,但对于具体工程上了解方向误差的大小,根据各方向误差分布情况来指导工程设计和施工而言,这是不够的,因为它不能直观、全面地反映误差在各方向上的分布。为此,使用图的方式展现待定点的位差在平面各方向上的分布情况,其直观性、实用性和全面性就更强了。

一、误差曲线

以待定点 P 为极点,ψ 为极角,σ_ψ 为极径的极坐标点的轨迹就是误差曲线。它将点在各

方向的位差都在图上表现出来,对于了解和使用则更为方便。误差曲线的绘制是根据式(6-29)来进行的,以不同的 ψ($0° \leqslant \psi \leqslant 360°$)值代入式,即

$$\sigma_\psi^2 = E^2\cos^2\psi + F^2\sin^2\psi$$

计算出各个方向的 σ_ψ 值,以 ψ 和 σ_ψ 为极坐标的点的轨迹必为一闭合曲线(见图 6-5),这就是点位误差曲线,又称为精度曲线。很显然,这条曲线在任意方向 ψ 上的向径 $\overline{PM}$ 就是点 P 在该方向的位差。当 $\psi = 0°$ 时,$\sigma_\psi = E$;当 $\psi = 90°$ 时,$\sigma_\psi = F$。而且误差曲线是关于 x_e 轴、y_e 轴对称的。

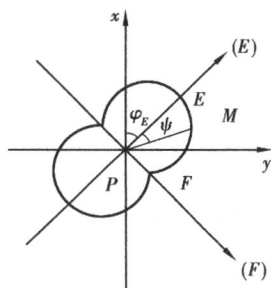

图 6-5

1. 误差曲线的绘制

待定点的误差曲线,可用作图的方法绘制出来。其具体步骤如下:

①按前述的有关公式计算出 φ_E、E 和 F 的值。

②用图解法确定曲线的向径 σ_ψ。如图 6-6 所示,以极值方向为坐标轴,按一定比例尺在 Ⅰ、Ⅲ 象限内,以点 O 为圆心,分别以 E、F 为半径画弧。再以 x_e 为起始方向,过原点 O 作一系列 ψ 角(如取 ψ 为 20°、40°、60°、80°)的直线,将直线与圆弧的交点分别投影到 x_e、y_e 轴上,得到交点 a' 和 a''。线段 $\overline{a'a''}$ 长度便是角度 ψ 对应的误差曲线的向径 σ_ψ,也即 ψ 方向的位差。在 ψ 方向的直线上,自 O 点量取线段 $\overline{Oa} = \overline{a'a''}$ 得 a 点,则为误差曲线上的点。不难证明 $\overline{a'a''} = \sigma_\psi$,因为

$$\overline{a'a''}^2 = \overline{Oa'}^2 + \overline{Oa''}^2 = E^2\cos^2\psi + F^2\sin^2\psi = \sigma_\psi^2$$

即

$$\overline{a'a''} = \sigma_\psi$$

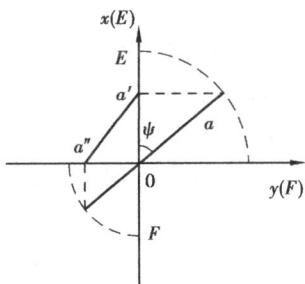

图 6-6

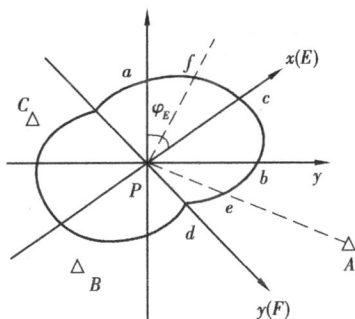

图 6-7

③根据 ψ 的不同取值,可用上述方法确定其各向径的长度,便可绘出待定点的误差曲线。其具体方法是:首先用较小比例尺绘出三角点位置图(见图 6-7),图中 A、B、C 为已知点。以待定点 P 为原点,建立 xOy 坐标系,并根据已求出的 φ_E 值,确定极值 E(x_e 轴)、F(y_e 轴)的方向。然后以较大的比例尺在 x_e、y_e 轴上取 $\overline{Pc} = E$,$\overline{Pd} = F$,再以 x_e 为起始方向,将不同的 ψ 值及其相应的向径,仍按该比例尺逐一展绘上去,平滑地依次将各点连接起来,即可得到待定点 P 的误差曲线图。

2. 误差曲线的应用

误差曲线的应用颇为广泛,在如图 6-7 所示的误差曲线上,可得到待定点的各种误差信息:

①待定点任意方向位差。例如

$$\sigma_{P_x} = \overline{Pa}, \qquad \sigma_{P_y} = \overline{Pb}, \qquad \sigma_{\varphi_E} = \overline{Pc}, \qquad \sigma_{\varphi_F} = \overline{Pd}$$

②确定点位中误差。例如

$$\sigma_P = \pm\sqrt{\overline{Pa}^2 + \overline{Pb}^2} = \pm\sqrt{\overline{Pc}^2 + \overline{Pd}^2}$$

③待定点 P 至任意已知三角点(视其无误差)的边长中误差。例如,PA 边的边长中误差为 $\sigma_{S_{PA}} = \pm\overline{Pe}$。

④待定点 P 至任意已知三角点(视其无误差)的方位角中误差。例如,求 PA 边的方位角中误差可先求出其横向位差 $\sigma_u = \overline{Pf}$,该边的方位角中误差则为

$$\sigma_{\alpha_{PA}} = \pm\rho''\frac{\sigma_u}{S_{PA}} \tag{6-30}$$

二、误差椭圆

误差曲线不是一种典型曲线,作图也不方便,因此降低了它的实用价值。但其形状与以 E、F 为长、短半轴的椭圆很相似。在以 x_e、y_e 为坐标轴的坐标系中,该椭圆的方程为

$$\frac{x_e^2}{E^2} + \frac{y_e^2}{F^2} = 1 \tag{6-31}$$

1. 误差椭圆的绘制

误差椭圆是一种规则图形,作图比较容易。因此,实际应用中常以 E、F 为长、短半轴来绘制标准的椭圆来代替相应的误差曲线,用来计算待定点在各方向上的位差,故称该椭圆为误差椭圆。将确定误差椭圆的 3 个参数 φ_E、E、F 称为误差椭圆元素。

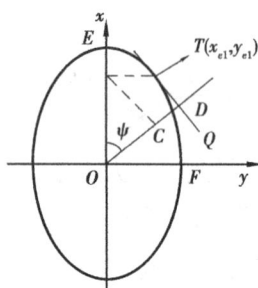

由图 6-8 可说明误差椭圆与误差曲线之间的关系。在图示椭圆上任意一点 $T(x_{e1}, y_{e1})$ 作切线 TQ,再由椭圆中心 O 向该切线引垂线交于 D,D 点为垂足。若令 OD 与 x_e 轴夹角为 ψ,那么,可能证明线段 $\overline{OD}$ 的长度即为误差曲线在 ψ 方向上的向径,即为该方向上的位差 σ_ψ。

图 6-8

在一个测量控制网中,每一个未知点平差计算后都可得出相应的点位误差极大值 E、极小值 F 和 φ_E,即都可绘制该点本身的误差椭圆。通过未知点的误差椭圆可确定该点在任意方向上的位差大小,也可确定该点与已知点间的边长中误差和方位角中误差,但不能确定未知点与未知点之间的边长中误差和方位角中误差,这是因为经同时观测和平差的未知点的坐标是相关的。

2. 误差椭圆的使用

点位任意方向上的位差 σ_ψ:从椭圆的中心作方向线,然后再作该方向线的垂线(要与椭圆上一点相切),则垂足到椭圆中心的长度便是点位在该方向上的位差(见图 6-8),图中线段 $\overline{OD}$ 的长度就等于该方向上的位差,即 $\sigma_\psi = \overline{OD}$。

点位中误差 σ_P:$\sigma_P^2 = E^2 + F^2$,也可先求出任意两垂直方向的位差,再计算点位中误差。

待定点 P 至任意已知三角点(视其无误差)的边长中误差,即沿该边延伸方向上的位差,也就是该边的纵向误差。

待定点 P 至任意已知三角点(视其无误差)的方位角中误差。先求出垂直于该边的方向位差(横向位差),然后用式(6-30)计算方位角中误差。

子情境3　相对误差椭圆

一、两点之间相对位置的精度

1. 相对位置的表示

两点的相对位置可用其两点的坐标差来表示,即

$$\left.\begin{aligned}\Delta x_{ik} &= x_k - x_i\\\Delta y_{ik} &= y_k - y_i\end{aligned}\right\} \tag{6-32}$$

用矩阵表达为

$$\Delta z = \begin{pmatrix}\Delta x_{ik}\\\Delta y_{ik}\end{pmatrix} = \begin{pmatrix}-1 & 0 & 1 & 0\\0 & -1 & 0 & 1\end{pmatrix}\begin{pmatrix}x_i\\y_i\\x_k\\y_k\end{pmatrix} \tag{6-33}$$

2. 相对位置的协因数

对式(6-33)应用协因数传播律,得

$$Q_{\Delta z\Delta z} = \begin{pmatrix}Q_{\Delta x\Delta x} & Q_{\Delta x\Delta y}\\Q_{\Delta y\Delta x} & Q_{\Delta y\Delta y}\end{pmatrix} = \begin{pmatrix}-1 & 0 & 1 & 0\\0 & -1 & 0 & 1\end{pmatrix}\begin{pmatrix}Q_{x_ix_i} & Q_{x_iy_i} & Q_{x_ix_k} & Q_{x_iy_k}\\Q_{y_ix_i} & Q_{y_iy_i} & Q_{y_ix_k} & Q_{y_iy_k}\\Q_{x_kx_i} & Q_{x_ky_i} & Q_{x_kx_k} & Q_{x_ky_k}\\Q_{y_kx_i} & Q_{y_ky_i} & Q_{y_kx_k} & Q_{y_ky_k}\end{pmatrix}\begin{pmatrix}-1 & 0\\0 & -1\\1 & 0\\0 & 1\end{pmatrix}$$

$$= \begin{pmatrix}Q_{x_ix_i} + Q_{x_kx_k} - 2Q_{x_ix_k} & Q_{x_iy_i} + Q_{x_ky_k} - Q_{x_iy_k} - Q_{x_ky_i}\\Q_{x_iy_i} + Q_{x_ky_k} - Q_{x_iy_k} - Q_{x_ky_i} & Q_{y_iy_i} + Q_{y_ky_k} - 2Q_{y_iy_k}\end{pmatrix} \tag{6-34}$$

即

$$\left.\begin{aligned}Q_{\Delta x\Delta x} &= Q_{x_ix_i} + Q_{x_kx_k} - 2Q_{x_kx_i}\\Q_{\Delta y\Delta y} &= Q_{y_iy_i} + Q_{y_ky_k} - 2Q_{y_ky_i}\\Q_{\Delta x\Delta y} &= Q_{x_iy_i} + Q_{x_ky_k} - Q_{x_iy_k} - Q_{x_ky_i}\end{aligned}\right\} \tag{6-35}$$

二、两点间相对误差椭圆参数的计算

两点间相对误差椭圆参数可计算为

$$\left.\begin{aligned}E^2 &= \frac{1}{2}\sigma_0^2\left(Q_{\Delta x\Delta x} + Q_{\Delta y\Delta y} + \sqrt{(Q_{\Delta x\Delta x} - Q_{\Delta y\Delta y})^2 + 4Q_{\Delta x\Delta y}^2}\right)\\F^2 &= \frac{1}{2}\sigma_0^2\left(Q_{\Delta x\Delta x} + Q_{\Delta y\Delta y} - \sqrt{(Q_{\Delta x\Delta x} - Q_{\Delta y\Delta y})^2 + 4Q_{\Delta x\Delta y}^2}\right)\\\tan\varphi_E &= \frac{Q_{\Delta x\Delta y}}{Q_{EEx} - Q_{\Delta y\Delta y}} = \frac{Q_{EE} - Q_{\Delta x\Delta x}}{Q_{\Delta x\Delta y}}\end{aligned}\right\} \tag{6-36}$$

三、相对误差椭圆的绘制和使用

1. 误差椭圆的绘制

在计算出两未知点相对误差椭圆元素 $\varphi_{E_{ik}}$、E_{ik}、F_{ik} 后,便可绘出两点间的相对误差椭圆。

绘制方法:以两个未知点连线的中心为极点,以 E_{ik} 为长半径,$\varphi_{E_{ik}}$ 为坐标系中长半径的方位角,F_{ik} 为短半径,画出两未知点的相对误差椭圆。

2. 相对误差椭圆的使用

用图解法量取所需要的方向上的相对位差大小即可。

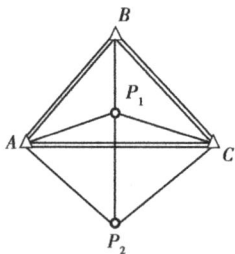

例 6-3 如图 6-9 所示测角网,3 个已知点的坐标及平差后两个未知点的坐标平差值见表 6-1 中,单位权中误差为 $\sigma_0 = \pm 2.4''$,未知数的协因数阵为

$$Q_{\hat{x}\hat{x}} = \begin{pmatrix} 10.61 & 0.81 & -0.60 & 0.12 \\ 0.81 & 13.48 & 0.52 & 0.94 \\ -0.60 & 0.52 & 11.72 & -2.86 \\ 0.12 & 0.94 & -2.86 & 14.21 \end{pmatrix}$$

图 6-9

表 6-1 坐标数据表

点 号	已知点坐标		点 号	待定点坐标平差值	
	x	y		x	y
A	14 899.84	130.81	P_1	16 467.745	4 986.847
B	22 939.70	2 136.89	P_2	6 126.997	5 957.482
C	51 721.82	15 542.85			

试作出 P_1、P_2 点的误差椭圆及相对误差椭圆。并求 P_1P_2 边的相对中误差及坐标方位角的中误差。

解 ①计算 P_1 点的误差椭圆元素

$$K_1 = \sqrt{(Q_{xx} - Q_{yy})^2 + 4Q_{xy}} = \sqrt{(10.61 - 13.48)^2 + 4 \times 0.81^2} = 3.295\ 6$$

$$Q_{EE} = \frac{1}{2}(10.61 + 13.48 + 3.295\ 6) = 13.692\ 8$$

$$E_1 = \pm 2.4\ \sqrt{13.692\ 8}\ \text{cm} = \pm 8.88\ \text{cm}$$

$$Q_{FF} = \frac{1}{2}(10.61 + 13.48 - 3.295\ 6) = 10.397\ 2$$

$$F_1 = \pm 2.4\ \sqrt{10.397\ 2}\ \text{cm} = \pm 7.74\ \text{cm}$$

$$\tan \varphi_{E_1} = \frac{Q_{E_1E_1} - Q_{x_1x_1}}{Q_{x_1y_1}} = \frac{13.692\ 8 - 10.61}{0.81} = 3.805\ 9$$

$$\varphi_{E_1} = 75°16'42'' \ \text{或者} \ 225°16'42''$$

②计算 P_2 点的误差椭圆元素

$$K_2 = \sqrt{(Q_{x_2x_2} - Q_{y_2y_2})^2 + 4Q_{x_2y_2}} = \sqrt{(11.72 - 14.21)^2 + 4 \times (-2.86)^2} = 6.2385$$

$$Q_{E_2E_2} = \frac{1}{2}(11.72 + 14.21 + 6.2385) = 16.0842$$

$$E_2 = \pm 2.4\sqrt{16.0842} \text{ cm} = \pm 9.63 \text{ cm}$$

$$Q_{F_2F_2} = \frac{1}{2}(11.72 + 14.21 - 6.2385) = 9.8458$$

$$F_2 = \pm 2.4\sqrt{9.8458} \text{ cm} = \pm 7.53 \text{ cm}$$

$$\tan \varphi_{E_2} = \frac{Q_{E_2E_2} - Q_{x_2x_2}}{Q_{x_2y_2}} = \frac{16.0842 - 11.72}{-2.86} = -1.5259$$

$$\varphi_{E_2} = 123°14'17'' \text{ 或者 } 303°14'17''$$

③计算 P_1 与 P_2 点的相对误差椭圆元素,根据式(6-35),则

$$\left.\begin{array}{l}Q_{\Delta x \Delta x} = Q_{x_1x_1} + Q_{x_2x_2} - 2Q_{x_2x_1} = 23.53 \\ Q_{\Delta y \Delta y} = Q_{y_1y_1} + Q_{y_2y_2} - 2Q_{y_2y_1} = 25.81 \\ Q_{\Delta x \Delta y} = Q_{x_1y_1} + Q_{x_2y_2} - Q_{x_1y_2} - Q_{x_2y_1} = -2.69\end{array}\right\}$$

由此得两点间相对位置的协因数阵为

$$Q_{\Delta z \Delta z} = \begin{pmatrix} Q_{\Delta x \Delta x} & Q_{\Delta x \Delta y} \\ Q_{\Delta y \Delta x} & Q_{\Delta y \Delta y} \end{pmatrix} = \begin{pmatrix} 23.53 & -2.69 \\ -2.69 & 25.81 \end{pmatrix}$$

$$\left.\begin{array}{l}\tan \varphi_{E_{12}} = \dfrac{Q_{\Delta x \Delta y}}{Q_{EE} - Q_{\Delta y \Delta y}} = \dfrac{-2.69}{27.5916 - 25.81} = -1.5099 \\ \varphi_{E12} = 123°31'00''\end{array}\right\}$$

$$E^2 = \frac{1}{2}\sigma_0^2\left(Q_{\Delta x \Delta x} + Q_{\Delta y \Delta y} + \sqrt{(Q_{\Delta x \Delta x} - Q_{\Delta y \Delta y})^2 + 4Q_{\Delta x \Delta y}^2}\right)$$

$$E^2 = \frac{1}{2} \times 2.4^2(23.53 + 25.81 + 5.8432) = 158.9276$$

$$E = \pm 12.606 \text{ cm}$$

$$F^2 = \frac{1}{2}\sigma_0^2\left(Q_{\Delta x \Delta x} + Q_{\Delta y \Delta y} - \sqrt{(Q_{\Delta x \Delta x} - Q_{\Delta y \Delta y})^2 + 4Q_{\Delta x \Delta y}^2}\right)$$

$$F^2 = \frac{1}{2} \times 2.4^2(49.34 - 5.8432) = 125.2708$$

$$F = \pm 11.19 \text{ cm}$$

④绘制未知点的误差椭圆和两点的相对误差椭圆

以 1:20 000 的比例尺,先将已知点和待定点画在纸上。然后以 1:10 的比例尺,在待定点上画误差椭圆。在待定点连线的中点上绘相对误差椭圆,如图 6-10 所示。

⑤求 P_1P_2 边的相对中误差及方位角中误差

首先,根据 P_1、P_2 点的坐标,用坐标反算公式计算 P_1P_2 边的坐标方位角,即 $\alpha_{P_1P_2} = 174°38'16''$;

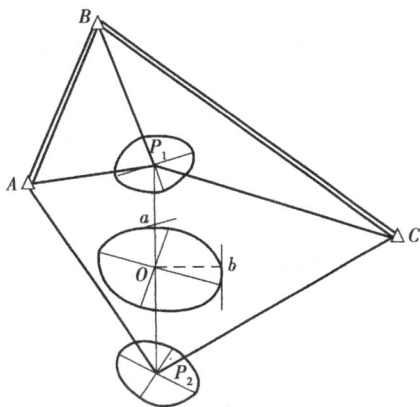

图 6-10

然后,再将以极值方向为坐标轴的坐标系中的角值 $\psi_{P_1P_1} = \alpha_{P_1P_2} - \varphi_{E_{12}} = 51°07'16''$,代入式 $\sigma_\psi^2 = E_{12}^2\cos^2\psi + F_{12}^2\sin^2\psi$,计算出纵向误差为

$$\sigma_\psi = \sigma_s = \pm 11.7\ \text{cm}$$

则 P_1P_2 边的边长相对中误差为

$$\frac{\sigma_s}{S_{P_1P_2}} = \frac{11.7}{1\,038\,620} = \frac{1}{88\,800}$$

其横向误差可将 $\psi + 90°$ 代入下式计算,即

$$\sigma_{\psi+90°}^2 = E_{12}^2\cos^2(\psi + 90°) + F_{12}^2\sin^2(\psi + 90°)$$

$$\sigma_u = \sigma_{\psi+90°} = \pm 12.1\ \text{cm}$$

P_1P_2 边的方位角中误差为

$$\sigma_{T_{P_1P_2}} = \rho'' \frac{12.1}{1\,038\,620} = \pm 2.4''$$

P_1P_2 方向的相对纵向误差 σ_s 和横向误差 σ_u 也可在相对误差椭圆上图解出来。σ_s 就是 P_1P_2 连线方向上的位差,在如图 6-10 所示的相对误差椭圆上作垂直于 $\overline{P_1P_2}$ 的椭圆的切线,交于 $\overline{P_1P_2}$ 于 a 点,量得 $\sigma_s = \overline{oa}$。同样,在相对误差椭圆上作平行于 $\overline{P_1P_2}$ 的椭圆的切线,与过 O 点且垂直于 $\overline{P_1P_2}$ 的射线交于 b 点,则可量得 $\sigma_u = \overline{ob}$。

知识能力训练

6-1 设某三角网中有一个待定点 P,并设其坐标为未知数,经平差求得单位权方差 $\sigma_0^2 = 1$ s^2,其未知数协因数阵为 $Q_{xx} = \begin{pmatrix} 2.0 & 0.5 \\ 0.5 & 2.0 \end{pmatrix}$ (dm^2/s^2)。

①试计算 P 点的点位误差椭圆参数:极大值方向 φ_E、误差极大值 E 和极小值 F 及点位方差 σ_P^2;

②试计算 $\varphi = 30°$ 时的位差 $\sigma_{\varphi=30°}$ 及相应的 ψ 值;

③设 $\varphi = 30°$ 的方向为 PC 方向,且已知边长 $S_{PC} = 3.120$ km,试求 PC 边的边长相对中误差及方位角中误差 $\sigma_{\alpha_{PC}}$。

6-2 根据上题所计算出的 P 点的点位误差椭圆参数:极大值方向 φ_E、误差极大值 E 和极小值 F,绘制误差椭圆略图,并用图解法求:$\varphi = 0°$ 和 $\varphi = 90°$ 两个方向的位差大小。

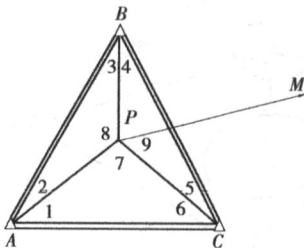

图 6-11

6-3 如图 6-11 所示,在固定三角形中插一点 P,经过平差后得到 P 点坐标的协因数阵为

$$\begin{pmatrix} Q_{xx} & Q_{xy} \\ Q_{yx} & Q_{yy} \end{pmatrix} = \begin{pmatrix} 3.81 & 0.36 \\ 0.36 & 2.93 \end{pmatrix}\ \text{cm}^2/s^2$$

单位权方差为 $\sigma_0^2 = 1.96\ s^2$,试求:

①位差的极值方向 φ_E 和 φ_F;

②位差的极大值 E 和极小值 F;

③已算出 PM 方向的方位角 $\alpha_{PM} = 75°29'$，PM 方向上的点位误差为多少？

④P 点的点位方差。

6-4 在如图 6-12 所示的测边网中，A、B 为已知点，C、D 为等定点，边长观测值为 s_i（$i=1$，2，$\cdots$，5）。经平差后求得单位权中误差 $\sigma_0 = \pm 2$ cm，同时求得点坐标的协因数阵为

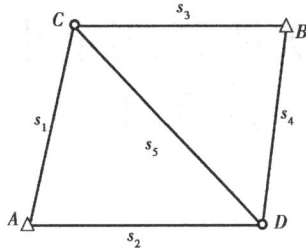

图 6-12

$$Q_{xx} = \begin{pmatrix} 0.350 & 0.015 & -0.005 & 0 \\ 0.015 & 0.250 & 0 & 0.020 \\ -0.005 & 0 & 0.200 & 0.010 \\ 0 & 0.020 & 0.010 & 0.300 \end{pmatrix}$$

①试求 C、D 两点相对误差椭圆参数：极大值方向 φ_E、误差极大值 E 和极小值 F；

②已知方位角 $\alpha_{CD} = 142°30'$，试求 C、D 两点间的边长中误差 $\sigma_{s_{CD}}$。

附录 MATLAB 软件在测量平差 数据处理中的应用

一、MATLAB 对矩阵的处理

测量平差数据处理的过程就是处理一系列的矩阵的过程,如矩阵的生成、矩阵转置、矩阵运算及矩阵求逆等。要了解 MATLAB 在测量平差中的应用,就必须先掌握这些内容。

1. 矩阵的生成

在 MATLAB 环境中,不需要对创建的变量对象给出类型说明和维数,所有的变量都作为双精度数来分配内存空间, MATLAB 将自动地为每一个变量分配内存。因此,最简单的创建矩阵的方法是直接输入矩阵的元素序列。矩阵行元素间用空格或逗号隔开,行与行之间用分号隔开。若输入语句 A = [1 2 3;4 5 6;7 8 9],运行后输出结果及输出方式如下:

A =

    1 2 3

    4 5 6

    7 8 9

MATLAB 不仅可生成实数值矩阵,而且可生成复数矩阵、符号矩阵等特殊形式的矩阵。

2. 矩阵的转置

矩阵 A 的转置矩阵 B,直接使用 B = A′即可。

3. 矩阵相加

矩阵 A 与矩阵 B 相加生成矩阵 C,使用 C = A + B 即可。

4. 矩阵相减

矩阵 A 与矩阵 B 相减生成矩阵 C,使用 C = A − B 即可。

5. 矩阵相乘

矩阵 A 与矩阵 B 的相乘生成矩阵 C,使用 C = A * B 即可。

6. 矩阵求逆

求矩阵 A 的逆矩阵 B,使用 B = inv(A)即可。

7. 矩阵求广义逆

求矩阵 A 的广义逆矩阵 B,使用 B = pinv(A)即可。

8. 行矩阵转换为对角阵

A 为一行矩阵,若要使其行矩阵的元素变为对角阵的对角线上的元素,使用 B = diag(A) 即可。

二、MATLAB 在测量平差中的应用举例

对于一个平差问题,可以应用不同的平差方法。分析各种平差方法的计算可知,对于测量平差的计算,主要是对矩阵的运算,这些计算公式若采用 MATLAB 进行程序设计,会大大减少编程时间,而且编写的程序和平差的原理解算过程类似,非常容易理解与掌握。下面以条件平差的计算为例,说明采用 MATLAB 软件解决测量平差计算问题的办法。

采用条件平差进行平差解算,主要公式如下:

条件方程
$$AV + W = 0$$

法方程式
$$N_{aa}K + W = 0$$

其解为
$$K = - N_{aa}^{-1}W$$

观测值改正数
$$V = P^{-1}A^{T}K$$

观测值平差值
$$L_V = L + V$$

平差值权函数式
$$\frac{1}{p_F} = f^{T}p^{-1}f - f^{T}P^{-1}A^{T}N_{aa}^{-1}AP^{-1}f$$

单位权方差的估值
$$\sigma_0 = \pm \sqrt{\frac{V^{T}PV}{n - t}} = \pm \sqrt{\frac{V^{T}PV}{r}} = \pm \sqrt{\frac{[pvv]}{r}}$$

平差值函数的方差
$$\sigma_F = \sigma_0 \sqrt{\frac{1}{p_F}}$$

以条件平差章节的水准网平差为示例,应用 MATLAB 进行解算。具体过程如下:

To get started, select "MATLAB Help" from the Help menu.

```
>> A = [1 -1 0 0 1 0 0;0 0 1 -1 1 0 0;0 0 1 0 0 1 1;0 1 0 -1 0 0 0]
A =
     1    -1     0     0     1     0     0
     0     0     1    -1     1     0     0
     0     0     1     0     0     1     1
     0     1     0    -1     0     0     0
>> W = [7;8;6; -3]
W =
```

$$7$$
$$8$$
$$6$$
$$-3$$

>> F = [0 0 0 0 1 0 0];
>> Z = [1.1 1.7 2.3 2.7 2.4 1.4 2.6];
>> Q = diag(Z);
>> L = [1.359 2.009 0.363 1.012 0.657 0.238 -0.595]';
>> N = A * Q * A';
>> K = -inv(N) * W;
>> V = Q * A' * K

V =

$$-0.2427$$
$$2.8552$$
$$-4.2427$$
$$-0.1448$$
$$-3.9021$$
$$-0.6151$$
$$-1.1423$$

>> Lv = L + V/1000

Lv =

$$1.3588$$
$$2.0119$$
$$0.3588$$
$$1.0119$$
$$0.6531$$
$$0.2374$$
$$-0.596\ 1$$

>> d0 = (V' * inv(Q) * V)/4

d0 =

$$4.9498$$

>> dh5 = sqrt(d0 * (F * Q * F' - F * Q * A' * inv(N) * A * Q * F'))

dh5 =

2.2080

通过上述例子可知,应用 MATLAB 进行条件平差计算,可非常清晰地展现平差计算的基本原理,所有平差的原理公式可以很好地实现,计算思路清晰,一目了然,非常适合初学者学习测量平差的基本理论。若要显示其他量的解算结果,只要将该语句后的分号去掉即可。

参考文献

[1] 刘仁钊.测量平差[M].郑州:黄河水利出版社,2007.

[2] 武汉大学测绘学院测量平差学科组.误差理论与测量平差基础[M].武汉:武汉大学出版社,2006.

[3] 靳祥升.测量平差[M].郑州:黄河水利出版社,2005.

[4] 武汉测绘科技大学测量平差教研室.测量平差基础[M].北京:测绘出版社,2001.

[5] 武汉大学测绘学院测量平差学科组.误差理论与测量平差基础习题集[M].武汉:武汉大学出版社,2006.

[6] 宋太江.测量平差(校本教材)[M].重庆工程职业技术学院,2008.

[7] 武汉测绘科技大学测量平差教研室.测量平差基础[M].北京:测绘出版社,1996.

[8] 於宗俦,等.测量平差基础[M].北京:测绘出版社,1984.

[9] 庄宝杰.测量平差[M].北京:地质出版社,1993.

[10] 纪奕君.测量平差[M].北京:煤炭工业出版社,2007.